thinkoya

Andreas Weber – Alles fühlt
Mensch, Natur und die Revolution der Lebenswissenschaften
Mit einem Vorwort von Michael Succow

4. Auflage 2023

thinkOya ist ein Imprint der Drachen Verlag GmbH, Klein Jasedow

Umschlagmotiv nach einer Lithografie von Ernst Haeckel
Foto des Autors: Valentina Bosio-Raynard
Layout, Satz und Herstellung: Human Touch Medienprodukt
Druck und Bindung: Finidr, s.r.o., Český Těšin
Printed in Czech Republic

ISBN 978-3927369-86-3

www.think-oya.de

ANDREAS WEBER

ALLES FÜHLT

Mensch, Natur und die Revolution der Lebenswissenschaften

Mit einem Vorwort von Michael Succow

thinkoya

Die niederen Tiere fühlen wie der Mensch
offensichtlich Vergnügen und Schmerz,
Glück und Elend.
Charles Darwin, »Der Ausdruck der Gemütsbewegungen
bei den Menschen und den Tieren«

Alles ist Gleichnis.
Jede Kreatur ist ein Schlüssel zu allen anderen.
J. M. Coetzee, »Elizabeth Costello«

INHALT

AUS LIEBE WÄCHST VERANTWORTUNG

Vorwort von Michael Succow

Ich möchte mit einem Zitat von Mark Sergejew aus dem Schlusswort des Buchs »Baikal« beginnen, das mutige Poeten in der seinerzeitigen Sowjetunion verfassten, um die Gefährdung des Baikalsees öffentlich zu machen. Das Buch, 1985 in Moskau erschienen, war bald in einer Übersetzung in der DDR verfügbar und für uns damals ein wichtiges Fanal in der Zeit der Perestroika:

»Was lockt den Menschen in unbekannte Fernen? Von der Natur geboren, drängt es ihn, sie zu berühren und ihren Atem zu fühlen. Er hat sie so lange erobert, hat so lange gekämpft gegen sie, dass seine Brust, da die Zeit kam, sich umzuschauen, von tiefem Mitleid erfüllt wurde. Nein, in unserem Jahrhundert der allesbezwingenden Technik darf man die Mutter Natur nicht länger erobern, vielmehr muss man mit ihr in Frieden, Liebe und Eintracht leben. Darf aus ihren Reichtümern nur das Notwendigste schöpfen. Muss vielmehr die Verantwortung spüren für die Bewahrung der Wälder und Steppen, der Berge und Sümpfe, der Flüsse und Seen.«

Heute, nunmehr dreißig Jahre nach dem Zusammenbruch des »Sozialismus«, ist das Thema unseres, das heißt des Menschen Umgang mit der Natur noch viel grundsätzlicher, noch viel drängender geworden. Ein »Weiter so« ist zukunftslos. Die in Deutschland eingeleitete Energiewende ist unaufschiebbar, muss gelingen, muss aber unabdingbar verknüpft werden mit einer Agrarwende, einer Mobilitätswende und auch einer Forschungs- und Wissenschaftswende, denn alles hängt mit allem zusammen. Die Natur weiter wie einen Steinbruch zu nutzen, auszubeuten ist nicht mehr zu verantworten!

Heute ist uns zur Gewissheit geworden: Mit der industriellen Revolution, seit circa 1750, ist ein neues Zeitalter angebrochen, das »Anthropozän«! Der Mensch, unsere Hochzivilisation, verändert den Zustand der Biosphäre in nie dagewesener Weise. Vor allem in Folge der Ausbeutung der von der Natur in langen geologischen Epochen begrabenen, aus dem Stoffkreislauf gebrachten sogenannten fossilen Energieträger Kohle, Erdöl und Erdgas.

Wir beginnen zu begreifen, dass wir inzwischen nicht mehr in einer Welt leben, in der Naturkatastrophen noch wirklich Natur-Katastrophen, sondern immer häufiger, immer zerstörerischer durch den Menschen verursacht sind. Der anthropogen veränderte Kohlenstoffhaushalt der Erde wird uns zur Schicksalsfrage! Der von der Natur wohlweislich festgelegte »entsorgte« CO_2-Überschuss der Biosphäre wurde von uns Menschen in kürzester Zeit wieder in den Stoffkreislauf zurückgeführt – welch interglazialer Irrtum! Die menschliche Wachstumsgesellschaft stößt an ihre Grenzen. In einer endlichen Welt kann es kein unbegrenztes Wachstum geben. Entgrenztes Wachstum widerspricht endlichen Ressourcen.

Für den Fortbestand unserer Zivilisation wichtige Ökosysteme sind weltweit großräumig verändert, geschädigt oder gar, in menschlichen Zeiträumen gemessen, irreversibel zerstört und nicht mehr reparierbar. Wie viele fruchtbare Oasenkulturen – Zentren der Menschheitsentwicklung – sind inzwischen lebensfeindliche Salzwüsten; wie viele lebensvolle, regenspendende, kühlende Urwälder sind inzwischen tropische Wüsten; wie viele einst torfspeichernde Moore sind inzwischen entwässert und nun fortgesetzt Kohlendioxid freisetzend beziehungsweise in den Permafrost-Tundren durch Methan-Freisetzung im Zug ihres Auftauens zu starken Methan-Emittenten geworden; wie viele einst lebensfördernde Steppen und Prärien sind heute vernutzt, aus Schwarzerden sind Halbwüsten geworden; wie viele der Mangroven und Korallenstöcke, dieser wichtigen Senken-Ökosysteme tropischer Meere, sind inzwischen vernichtet! Die natürlichen Rahmenbedingungen für unsere Zivilisation ändern sich damit rasant, schwerwiegende Verwerfungen sind unausbleiblich.

Wir müssen begreifen: Der für den Fortbestand unserer Zivilisation so notwendige ausgeglichene Naturhaushalt, der die Basis der Menschheitsentwicklung der letzten 10 000 Jahre (dem Holozän) darstellte, ist unübersehbar gestört. Dabei müssen wir uns ins Gedächtnis rufen: Die Konditionen des ökologisch gebauten Hauses Erde waren

- → seine durch evolutionäre Prozesse ausgelöste, immer größer werdende Lebensfülle (Biodiversität), die auch Extremräume eroberte, immer wieder neue Arten und Ökosysteme schuf;

- → das Vermögen der CO_2-Assimilation durch die Pflanzendecke führte zu einer Humusanreicherung und damit zunehmender Fruchtbarkeit in der obersten Bodendecke;
- → und das Vermögen, den Kohlenstoffüberschuss aus dem Stoffkreislauf der Biosphäre in Senken-Ökosystemen (auf den Landflächen vor allem den Mooren) festzulegen und schließlich zu fossilisieren.

Diese für die Entwicklung der menschlichen Gesellschaft so günstigen Rahmenbedingungen hätten noch über lange Zeiträume weitergehen können!

In dieser Umbruchszeit, in dieser Ungewissheit und Sorge – und uns bleibt wirklich kaum noch Spielraum, um mit unserer Lebensgrundlage vernünftig umzugehen – mischt sich Andreas Weber, Naturwissenschaftler und Philosoph, mit seinem Buch »Alles fühlt«, nunmehr in Neuausgabe, ein. Er hat als Thema die Verankerung des Menschen im Kosmos wieder aufgegriffen, und eröffnet uns seine Sichten zu einem notwendigen Paradigmenwechsel in den Lebenswissenschaften. »Alles fühlt« zeugt von tiefer Liebe zur Natur, zu den Menschen, zeugt von Einfühlungsvermögen und Empfindsamkeit. Dieses Buch, in poetischer Sprache geschrieben, lässt innehalten, lässt nachdenken und lässt hoffentlich auch Lebensstile verändern. Unserer natürlichen Mitwelt ist ein Eigenwert zuzugestehen, auch die anorganische Natur gehört dazu!

Dass Ökologie und Gefühl keine voneinander getrennten Sphären sein müssen, führt Andreas Weber wie folgt aus: »In einer Biologie, die das Gefühl als Nullmeridian aller Lebensvorgänge erkennt, wird die Wissenschaft der Lebensvorgänge zu einer Ökologie der Seele. Das ermöglicht freilich eine bisher unbekannte Perspektive auf den Naturschutz und auf die ihn begleitende ökologische Ethik: Wir sollten Natur nicht nur bewahren, weil sie uns nützt oder weil ihre Vielfalt schon vor uns da war, sondern weil wir sie lieben. Wir lieben sie, weil wir ein Teil von ihr sind, vor allem aber, weil sie ein Teil von uns ist.«

In diesem »Die Rückkehr der Werte« betitelten Abschnitt benennt Andreas Weber den Umstand, dass wir inmitten einer Werte-Diskussion stecken. Immer mehr Menschen befassen sich mit dem Thema Nachhaltigkeit. Der Umgang mit dem Stückchen Erde, der Natur, die uns umgibt, wird zum Maßstab.

Das Dilemma, in dem wir stehen, lässt sich in drei Sätzen umreißen: Lassen wir die Natur unverändert, können wir nicht existieren; zerstören wir sie, gehen wir zugrunde. Der schmale, sich verengende Gratweg zwischen Verändern und Zerstören kann nur einer Gesellschaft gelingen, die sich mit ihrem Wirtschaften in den Naturhaushalt einfügt und die sich in ihrer Ethik als Teil der Natur empfindet. Üben wir uns im Erhalten, üben wir uns im Haushalten, üben wir uns im Maßhalten, gewähren wir der Natur Raum, geben wir ihr Zeit – um ihrer und unserer eigenen Zukunft willen!

In Anknüpfung an Gedanken von Michael Beleites[1] möchte ich zusammenfassen:

→ Wir müssen die menschliche Gesellschaft als Teil der Natur und als Organismus verstehen. Das Grundprinzip eines Organismus (Ökosystems) besteht darin, dass seine Organe nicht gegeneinander, sondern miteinander arbeiten. In diesem Sinn müssen politische Ordnungen der Zukunft endlich Allgemeininteressen der Gesellschaft vor Einzelinteressen setzen, im Sinn der Verantwortung für das Gemeinwohl.
→ Wir müssen aus der Logik des Verdrängungswettbewerbs aussteigen. Es geht nicht darum, auf Kosten anderer schneller und größer zu werden. Es geht vielmehr darum, aus diesem besinnungslosen Beschleunigungswettbewerb auszusteigen und sich vom Denkmuster des allgemeinen »Kampfs ums Dasein« zu lösen.
→ Wir müssen uns von der kurzsichtigen Konsum-Gesellschaft lösen, hin zur Entdeckung der Genügsamkeit, wie es Ernst Ulrich von Weizsäcker schon seit langem fordert. Eine absolute Freiheit, wie sie offiziell propagiert wird, schadet der menschlichen Entwicklung, kann nicht nachhaltig sein.

Es gibt wahrlich genug Alternativen, es anders zu machen: Die Entfremdung der Menschen von Grund und Boden, von Tier- und Pflanzenwelt muss gestoppt werden. Es geht speziell in unserem Land um die Zukunft unserer historisch gewachsenen Kulturlandschaft, die auch in Zukunft unsere Lebensgrundlage, unsere Heimat sein wird, sein muss. Von ihr wird unser zukünftiges Wohlbefinden abhängen. Wann endlich begreifen wir den Kultur-Natur-Zusammenhang unserer Landschaftsnutzung?

Letztendlich sind Gesundheit, Schönheit und Vielfalt unserer Kulturlandschaft davon abhängig, ob viele Menschen mit nachhaltigen Methoden Landbau betreiben oder nur wenige Menschen mit Technik und Chemie. Auch unsere Nutzungslandschaft ist ein Organismus, den es zu stabilisieren und nicht zu destabilisieren gilt. Hierbei ist anzumerken, die meisten Landwirte, die ihre Böden mit Technik und Chemie bei immer höheren Kosten (zur Zeit noch subventioniert) ruinieren, tun das nicht aus Überzeugung sondern aus äußerem Anpassungsdruck. Deshalb müssen die aktuellen politischen Rahmenbedingungen geändert werden.

Wir können nicht darauf vertrauen, dass der wissenschaftlich-technische Fortschritt all die Schäden beheben könnte, die wir der Natur zugefügt haben. In einer endlichen Welt kann es kein unbegrenztes Wachstum geben – entgrenztes Wachstum widerspricht der Erkenntnis endlicher Ressourcen. In diesem Sinn sind Umweltbewegte nicht Verhinderer des Wohlstands – sondern Pioniere des Überlebens, einer Zukunft. Der Schutz der Umwelt ist im Kern ein moralisches, ein spirituelles Problem. Umweltzerstörung ist der unsozialste Weg in die Zukunft.

Eine Gesellschaft, die die flächendeckende Vergiftung der Wildflora und Wildfauna durch die »moderne Agrarindustrie« in immer größeren Teilen unserer historisch gewachsenen Kulturlandschaft toleriert, aber Kindern und Jugendlichen das Fangen eines Zitronenfalters oder die Haltung eines Zeisigs verbietet, setzt falsche Prioritäten. Nur wer ein emotionales, ein unmittelbares Naturverhältnis hat, wird sich gegen die Denaturierung seiner Umwelt und für den Erhalt des Natürlichen einsetzen.

Naturbildung, Naturerfahrung kommt deshalb eine Schlüsselrolle zu und sie kann und muss bei unseren Kindern beginnen, möglichst in Gärten, auf Bauernhöfen, in denen Leben befördert wird, sich Leben entfalten darf. All das schließt tiefe Liebe zur Natur ein, aus Liebe wächst Achtung, Verantwortung, das Einsetzen für ihren Fortbestand.

Üben wir uns in Mäßigung, versuchen wir eine Gesellschaft fortzuführen, die ohne die Paradigmen, unaufhörlich wirtschaftlich wachsen zu müssen, zurechtkommt, und dabei friedlicher und zufriedener wird. Deshalb ist verstärkt eine Wertediskussion zu führen, in der der Schutz der Natur, des Naturhaushalts mit seiner Lebensfülle einen zentralen Stellenwert einnimmt. Auch sogenannte weiche Werte, wie die Liebe zur Natur um ihrer – und somit auch um unserer – selbst willen, gehören zu dieser Disskussion.

»Alles fühlt« von Andreas Weber liefert uns dafür wichtige Impulse, es kann und sollte uns bei diesem Paradigmenwechsel begleiten. Ich wünsche ihm eine weite Verbreitung mit vielen für die notwendigen Veränderungen in unserer Gesellschaft bereiten, offenen Lesern.

Greifswald, im heißen Juli 2014

1 Beleites, Michael: Umweltresonanz. Grundzüge einer organismischen Biologie, Treuenbrietzen 2014, S. 688; sowie ders.: Leitbild Schweiz oder Kasachstan? Zur Entwicklung der ländlichen Räume in Sachsen. Eine Denkschrift zur Agrarpolitik, Dresden und Hamm 2012, S. 100.

1 EINE »SCHÖPFERISCHE ÖKOLOGIE«

Selbstverständlich benötigen die Tiere den Menschen!
Sie brauchen uns wie alte Eltern,
gegen die wir eine Weile revoltiert haben,
und die eines Tages, geschwächt, der ehemaligen Macht beraubt,
unseren Schutz verlangen.
Brigitte Kronauer, »Die Feder des Hyazintharas«

Die Biologie, die Wissenschaft vom Leben, hat anderthalb Jahrhunderte auf die Frage geschwiegen, was Leben ist. Biologen hatten ein Konzept, das ihren Forschungen genügte: Sie nahmen an, dass Organismen kleine Maschinen sind.

Dieser Glaube ist heute erschüttert. Erst vor wenigen Jahren haben wir erlebt, wie Forscher die »Entschlüsselung« des menschlichen Genoms als zentralen Durchbruch feierten. Sie schienen kurz davor, der Mechanik des Lebens endgültig habhaft zu werden. Seitdem aber ist wenig geschehen. Der Boom ist zum Stillstand gekommen. Die Genetiker sind leiser geworden. Zwar können sie sagen, welche DNA-Sequenzen auf unsere Chromosomen geschrieben sind, und sie vermögen auch einigen dieser Sequenzen ein Merkmal zuzuordnen – so wissen wir etwa, wo das Gen liegt, das für die Herstellung von Insulin zuständig ist.

Doch beim nächsten Schritt – exakt nachzuvollziehen, wie aus den Genen ein Körper wird – versagt die Auffassung, der Organaufbau folge einer militärischen Befehlskette. In der Genforschung, in der Entwicklungsbiologie und in der Hirnforschung wird den Beteiligten zunehmend klar, dass sie Lebewesen nur verstehen können, wenn sie eine Kraft wieder in die Forschung einführen, die seit hunderten von Jahren sorgfältig daraus verbannt wurde: die Subjektivität.

Die Biologie, die sich seit Mitte des 19. Jahrhunderts alle Mühe gegeben hat, die Empfindung aus der Natur zu vertreiben, entdeckt das Gefühl als Basis des Lebens wieder. Bislang haben Forscher die Frage nach der Innenwelt eines Organismus ausgeklammert, um besser die Bausteine analysieren zu können, die sein Verhalten steuern. Inzwischen jedoch kennen sie unzählige neueDetails und versuchen, ihre Fundstücke wieder zusammenzusetzen. Dabei stellen sie fest: Je weiter dieTechnologie erlaubt, das Leben auf einer Mikro-Ebene zu studieren, desto stärker werden die Beweise für dessen Komplexität und Intelligenz. Organismen sind keine Uhrwerke, die aus sauber getrennten Bausteinen bestehen. Sie sind Einheiten, die von einer mächtigen Kraft zusammengehalten werden: dem Empfinden, was ihnen guttut und was ihnen schadet.

Forscher haben erkannt, dass sie nur so, nur wenn sie Organismen als fühlende Systeme verstehen, die ihre Umgebung interpretieren und bewerten und nicht sklavisch Reizen gehorchen, eine Antwort auf die großen Rätsel des Lebens erhalten. Diese Rätsel sind: Wie entwickelt sich aus der Eizelle ein vollständiger Organismus? Wie entstehen neue Körperformen und neue Arten? Was unterscheidet Organismen von Maschinen? Lässt sich künstliches Leben herstellen? Was ist Bewusstsein? Wie sind unser Denken und unsere Kultur von dem Umstand geprägt, dass wir selbst Lebewesen sind? Warum fühlen sich Menschen von der Natur so angezogen? Welche Gründe zwingen uns, sie zu erhalten? Kurz: Was ist Leben, und welche Rolle spielen wir darin?

Ich beschreibe in diesem Buch, wie die Biologie die Subjektivität alsGrundmotor allen Lebens wiederentdeckt. Ich beschreibe aber auch, wie diese Entdeckung unser eigenes Bild als Menschen vollkommen auf den Kopf stellt: Haben wir uns bislang ebenfalls als biologische Maschinen verstanden, in denen irgendwie vage noch ein seelischer Faktor enthalten war, so finden wir nun die Subjektivität überall in der Natur wieder als ihr fundamentales Prinzip. Schon die einfachsten Wesen handeln anhand von Werten. Schon der Zusammenhalt ihrer Körper lässt sich nur verstehen, wenn man sie als Akteure auffasst, die hartnäckig ein Ziel verfolgen.

In der Biologie hat eine Revolution begonnen, deren Folgen nicht abzuschätzen sind. Der französische Neurobiologe David Rudrauf betont: »Die Suche danach, wie Lebewesen Wert und Bedeutung herstellen, bildet das Herz der modernen Kognitionsforschung, von der Robotik bis zu den Neurowissenschaften.«[1] Auf den einfachsten Nenner gebracht: Die neue Biologie zeigt, dass das Phänomen des Fühlens nicht nur das Bewusstsein erklären kann, sondern alle Lebensvorgänge.

Die Biologie ist dabei in einer ähnlichen Situation wie die Physik vor hundert Jahren. Ähnlich wie diese damals ihre Vorstellung von der Materie über den Haufen warf, verändert heute die Biologie radikal die Auffassung, die sie vom Leben hat. Verglichen mit dem konventionellen Bild ist die neue Biologie das, was die Quantentheorie für die Physik Newtons war. Die Quantentheorie entdeckte vor knapp hundert Jahren, dass Beobachter und Experiment in Wahrheit keine voneinander unabhängigen Größen sind. Sie stellte fest: Alles ist miteinander verbunden.

Die neue Biologie fügt diesem gewandelten Bild von Objektivität eine neue Dimension hinzu: Sie stellt fest, dass die Subjektivität der Lebewesen eine physikalische Größe ist. Sie entdeckt Wert und Gefühl im Zentrum einer Physik der Organismen – und zwar nicht als eine von vielen möglichen Sichtweisen, sondern als notwendigen Bestandteil einer wissenschaftlichen Erklärung.

Die Biologie stößt damit auf unser eigenes Gefühl – unseren Lebenswunsch, unsere Sehnsucht zu sein – als ein Element, aus dem sich die gesamte Natur, die uns umgibt, erst entfaltet. Diese Erkenntnis fügt uns wieder der Wildnis ein, der schöpferischen *natura naturans*, die so viele Menschen suchen, begehren und bewahren möchten – ohne dass sie mit den Mitteln der herkömmlichen Wissenschaft verstehen könnten, warum.

Eine Wissenschaft des Herzens

Dieses Buch wendet sich gegen die naturwissenschaftliche Entzauberung der Welt. Doch es versucht nicht, der »wissenschaftlichen« Weltsicht eine irrationale Alternative entgegenzuhalten. Eine solche ist freilich zunehmend Mode. Man denke nur an die USA, wo zurzeit der naive Glaube an einen intelligenten Schöpfer, der alle Wesen wie ein grandioser Uhrmacher hergestellt hat, als »Intelligent Design« eine ungeahnte Renaissance erlebt. Ich behaupte dagegen: An der Entzauberung der Welt ist nicht der Wunsch schuld, sie zu ergründen, sondern unsere falsche Prämisse, die alle Forschung in den letzten Jahrzehnten zunehmend zu einer kalten und technischen Angelegenheit gemacht hat. Ich propagiere auf diesen Seiten keinen Abschied von der Wissenschaft, sondern eine Wissenschaft des Herzens. Wenn man die Ergebnisse der biologischen Forschung unvoreingenommen deutet, machen sie nur diese Lesart möglich. Um es klar zu sagen: Im gegenwärtigen Streit zwischen »Kreationisten« und »Evolutionisten« scheint vordergründig nur die Wahl zwischen zwei Alternativen zu bestehen. Entweder ist die Biosphäre eine Maschine, die ohne jeden Sinn entstand – oder sie ist ein (ebenfalls mechanischer) Apparat, den ein unbekannter Gott designte. Ein dritter Weg wird nicht einmal erwogen: Dass die Materie selbst schöpferisch ist, dass sie einem Prinzip der Fülle folgt und Subjektivität aus sich hervorbringt. Das ist der Weg einer »Schöpferischen Ökologie«, die ich auf den folgenden Seiten vorstellen will. Sie gelangt zu dem Schluss, dass das Leben und nicht die »bloße Materie« die ursprünglichere Schicht des Kosmos ist. Die Schöpferische Ökologie versteht den Haushalt der Natur nicht nur als Leistungsbilanz, sondern als Behausung empfindender Wesen.

Ich habe diesem Blickwinkel auch meinen Stil angepasst. Ich schildere Natur nicht nur als Objekt der Forschung, sondern auch als Ort der Erfahrung. Ich schildere sie in meiner Erfahrung. Der Schöpfung ist nur mit dem Schöpferischen beizukommen; das Ausdrucksphänomen Leben verlangt nach weiterem Ausdruck. Denn schon die distanzierte Sprache der Wissenschaft – und auch die vermittelnde Sprache von Journalismus und populärer Literatur – schiebt eine Barriere zwischen uns und die Welt der übrigen Seelen. Dieses ist darum ein sehr persönliches Buch geworden: Ich nehme den Leser mit in die Natur, und diese Reise ist zugleich eine Expedition in die Denkweise der modernen Biologie. Ich verknüpfe die Schilderung meiner Begegnungen mit Tieren und Pflanzen mit Analyse, Hintergrundsreflexion und Erfahrungsbericht und erzähle so Wissenschaft anhand von Erlebnissen. Dabei leitet mich die Überzeugung: Jede Berührung mit Natur erschüttert unser Selbstverständnis als biologisches Wesen wie der Windhauch die Krone eines Baums.

Die Rückkehr der Werte

Die Natur ist nicht tot. Wir Menschen lieben sie, suchen sie und sehnen uns nach ihr. Wir spüren, dass uns der Spaziergang durch den Wald mit Frieden erfüllt, dass uns der Blick aufs Meer beruhigt, das Lied der Nachtigall bewegt. Wir Menschen brauchen die Natur, und wir müssen sie bewahren. Das ist uns selbstverständlich. Doch zugleich wissen wir nicht mehr, ob das Gefühl, das wir der Natur, den Pflanzen und Tieren gegenüber empfinden, normal ist – oder etwas Altmodisches und Peinliches. Gefühle und Naturwissenschaft scheinen unvereinbar zu sein. Seit Jahrhunderten erklärt uns die Wissenschaft, dass unsere Freude an anderen Lebewesen eine sentimentale Illusion sei. Ein solcher Standpunkt ignoriert ein tiefes Empfinden der Menschen. Zu Unrecht, wie sich jetzt zeigt. Denn Forscher entdecken heute, dass gerade unsere Gefühle zu den Kernfragen der modernen Naturwissenschaften führen. Diese Botschaft ist freilich so radikal, dass sie bisher nicht immer verstanden wurde. Sie heißt nichts anderes, als dass die Welt kein fremder Ort ist, sondern in einem emphatischen Sinn Heimat. Wir teilen sie mit unzähligen anderen Organismen, die wie wir voller Gefühl sind.

Wir haben ein Jahrhundert der beispiellosen humanitären und ökologischen Katastrophen hinter uns – und wir sehen weiteren entgegen. Recht zu verstehen, was das Leben ist, wird über unsere Zukunft entscheiden. Bedenken wir: Das geistesgeschichtliche Thema der Moderne besteht darin, wie verstellt wir uns selbst sind, wie fern von der Welt, wie hoffnungslos unverständlich. Die Bilanz dieser Sicht findet sich in den Werken von Kafka und Beckett. Avantgardistische Kultur zelebriert bis heute den Bruch als tiefste Selbsterkenntnis. Aber ist diese nicht in Wahrheit eine Selbsttäuschung, eine Fehldiagnose – weil der Riss ganz woanders klafft?

Die uns heute angetragene Aufgabe besteht darin, diese Obsession zu überwinden, die nie die ganze Wahrheit war. Die Isolierung des Menschen ist nicht das tiefste Kennzeichen seiner Natur, sondern beruht auf der fälschlichen Trennung von menschlichem und anderem Leben, von Ich und Welt, von Geist und Gedicht. Seit hundertfünfzig Jahren beklagen wir den Verlust unserer Seele – und brechen zugleich den Stab über die Natur. Das existenzielle Thema heute und morgen lautet, die Balance wiederzufinden, ohne die uns die Welt wirklich entgleiten wird. In diesem Buch möchte ich zeigen, wie nah uns alles ist, was lebt, und wie wir uns darüber selbst näher kommen können.

Die Gedanken des Buchs haben darum eine entscheidende ethische Konsequenz. Sie heißt: Wir müssen die Natur für unsere Seele retten. In einer Biologie, die das Gefühl als Nullmeridian aller Lebensvorgänge erkennt, wird die Wissenschaft der Lebensvorgänge zu einer Ökologie der Seele. Das ermöglicht freilich eine bisher unbekannte Perspektive auf den Naturschutz und auf die ihn begleitende ökologische Ethik: Wir sollten Natur nicht nur bewahren, weil sie uns nützt oder weil ihre Vielfalt schon vor uns da war, sondern weil wir sie lieben. Wir lieben sie, weil wir ein Teil von ihr sind, vor allem aber, weil sie ein Teil von uns ist.

Rein praktisch ist dieser Umstand ja schwer zu übersehen. Andere Lebewesen nehmen in der Phantasie der Menschen einen enormen Raum ein. Fragt man jemanden, was für sie oder ihn »schön« sei, dann lautet die erste Antwort meist, »eine blühende Wiese«, »das Meer«, »der Garten meiner Eltern«, »die Uckermark« oder einfach »Natur«. Wer genauer hinschaut, kann diese Spur des Natürlichen überall entdecken. Wir schmücken Zimmer mit Blumenvasen, holen die Wildnis als Topfpflanzen auf die Fensterbank; Tischdecken, Tapeten, Gardinen und Kleider tragen Dekorationen aus Gewächsen oder Blüten. Im Kinderzimmer stapeln sich die Stofftiere, das Fernsehen strahlt Naturfilme zur besten Sendezeit aus, die Zoos sind am Wochenende berstend gefüllt, viele Menschen halten Haustiere. Und ein ganzer Wirtschaftszweig, die Tourismusindustrie, lebt von der Illusion des Unberührten und Natürlichen.

Menschen suchen die Natur, weil sie etwas in sich selbst verloren haben. Denn in seinem Körper ist auch der Mensch Natur. Unser innerer Kern ist aus Fleisch und

Blut, eine organische Kreatur, die unserem rationalen Denken letztlich entzogen ist. Biologen wie der Evolutionsforscher E.O. Wilson glauben: Gehirn und Psyche haben sich in einer ständigen Koevolution mit Pflanzen und Tieren so eng an die Natur angeschmiegt, dass sie ohne deren Anregungen gar nicht überleben können. Vielen Wissenschaftlern ist inzwischen klar: Die Tatsache, dass wir Lebewesen sind, bestimmt unsere Wahrnehmung – und zwar auf eine so fundamentale Weise, dass wir daran nicht wirklich etwas ändern können. Wir erleben die Welt nicht primär mit dem Geist, sondern mit den Sinnen. Menschen denken in Symbolen und Metaphern. Um diese Seite unseres Wesens erfahren und in die Persönlichkeit integrieren zu können, sind wir auf die Gegenwart vonNatur wie auf einen symbolischen Spiegel angewiesen. Denn Nahrung für unser Denken beziehen wir aus der Welt des Natürlichen. Wir verwandeln Pflanzen und Tiere aufgrund realer oder mutmaßlich realer Eigenschaften zu Sinnbildern – wie etwa die Schlange, den Baum, die Rose. In ihren Verwandlungen erkennen wir uns selbst.

Die Schöpferische Ökologie, die ich auf den folgenden Seiten entfalte, vermag erstmals solche tiefen Empfindungen der Menschen und die damit zusammenhängenden kulturellen Unterströmungen mit einer wissenschaftlichen Sicht des Lebens zu verbinden. In der Natur haben die im biologischen Lebensprozess entstehenden Werte und Bedeutungen greifbare Form gewonnen. In seinem Naturerlebnis findet sich der Mensch daher symbolisch mit der Welt vereint. Die Natur verkörpert, was auch wir sind: Sie ist der lebendige Spiegel unserer Emotionen und unserer geistigen Konzepte. Darum spielt Natur in kulturellen Traditionen eine so zentrale Rolle. Bäume etwa gelten als Symbole des Lebens, weil sie erfahrbar Leben sind. Nach dem symbolischen »Tod« im Winter schlagen sie wieder aus, wachsen und tragen Früchte, ganz ohne unser Zutun. Produktivität, Neuheit, Harmonie, aber auch Auflösung und Scheitern spielen sich nicht nur in uns, sondern in der ganzen Natur ab. In den Gewalten der Elemente, im Werden und Vergehen der Wesen, im Wechsel von Hell und Dunkel verkörpert sich unsere innere Landschaft.

Ist die Sehnsucht nach Natur in unserem Wesen verankert, könnte ihr Verschwinden freilich unabsehbare Folgen haben: Womöglich sind wir im Begriff, etwas zu zerstören, ohne das wir gar nicht auskommen können. Dem Menschen droht ein emotionaler Verlust, der die Grundstruktur seines Wesens angreift, befürchten auch Psychologen der Harvard-Universität. Sie nehmen an, dass bereits im Jahr 2020 Depressionen nach Herz- und Kreislaufproblemen die weltweit zweithäufigste Gesundheitsstörung sein werden – auch aufgrund zunehmender Entfremdung von der Natur. Weil alle unsere Eigenschaften, auch die »menschlichsten«, letztlich aus einem organischen Boden wachsen, kann sich der Mensch nur ganz verstehen, wenn er sich – als Kulturwesen – innerhalb der Natur versteht. Für den Menschen liegt das größte Risiko der Umweltzerstörung darin, dieses Verständnis zu verschütten. Unsere tiefste Gefährdung ist so gesehen nicht medizinischer oder klimatischer Art. Vielmehr droht der Mensch ohne das Erlebnis des Naturschönen seelisch zu verkümmern. Vielleicht besteht die wichtigste psychische Funktion der anderen Organismen sogar darin, dass sie uns Menschen mit unserem Schmerz, unserer Vereinzelung, unserer Vergänglichkeit versöhnen. Denn grundlegendes Kennzeichen der Natur ist, dass sie immer wieder auflebt, dass auch die größte Katastrophe sich nach kurzer Zeit wieder in Blüte verwandelt und damit in Hoffnung für uns selbst.

Viele Menschen spüren, dass solche Erlebnisse zu Unrecht in Verruf geraten sind. Sie spüren, dass etwas an der darwinistischen Ideologie falsch sein muss. Doch was, das war so lange nicht zu erkennen, wie die Doktrin von der Wertfreiheit des Lebens unumschränkt herrschte. Wissenschaftler haben lange behauptet, dass es keine Realität außer der toten Materie gibt und dass alles Leben auf die gnadenlosen Gesetze von Überleben und Auslese zurückzuführen ist. Entsprechend diesem Bild behandelt die Menschheit bis heute ihren Planeten. Die darwinistische Ideologie kennt keine Werte außer der egoistischen Gier, und sie rückt diese in den Status eines Naturgesetzes. Alles andere, alle Gefühle und Erlebnisse wie Ehrfurcht, Liebe und Großzügigkeit sind für sie letztlich Illusionen, die unsere Gene erfunden haben, um besser zu überleben.

Wir nehmen Natur falsch wahr, weil die Wissenschaft der Natur uns diese über Jahrhunderte falsch gezeigt hat. Sie hat das Schöne, hat Poesie und Expressivität aus der Natur ausgeklammert, weil sie ausschließlich objektivierbare Erkenntnisse bevorzugte und glaubte, nur diese seien wahr. Das ist der tiefere Grund der Umweltkatastrophe: Wir rotten das Leben aus, weil wir uns über seinen Charakter täuschen. Wir gehen so grausam mit ihm um, weil wir es für Maschinerie halten, für Gerümpel. Aber wenn seine Stunde geschlagen hat, werden wir einsamer sein und dann vielleicht erkennen, dass wir einen Teil unserer selbst vernichtet haben. Mit der Natur liegt auch unser Gefühl im Sterben. Unser Verständnis der Lebewesen wird über unsere Zukunft entscheiden. Das heißt nicht, dass wir ohne Tiere und Pflanzen Hungers sterben müssten. Aber wir werden seelisch auf eine Weise verarmen, die bisher noch überhaupt nicht vorstellbar ist. Und weil Seele undKörper zusammenhängen, weil Seele den Körper symbolisch widerspiegelt, wird es am Ende auch um unser wirkliches Leben gehen.

Dieses düstere Bild wandelt sich jedoch, wenn die Zelle nicht mehr als Überlebensmaschine gilt, sondern als ein Wesen, dem sein Leben etwas bedeutet und das diese Bedeutung als Gefühl erlebt. Die Revolution in den Lebenswissenschaften vermag so zum Kern einer wahren ökologischen Ethik vorzudringen, einer Ethik, in welcher die Erde nicht länger stumme Bühne für den Krieg des Überlebens ist. Wir dürfen die Natur nicht zerstören, weil wir in ihr etwas von uns selbst zerstören würden. Nur ein solcher Ansatz wird dem Unbehagen darüber gerecht, dass wir nicht erklären können, warum ein angeblich unbeseeltes Ding wie ein Vogel oder die Landschaft, in der er brütet und singt, erhalten werden sollen. Wir fühlen, dass sie es wert sind – auch wenn genau diese Werte von der Wissenschaft und auch von der Wirtschaft bisher ausgeklammert wurden. Es sind aber die Werte des Lebens selbst, die wir hier erkennen, die Werte, nach denen sich Organismen in jedem Augenblick selbst erschaffen. Wir können diese Werte erkennen, denn sie sind unserem Körper eingeschrieben. Freilich nicht, weil eine solche Empfindung das Überleben fördert. Sondern umgekehrt: weil Überleben nur einem empfindenden Subjekt möglich ist.

ERSTER TEIL

ZELLEN MIT ZIELEN

In diesem Abschnitt bekenne ich, wie mich in der Jugend die Sehnsucht nach der Natur packte – und die Überzeugung, dass sie mehr enthalten müsse als perfekt funktionierende Einzelteile. Ich verzweifle darüber, dass die meisten Biologen nicht sagen können, was »Leben« ist – und mache mich auf Reisen, um endlich eine Erklärung zu finden. Was ich entdecke, stellt die Biologie in ein ganz neues Licht. Es zeigt, dass viele Eigenschaften, die wir von uns selbst kennen, bereits den Aufbau der Zellen organisieren. Natürlich hat eine Zelle kein Bewusstsein. Aber Empfindungen, Innerlichkeit und Werte sind entscheidende Eigenschaften des Lebens und bilden eine geradezu physikalische Macht. Wie kommt es, dass schon das simpelste Lebewesen keine Maschine ist? Auf den folgenden Seiten beschreibe ich diese neue Physik der Zelle.

2 DER LEBENSWUNSCH

Ich bin die Kröte.
Und trage den Edelstein.
Gertrud Kolmar, »Die Kröte«

Haben Sie schon einmal einer Kröte in die Augen gesehen? Sie sind groß und rund, wie dunkle Wasser. Aber ihre Iris, in der sich die Pupille öffnet, trägt eine goldene Farbe.

Haben Sie keine Angst. Gehen Sie ruhig nah heran. Dann wölben sich die winzigen Juwelen hinaus in den Raum. Ihr Inneres besteht aus tausenden von glänzenden Fältchen, mikroskopischen Schluchten und Gebirgen, über denen verirrte Sterne glitzern. Die Kröte erwidert unseren Blick mit dem Himmel der Nacht.

Das sei nicht wichtig, sagen Sie? Eine Kröte sei eben ein Tier, und wie wir zu ihr stehen, Geschmackssache? Vielleicht finden Sie sie sogar hässlich? Warten Sie einen Moment. Schauen Sie noch einmal hin. Schauen Sie hin, wie ich es getan habe. Sie werden sehen, dass etwas Ihren Blick erwidert. Dass Ihnen etwas gegenübersteht, was kein Ding ist, keine Sache. Etwas, das lebt.

Ich habe viele Semester lang versucht herauszufinden, was es mit diesem Etwas auf sich hat. Ich habe in altertümlichen Hörsälen Frösche seziert, in vollgestopften Labors Bakterien geklont und bei Nieselregen winzige Würmer aus dem Schlick der Ostsee gesiebt, um zu verstehen, wie das Leben funktioniert. Ich habe sogar eine Diplomprüfung gemacht. Und doch kam es mir immer vor, als würde etwas fehlen. Als würden wir, die Forscher, die modernen wissenschaftlichen Menschen, an Tieren und Pflanzen etwas Entscheidendes übersehen. Als wären wir blind für genau das, was uns doch überhaupt erst dazu gebracht hat, uns für Lebewesen zu interessieren. Als würden wir die Mechanik im Inneren eines Apparats suchen und dabei die Oberfläche achtlos zerbrechen.

Ich habe mein bisheriges Leben mit der Suche nach diesem Etwas verbracht. Ich habe es schließlich gefunden – weil die Wissenschaft selbst es wiedergefunden hat, nach Jahrhunderten, in denen sie sich zum Ziel gesetzt hatte, das Naheliegende zu ignorieren, um präzise sein zu können. Ich habe es vielleicht auch gefunden, weil ich immer wollte, dass meine Gefühle und meine Gedanken übereinstimmten. Alles begann vor vielen Jahren mit der Kröte. Oder genauer: mit einem ganzen Teich voller Amphibien, voll der verschiedensten Arten.

Es war einer dieser silbergrauen norddeutschen Tage am Ende des Winters. Neben dem Feldweg stachen die Hecken braun und struppig in eine durchsichtige Luft. Sie war so kühl, dass der Wind beim Radfahren an den Ohren schmerzte. Und doch lag ein warmer Ton in allen Farben, irgendeine unmerkliche Verheißung, die mich hinausgezogen hatte.

Die Schule war aus, und ich fuhr durch die Feldmark zu einem der kleinen Weiher. Sie versteckten sich hinter schütterem Schilf, im brüchigen Schatten der erstarrten Hecken aus Erle, Hainbuche und Haselnuss. Manche der Gewässer waren nicht viel größer als Pfützen, in denen sich die Nässe des Winters gesammelt hatte und wo der erste Frühling jetzt schüchtern zu brausen begann. In seinen kleinen Teichen schlug das Land die Augen zum Himmel auf. Vor kurzem noch waren wir hier Schlittschuh gelaufen. Während des Heimwegs in der schnell fallenden Dämmerung hatten wir uns Schauermärchen erzählt. Ich ging neben Mara Simon, in die ich hoffnungslos verliebt war. Sie beachtete mich nicht. Wenn ich versuchte, sie beim Sprint übers Eis zu schlagen, warf sie ihren blonden Pagenkopf zurück und schleuderte mir ein blitzendes spöttisches Lächeln hin, das mich für Tage sättigen musste.

Ich ließ mein Fahrrad in das vergilbte Gras fallen und beugte mich zum Wasser hinab. Wenn ich genau hinschaute, konnte ich sehen, dass seine Glätte nicht vollkommen war, sein Spiegel nicht ungetrübt. Der schwarze Marmor der Oberfläche sprang immer wieder. Er platzte auf, warf Blasen wie unter einem ins Ungeheure verlangsamten Regen, zersplitterte in leisen Erschütterungen, die sich ans Ufer fortpflanzten. Es schien, als würde eine geheimnisvolle Kohlensäure ausperlen, ein verstecktes Ingrediens des Frühlings, das ich nicht verstand.

Ich legte mich auf den Bauch und schob mich näher ans Wasser. Die Flüssigkeit umklammerte meine Handgelenke mit Eisgewalt, als ich die Arme prüfend über den schlammigen Ufersaum hinausstreckte. Eine ruckartige Bewegung ließ mich innehalten. Schlamm wirbelte vom Grund des Tümpels empor und senkte sich wieder in zeitlupenhafter Körnung. Ich starrte durch das Wasser.

Dann sah ich das Tier. Unmerklich löste es sich vom Morast des Bodens, stieg sacht empor wie ein schlanker Ballon, wobei es seinen Schwebflug mit vier kurzen Beinen ausbalancierte. Mit der Schnauze durchstieß es die Oberfläche und sandte eine flache Welle über den Teich. Es schnappte nach Luft – und fiel zurück. Ich sah, dass seine Unterseite in einem hellen Orange leuchtete. Von Schwanz und Rücken wuchs ein gezackter Kamm empor, wie bei einem Drachen im Märchen.

Mein Herz machte einen Satz. Die Tiefe der Natur tat sich plötzlich auf, hier, an einem gewöhnlichen Schultag im Spätwinter, im Zwielicht der Norddeutschen Tiefebene. Das Wesen driftete stumm durchs Wasser, stieg in kaum merklicher Geschwindigkeit empor. Ich entdeckte noch ein anderes Tier, dann ein weiteres. Sie ließen sich nach oben treiben und schnappten nach Luft, dann fielen sie zurück in ihren Schwebezustand. Durch das stille Wasser sah ich ihre Augen, die durch mich hindurchblickten und mich doch in sich hineinsaugten. In den magischen Kugeln aus Kristall zitterte das Leben. Je länger ich in den flüssigen Raum vor mir starrte, desto stärker begann er sich zu weiten, bis es mir vorkam, als sähe mich aus den stummen Blicken der Tiere das Wasser selbst an.

Irgendwann raffte ich mich auf und löste mich von den Augen der Wesen. Ein paar Tage später kaufte ich mir ein Bestimmungsbuch. Es waren Teichmolche, *Triturus vulgaris*, und der Drachenkamm gehörte zu ihrem frühlingshaften Hochzeitskleid. Ich konnte nicht wissen, dass ich die Tiere nie wiedersehen würde.

Gestalt gewordenes Gefühl

Ich war noch ein Kind damals. Oder vielmehr, es war das Alter, in dem man langsam aufzuhören hatte, Kind zu sein. Die anderen begannen sich Mofas von ihren Eltern zu wünschen, und bald sah man den einen oder anderen mit seinen spiddeligen Armen und einem riesigen, für den mageren Körper viel zu schweren Helm auf einer neuen Zündapp. Sie hockten auf ihren Maschinen vor dem Schulhof, zusammen mit den lässigen Älteren. Es wurde geraucht. Kleine verschworene Gruppen, zu denen ich keinen Zutritt hatte. Auch Mara Simon stand dort.

Ich war fünfzehn und hatte gegenüber unserem Reihenhaus einen kleinen Garten gepachtet, ein dreieckiges Stück Land zwischen einem sandigen Parkplatz und einem Getreidefeld. Wenn sich die anderen nachmittags zum Rauchen trafen, kniete ich in meinen Beeten, säte Salat und Borretsch oder zog mit schwarz verkrusteten Fingern Giersch und Quecke zwischen jungen Möhren hervor.

Trotzdem fand das Rendezvous mit Mara Simon noch statt. Es war ein sonniger Mittwochnachmittag. Ich fuhr eine Schubkarre voller Schweinemist für meinen

Garten über die Straße, als mir Mara mit geröteten Wangen auf dem Fahrrad begegnete, leuchtend, unnahbar. Ich blickte an mir hinab: die zerbeulte Cordhose, die kotverschmierten Stiefel. Dann hielt ich die Luft an. Als Mara vorbeirauschte, versuchte ich, meinen hilflosen Blick in ihre Augen zu senken, die sich wie Panzerglas vor mir verschlossen. Am Abend schrieb ich ihr einen Brief. Sie antwortete in rotem Filzstift. »Bei mir haben andere Jungs Vorfahrt«, stand da.

Während der Rekonvaleszenz hielt ich mich fast den ganzen Sommer draußen auf. Ich lernte Vogelstimmen, ich fand das Nest der Dorngrasmücke in der verwilderten Hecke. Ich wusste damals nicht, in welcher geistigen Tradition ich mich bewegte, wenn ich für eine Laubheuschrecke, die in der Sonne glitzerte, von meinem Rad absprang. Ich wusste nicht, dass Dichter wie Novalis oder Coleridge die Natur so verstanden hatten: als Gestalt gewordenes Gefühl. Ich wusste nicht, dass unsere Zeit glaubt, mit solcher Romantik fertig zu sein, und sie für eine sentimentale Mode vergangener Epochen hält.

Ich fuhr noch oft zu meinem Teich auf der Höhe dieses Sommers, unwissend, dass es der letzte war, den ich dort verbringen würde. Als die Wasserpflanzen und Algen wuchsen, hatten sich die Molche gut versteckt. Ich fand sie nicht mehr. Dafür hatte ich die dicken Pärchen der Erdkröten entdeckt, hatte gestaunt, wie sich drahtige Männchen beim Treiben im Wasser an ihre bis zum Bersten mit Laich gefüllten Weibchen klammerten und auf ihren fleischigen Flößen einen Inbegriff an Behaglichkeit ausstrahlten. Ich lauschte dem leisen Gurren der Grasfrösche. Ich setzte mich still ans Ufer und sah die Sonnenreflexe über ihre goldenen Augenpaare wandern. Noch vor dem nächsten Winter zog ich mit meiner Familie fort. Ich habe den kleinen Weiher nie wiedergesehen.

Heute weiß ich: Die Natur ist kein Fluchtraum vor den Gefühlen. Sie gewährt uns eine Flucht ins Gefühl. Es ist keine Illusion, dass wir in Tieren und Pflanzen etwas Entscheidendes wiederfinden. Wir finden in ihnen unsere Seele. Aber es sind nicht allein schwärmerische Esoteriker und verträumte Kinder, die das Gefühl als Zentrum des Lebens wiederentdeckt haben. Es ist ausgerechnet die Wissenschaft, die nicht mehr darauf verzichten kann, wenn sie Lebewesen verstehen möchte. Heute kann ich mir meine Erlebnisse von damals erklären. Aber es war ein weiter Weg.

Lange, allzu lange haben Philosophen und Naturwissenschaftler freilich in die entgegengesetzte Richtung gearbeitet. Es galt, Gottes Kosmos zu entschlüsseln, die universellen Gesetze zu erkennen, welche die Materieteilchen auf ihren Bahnen halten wie die Schwerkraft die Sterne. Die ersten Biologen im 18. und 19. Jahrhundert schwärmten noch in die Natur aus wie ich in jenem Jahr: begeistert und gierig nach Neuheiten, Eindrücken und Vielfalt. In wenigen Jahrzehnten wurden hunderttausende von Arten beschrieben, dutzende Lebensräume klassifiziert, wurden Morphologie, Biochemie und Physiologie geboren.

Obwohl während dieses großen Forschungsbooms die Physik die Marschrichtung vorgab, obwohl schon der französische Philosoph René Descartes erklärt hatte, Lebewesen seien nichts als hochkomplizierte Maschinen, interessierten sich viele Biologen hartnäckig weiter für die fundamentalen Fragen des Lebens. Fragen, die auch mich hinausgelockt hatten in jenem Sommer. Was unterscheidet belebte Materie von unbelebter? Was bewirkt, dass die Milliarden Stoffteilchen und vielen hunderttausend chemischen Verbindungen, aus denen ein Organismus besteht, sich zu einer differenzierten Gestalt formen – und warum zu genau dieser? Wieso können wir ein Lebewesen mit schlafwandlerischer Sicherheit von einer Maschine unterscheiden? So lag ich an meinem Weiher und grübelte über Rätsel, die schon lange zuvor Kernprobleme der Biologie gewesen waren.

Die Faszination hat mich nicht losgelassen. Als ich ein paar Jahre später mein Studium der Lebenswissenschaften begann, musste ich jedoch feststellen: Die Biologie hatte zwar ihre Antworten auf diese Fragen gefunden. Aber die Antworten sahen anders aus, als ich es mir vorgestellt hatte. Biologen waren ihrem Vorbild, den Physikern, gefolgt. Sie hatten es sich zur Devise gemacht, das Leben ausschließlich mit den Bauteilen der toten Materie zu begreifen. Darwinisten taten Gefühl und Empfindung als Illusionen ab – als sentimentale Köder, deren Zweck in Wahrheit darin besteht, möglichst viele Nachkommen mit den gleichen Genen hervorzubringen. Jedes andere Bild galt – und gilt vielen immer noch – als unwissenschaftlich, und Unwissenschaftlichkeit ist in unserer durch und durch akademischen Gesellschaft etwa so, als hätte man im Zentralkomitee der KPdSU die Marktpolitik von McDonald's gelobt.

Biologen, so wurde mir während des Studiums klar, haben versucht, den Organismus so zu verstehen, wie Physiker zu Newtons Zeiten das Weltall verstanden: als ein System aus Einzelteilen, die jedes für sich ewigen und unveränderlichen Gesetzen gehorchen. Die Entdecker dieser Regeln sind die Gründungsväter der modernen Biologie: Charles Darwin fand das Gesetz der Selektion, die auf die Organismen einwirkt wie die Schwerkraft auf Planeten; Gregor Mendel entdeckte die Gesetze der Vererbung – das biologische Pendant zum Satz von der Erhaltung der Masse; James Watson und Francis Crick fanden den genetischen Code, also das Gesetz dafür, wie die Gesetze zum Bau des Organismus aufgeschrieben werden. Im Prinzip, so schien es, war alles vorhanden, um das Weltall eines Wesens analog zum Sternensystem zu berechnen – und vielleicht sogar neu aufzubauen.

Die Biologie stieg im Verlauf des 20. Jahrhunderts zur Primadonna unter den Wissenschaften auf, denn nun konnte der Mensch sich im Prinzip selbst erschaffen. Die Wissenschaft vom Leben löste an der vordersten Forschungsfront die Physik ab – auch deshalb freilich, weil für die Physik genau jenes Weltbild zusammengebrochen war, an dem sich die Biologie weiterhin orientierte. In der Relativitätstheorie hängen Raum, Zeit und Beobachter zusammen, und es gibt keine unabhängigen, absoluten Bezugspunkte mehr; in der Quantentheorie löst sich sogar die räumliche Trennung von Ereignissen auf: Alles hängt in Wahrheit mit allem überall zusammen.

Doch in der Folge dieses Triumphs sind die richtig großen biologischen Revolutionen ausgeblieben. Zwar hat man inzwischen massenhaft Genome entschlüsselt – doch nur um festzustellen, dass kaum ein Gen eine einzige Funktion hat, sondern sehr oft viele, die voneinander und vom Zustand der Zelle abhängen. Noch ist keine Krankheit auf genetischem Wege bekämpfbar. Noch immer ist auch nicht eines der »missing links« gefunden worden, der Übergangsformen zwischen verwandten Arten, die schon Darwin suchte. Die evolutionistischen Erklärungen für viele Verhaltensweisen, etwa, warum Mütter nichtleibliche Kinder adoptieren, bleiben aus oder sind sehr weit hergeholt.

Die Biologie, die immer noch der Physik Newtons folgt, tritt auf der Stelle. Fast erinnert ihre Situation an die der Physik vor hundert Jahren. Um das Dilemma zu lösen, haben manche Forscher inzwischen begonnen, sich von den zentralen Dogmen ihrer Wissenschaft zu verabschieden. Sie tun dies nicht nur, weil die Dogmen sie einengen; sie tun es auch, weil viele Befunde mit deren Annahmen nicht länger vereinbar sind.

So hat die Amerikanerin Lynn Margulis in den letzten Jahrzehnten herausgefunden, dass höhere Zellen nicht durch Konkurrenzkampf, sondern durch Symbiose einfacherer Vorformen entstanden sind. Biosemiotiker wie der Däne Jesper Hoffmeyer oder der Italiener Marcello Barbieri haben wie in der Physik eine Art Relativismus in die Genetik eingeführt: Sie sehen die DNA nicht länger als Maschinencode zur Umsetzung der Blaupause, sondern eher wie ein Notenblatt, das die Zelle je nach Zustand ganz unterschiedlich instrumentieren kann. Ähnlich wie die Quantentheorie bricht eine solche Perspektive mit der totalen Kausalität: Zellen reagieren mit einer gewissen Autonomie; wie sie sich verhalten, hängt von ihrem inneren Zustand ab, aber auch davon, was ein Beobachter tut oder lässt. Organismen sind hochkomplex und intelligent, nicht trivial und deterministisch – und gewiss keine molekularen Uhren, die ferngesteuert von ihrer genetischen Software ticken. Versuche haben gezeigt, dass viele Körpermerkmale wie Fellmuster oder

Blattoberflächen von selbst entstehen, ohne dass sie dazu Erbanlagen benötigen. Biologische Ordnung stellt sich quasi »gratis« ein. Das bestätigen gerade neueste genetische Experimente: Bestimmte Wachstumszentren von Embryonen entfalten sich weitgehend unabhängig von den Befehlen der DNA.

Zellen erscheinen in diesem neuen Blick der Wissenschaft geradezu als Atome des Willens. Ihr wichtigstes Merkmal besteht darin, dass sie sich beständig erneuern und alle ihre Einzelteile selbst hervorbringen. Zellen zeigen eine atemberaubende Beharrungskraft auf ihrer Existenz. Im steten Stofftausch mit der Umgebung gleichen sie Batterien, die sich selbst aufladen. Sie ranken sich an Erbanlagen empor, allerdings in einem Dialog mit den Genen, weniger durch sie bestimmt. Die DNA ist ein Gerüst für das Fleisch, nicht seine Blaupause. Es ist der Körper, der die Erbanlagen »lesen«, interpretieren, in Sinn verwandeln muss. Für den Biologen Stuart Kauffman ist ein Lebewesen darum kein genetischer Automat. Er bezeichnet es lieber als »autonomen Akteur«.

Die Gesetze der Sehnsucht

Es war diese Autonomie, an der ich mich geweidet hatte, damals an meinem Teich. Selbstvergessen hatten die Tiere im Wasser geschwebt. Sie waren Teil von ihm und doch auch so deutlich abgegrenzt als etwas Eigenes. Das tapsige Absinken, der grell orangefarbene Bauch, der maßlose Rückenkamm: Die Molche waren Welten für sich. Sie waren Zentren, um sich selbst kreisend wie um den Mittelpunkt des Universums.

Wenn heute, zu Beginn des 21. Jahrhunderts, die Biologie diese Autonomie erkennt, so findet sie über einen langen Umweg etwas Selbstverständliches wieder. Aristoteles, der ein berühmter Tierforscher war, glaubte: Alles Lebendige strebt nach Sein. Dieses Streben ist seine Seele. Ein Wesen sehnt sich, zu sein, zu dauern, mehr zu sein, als es ist. Es dürstet danach, sich zu entfalten, fortzupflanzen, auszubreiten, mehr von diesem kostbaren Stoff aufzusaugen – von einem Stoff, dessen man nur habhaft wird, wenn man atmet. Dieser Durst ist das Leben. Der Lebenswunsch trägt einen Organismus wie die Woge den Schwimmer. Dieser fühlt sich emporgehoben und an ein Ufer gespült, das er nicht erwartet hat, das ihn aber rettet.

Wenn ich an damals zurückdenke, an den Nachmittag am stillen Weiher, so weiß ich heute, dass mein Verhalten zutiefst wissenschaftlich war. Ich lag vor meinem Teich auf der Lauer und entdeckte ein Naturgesetz – freilich ohne es zu wissen. Ich erfuhr die Kraft des Lebens ganz direkt. Dieselbe Kraft, die das Fleisch der Zelle zusammenhält, die seinen Drang ausmacht, weiterzubestehen.

Heute kann ich diesem Drang einen Namen geben. Heute weiß ich, dass er zentraler Teil einer neuen Wissenschaft vom Leben ist. Diese Wissenschaft muss sich von dem Dogma verabschieden, dass sie immer objektiv, neutral und wertfrei zu sein habe. Leben ist nicht wertfrei, das zeigen die Ergebnisse der Komplexitätsforschung, der Systembiologie, der Biosemiotik, der Robotik und der Hirnforschung, die ich in den nächsten Kapiteln beschreiben werde. Leben ist im Gegenteil das Erscheinen eines Werts, der Körper geworden ist.

Wenn man die Türen aufstößt, deren Schlüssel Wissenschaftler wie Jesper Hoffmeyer, Lynn Margulis und Francisco Varela geliefert haben, so wird klar, dass die gewandelte Biologie mit ihrer neuen Denkweise auch ein neues Vokabular verwenden muss. Sie muss so über Lebewesen sprechen, dass deren körperliche und deren seelische Seite im Gleichgewicht bleiben. Ihre Sprache muss dem biologischen Verhalten gerecht werden, aber auch der Empfindung, wie es ist, dieses Verhalten von innen zu erleben. Im Rahmen der klassischen Wissenschaft, die auf ihre Erneuerung wartet, mag eine solche Sprechweise wie Frevel klingen. Doch wer versucht, sich in diese scheinbare Häresie hineinzudenken, erhält etwas Unschätzbares zurück: Natur und Seele sind nicht länger getrennt. Der tiefe Spalt, der sich zwischen uns und den anderen Wesen auftut, genauer gesagt, zwischen der Welt, wie wir sie fühlen, und der Welt, wie wir sie beschreiben, schließt sich wieder, und zum ersten Mal sind wir willkommen.

In einer neuen Biologie wird der Lebensdrang – den wir selbst spüren und den wir überall sehen – zum Grundaxiom. Es ersetzt den blinden »Überlebenskampf« des biologischen Darwinismus. Um deutlich zu machen, dass die von mir gewählte Betrachtungsweise unerwartete Konsequenzen hat, nenne ich dieses Streben nach Fortexistenz das Erste Gesetz der Sehnsucht. Es bewirkt, dass alles, was lebt, mehr Leben will. Organismen sind Wesen, denen ihr Leben etwas bedeutet. Sie haben Interessen wie wir, sie sind getragen von jener Empfindung, mit der auch ich selbst mich spüre als Körper unter Körpern, und zwar am rechten oder falschen Platz. Interesse ist das Empfinden, mit dem der Rosenkäfer ahnt, dass das Roseninnere für ihn ein guter Ort ist und die Teerstraße ein schlechter.

Was mich damals so fesselte, intuitiv und mit unüberwindlicher Macht, war der Umstand, dass ich dieses Interesse sehen konnte. Es drang nach außen in jeder Regung, in jeder Geste, so, als hätten Tiere und Pflanzen zwar kein Bewusstsein, aber dennoch eine Form und Gestalt gewordene Innenwelt. Ich konnte in sie hineingehen, ich konnte mit entblößten Armen in sie eintauchen und sie berühren. Ich sah, dass sich in der Oberfläche der Organismen ihr Innenleben zeigt. Es ist nicht verborgen, wie der griechische Philosoph Heraklit glaubte. Es liegt offenbar zutage. Darum müssen wir ein Zweites Gesetz der Sehnsucht aufstellen. Es ersetzt das Dogma, dass alle Merkmale von Lebewesen nur den Sinn hätten, die Fortpflanzungschancen zu erhöhen. Das Zweite Gesetz der Sehnsucht lautet: Die Macht des Verlangens ist niemals unsichtbar, sondern im lebenden Leib stets gegenwärtig. Der Lebenswunsch entspringt aus Durst und Hunger und Lust und strahlt nach außen in den Regungen des Körpers. Lebewesen sind darum keine Maschinen. Sie sind Werkzeuge der Sehnsucht. Sie sind Verlangen, das sich einen Körper gesucht hat und diesen regiert.

An jenem Nachmittag am Teich erlebte ich das Gegenteil dessen, was die Naturwissenschaft seit der Renaissance geglaubt hat: Dass das Rätsel des Lebens nur auf der »Streckbank des Experiments« aus ihm herausgepresst werden kann. Nein. Das Geheimnis ist in der Sichtbarkeit versteckt. Die Tiefe des Lebendigen zeigt sich an der Oberfläche: das Blätterleuchten im Herbst, die Schwerelosigkeit der Qualle – das Schweben des Lebens selbst! –, die Duft- und Blütenmeere. Das Leben zeigt stets seine Gesetze, die Bedingungen, unter denen es gelingen oder scheitern kann. Es ist überall offenbar.

Es war diese Einsicht, die mich an meinem Weiher überflutete. Es war nicht so etwas wie die menschliche Seele oder das menschliche Bewusstsein, dem ich in den anderen Wesen begegnete. Ich stand vor vitalen Empfindungen, die Gestalt angenommen hatten, und ich konnte in diesen Gestalten meine eigenen Gefühle finden.

Darum müssen wir noch ein Drittes Gesetz der Sehnsucht einführen. Es ersetzt das darwinistische Dogma, dass alle Kommunikation zwischen Organismen immer im Dienst des Nützlichen steht. Das Dritte Gesetz der Sehnsucht hört nicht allein auf die Behauptung, dass Sprache aus der Balz resultiert, Altruismus langfristig Gewinnmaximierung bedeutet und Kunstwerke auf Höhlenwänden die Jagdchancen erhöht haben. Das Dritte Gesetz der Sehnsucht lautet: Nur im Spiegel anderen Lebens können wir uns selbst verstehen. Wir brauchen den Blick des Allerfremdesten. Den Blick des Tiers. Den Blick des stummen Molchs. Nur er öffnet jene Tiefen in uns, die sonst für immer verschlossen blieben. Wir brauchen das Erlebnis, dass etwas Inneres vor uns steht, etwas, das sich zugleich als verletzlicher Körper zeigt. Wir brauchen die anderen Organismen, denn sie sind das, was auch wir sind, was wir aber nicht sehen können, weil wir es sind.

Dieses Bedürfnis nach den anderen Wesen bringt uns zum größten Problem unserer Zeit. In den Blicken, mit denen die nichtmenschlichen Organismen uns ansehen, bringen sie uns hervor – auf welche Weise und warum wir nicht ohne dieses Gegenüber auskommen können, will ich weiter unten zeigen. Es sind gnädige Augen, mit denen uns die anderen Wesen messen, aber es sind auch verlangende. Sie geben, doch sie erwarten ebenso eine Antwort. Der schweigende Blick des

Molchs ist eine an uns gerichtete Frage. Und wir schütteln immer häufiger stumm den Kopf.

Nie verschwanden mehr Arten als heute – und keine Tiergruppe schmilzt stärker dahin als ausgerechnet die Amphibien. In den späten 1980er Jahren stellten Forscher fest, dass immer mehr Populationen von Molchen, Kröten und Fröschen überall auf der Welt schlagartig verloschen. Sie versickerten nicht allmählich über Jahre des Siechtums, sondern waren plötzlich einfach fort: Wo ein Jahr zuvor noch tausende von Goldkröten einen Urwaldsumpf von Costa Rica zum Brodeln brachten, war im nächsten Frühjahr keine einzige mehr zu finden. Dieser Schwund setzt sich bis heute fort. Allein in den letzten Jahren sind weit über hundert Lurcharten von der Erde verschwunden, und mit ihnen ein je einzigartiger Faltenwurf des Lebens.

Forscher streiten über Ursachen. Manche machen die erhöhte UV-Strahlung verantwortlich, andere eingeschleppte Pilze. Ein amerikanischer Toxikologe gibt neuerdings »Roundup« die Schuld, dem in jeden Winkel der Erde ausgesprühten Pflanzenschutzmittel des Pharmakonzerns Monsanto. Aber der bei weitem tödlichste Grund ist, dass immer weniger Raum bleibt. Raum für jene kleinen Gewässer, in denen sich das Land in stillem Träumen selbst beschaut. Und so bleiben die Amphibien einfach fort, als hätten sie beschlossen, diese Welt künftig zu boykottieren.

Aussterben macht keinen Lärm. Arten verschwinden diskret. Sie gehen lautlos, als wollten sie keinen Ärger erregen, als wollten sie nicht länger stören. Man merkt es nicht, wenn man nicht genau hinschaut, wenn man nicht jedes Frühjahr wieder nachsieht, dort, wo die ersehnten Wesen auftauchen müssen. Man merkt es nur, wenn man vergeblich ausharrt, wenn die Erwartung sich mit dem steigenden Jahr zur hohlen Trauer wandelt. Ich habe damals eine Handvoll Laich eingesammelt. Ich habe meine Finger in den Klumpen Eier getrieben, um meinen Teil abzutrennen, ein Stück des Ganzen aus dem Ganzen herauszureißen. Es war fast unmöglich, so hartnäckig hing die Masse zusammen, und so wenig konnte ich sehen, wo die Grenzen der einzelnen Dotter verliefen. Obwohl der Laichklumpen in viele winzige Punkte aufgeteilt war, schien er doch eins. Der markige und zugleich nachgiebige Widerstand an meinen Händen verursachte ein unwiderstehliches Lustgefühl, aber auch eine instinktive Scheu. Es war wie der Schauer, auf lebendes Fleisch zu beißen.

Ich habe meinen Fetzen Froschleben dann in ein altes Aquarium gegeben. Wer zusieht, wie sich ein Amphibienei entwickelt, erlebt die Verwandlung eines quasi raumlosen Punkts in die Spannkraft des Lebens. Aus dem Es wird ein Du. Fast ein Nichts, beginnt es zu pulsieren und entwickelt sich zu einem Wesen – fast eine

Welt. Die schwarzen Kugeln in der Mitte ihres transparenten Glaskörpers verlängern sich, verdrehen sich und strampeln sich frei. In hundert beweglichen Pupillen schlägt das Leben die Augen auf.

Ich hatte damals keinen Deckel auf das Becken gelegt. Solange die Kaulquappen ohne Gliedmaßen durchs Wasser taumelten, schien das nicht nötig. Dann wuchsen ihnen hauchzarte Hinterbeine, kurz darauf kleine Vorderfüße. Nach einem heißen Frühsommertag waren alle winzigen Frösche fort. Sie hatten einen besonders großen Entwicklungssprung getan und das Becken verlassen. Ich fand sie später beim Aufräumen hinter der Heizung, unter dem Schrank – harte Mumien, eingefroren in der Geste ihres Froschseins. Es war ein kleiner Abschied als Vorbote des großen.

Weil in den Tieren unsere Seele in einer unbekannten Gestalt vor uns steht, verlieren wir mit ihnen nicht nur fremde Kostbarkeiten. Wir verzichten auf etwas, das uns betrifft. Es sind Spielarten des Schöpferischen, denen wir entsagen müssen. Es sind Ausdrucksformen, einmalig geworden in den Geschicken der Zeit und zu ersetzen nur durch eine neue Evolution, durch eine neue Erdgeschichte. Spielarten wie diese: Dass das Weibchen des Erdbeer-Pfeilgiftfrosches seine Eier an Land ausbrütet und die gerade geschlüpften Kaulquappen einzeln in winzige Wasserpfützen bettet und dort mit den restlichen tauben Eiern füttert. Oder jene, dass die heimische Geburtshelferkröte sich die Perlenschnüre mit ihrem Nachwuchs sorgfältig um den Hinterleib bindet und darüber wacht wie ein Wolf über seine Jungen.

Es ist die fraglose Gegenwart der Geschöpfe, die Unerschöpflichkeit verbürgt – und darin Hoffnung. Sie ist das, was nicht dem menschlichen Maß entspricht und nicht seiner Macht gehorcht. Sie ist das Widersinnige, das Unplanbare. Sie ist das Wunder, eine Kostbarkeit umsonst zu erhalten, mit der man nicht im Traum rechnen konnte. Das Geschenk, das vom Himmel fällt, ohne dass ich es je verdient hätte.

Ein paar Jahre später, während des Studiums in Freiburg, habe ich an einem Krötenzaun ausgeholfen. Es waren laue Februarnächte, in denen häufig ein feines Gespinst von Regen in der Luft stand. Mir gefiel es, im Dunkeln herumzulaufen, wo keiner mich sehen konnte. Es war mir recht, in die Schwärze der Nacht hineinzusinken. Ein paar Tage vorher war eine Freundin mit ihrem Auto gegen eine Mauer gefahren, hundert Stundenkilometer schnell, mit voller Absicht, ohne auch nur einen Zentimeter zu bremsen.

An der Ausfallstraße hatten wir niedrigen Maschendraht gespannt. Im Abstand von ein paar Dutzend Schritten steckten Eimer im Boden. Hier sollten die Kröten hineinfallen, wenn sie auf der Suche nach einem Durchschlupf am Zaun entlangtapsten.

Meistens passierte bis elf Uhr abends nichts. Die Eimer blieben leer. Dann aber waren plötzlich überall Tiere: Erdkröten, Grasfrösche, Springfrösche; einzeln, in Paaren oder sogar Dreiergruppen aneinandergeklammert. Sie plumpsten in die Eimer und füllten diese in wenigen Augenblicken bis über den Rand, ließen sie überlaufen wie ein zu stark aufgedrehter Wasserhahn eine Gießkanne. Die Amphibien bedeckten den Boden, als wären sie vom Himmel gefallen. Sie krochen über meine Füße. Ihre Augen glänzten im Licht der Taschenlampe, wenn sie versuchten, sich aus meinen Fingern zu winden.

Für ein paar Stunden schuftete ich in einer Umgebung aus lebendem Fleisch, klaubte Tiere auf, leerte kleine Eimer in große, schleppte Bottiche über die Straße, aus denen es gurrte und quiekte. In gelehrten Disputen hatten Denker noch bis zu Louis Pasteur im 19. Jahrhundert behauptet, Frösche und Mäuse würden »de novo«, ganz von allein, entstehen, wenn man feuchte Lappen oder altes Stroh zerfallen lässt. Ein wenig schien es wirklich so: Die Welt gor und gebar aus ihrer Mitte heraus Neues, »überzähliges Dasein« in den Worten des Dichters Rilke. Es quoll aus dem Nichts in den Lichtkegel meiner Taschenlampe. Im schütteren Gebüsch sang dazu ein unsichtbares Rotkehlchen und erfüllte mich mit Dankbarkeit.

Das frag- und namenlose Gewimmel in jenen Nächten milderte meine Niedergeschlagenheit. Ich nahm das Geschenk der Tiere hin und versuchte ihnen ein paar Stunden lang, müde und stumm, etwas zurückzugeben. Ich wusste, ich konnte mich auf sie verlassen.

Ich habe den Fehler gemacht, nach vielen Jahren noch einmal an den Ort zu fahren, wo einst der kleine Weiher lag. Es war irgendein Jubiläumsfest der Schule, für das ich zurückkehrte. Übrigens habe ich an dem Abend auch Mara Simon wiedergetroffen. Sie hatte bereits kleine Fältchen um die Augen, und sie lauschte amüsiert auf meinen vom routinierten Überschwang der einen oder anderen geglückten Eroberung imprägnierten Smalltalk.

Ich hatte Mara eine Zeitlang ganz für mich. Ihre Blicke glitzerten. Das erste Gespräch auf Augenhöhe, oder sogar darüber, und vielleicht hätte ich mehr bekommen können, aber es war mir plötzlich egal.

Der Teich war fort. Eine Wendestelle für Traktoren, tiefe Spuren im Schlamm. Krähenrufe schlugen schwarze Kerben in die wehrlose Luft.

3 DIE MASCHINE, DIE STERBEN KANN

Wir hängen hier, neugierige Lebensformen auf Kohlenstoffbasis,
und wissen dabei,
dass jedes jetzt in unseren Körpern befindliche Kohlenstoffatom
einmal im Innern eines Sterns war.
James Hamilton-Paterson, »Seestücke«

Der gemietete Ford Focus steckte bis zu den Türkanten im Schlamm. Bei jedem Aufheulen des Motors spritzten schmutzige Fontänen aus den Radkästen, und die Motorhaube senkte sich ein Stück schräger zur Böschung hin. Ich schaute Polina von der Seite an. Sie sah durch die verschmutzte Windschutzscheibe in den Wald. Birken, deren bleiche Umrisse sich an die Dämmerung verloren. Die schwarzen Schemen der Kiefern. Im harschen Schnee trieben niedrige Büschel von Heidelbeeren wie karge Inseln.

Alles saugte sich mit dem fahlen Licht des Abends voll. Die Dinge verloren sich in einem diffusen Schimmer, als würde die Landschaft in ihr Negativbild umschlagen, als würde sich vor uns sachte die Innenseite der Welt auftun. Uns hatte ein Mantel aus grauem Schnee und matter Birkenrinde umschlossen, unter dem es keinen Ausgang mehr zu geben schien.

Die Leuchtziffern der Uhr neben dem Tachometer zeigten halb sechs. Die Scheiben begannen zu beschlagen. Die Fahrspur hatte tragfähig ausgesehen. Aber dann hatte ihre oberflächliche Frostschicht unter dem Gewicht des Wagens ins Bodenlose nachgegeben wie Schwingrasen über einem Sumpf.

Ich wechselte in den dritten Gang und trat noch einmal nachdrücklich aufs Gas. Der Motor drehte gurgelnd frei, die Reifen ließen eine Garbe Schlamm gegen die

Karosserie prasseln. Polina bemerkte, ohne mich anzusehen: Das ist normal hier, wenn der Frühling kommt. Wir müssen zu Fuß weitergehen. Als ich nicht reagierte, legte sie mir eine warme Hand auf den Arm, mit dem ich den Schaltknauf umklammerte. Wir schaffen es auch so zum Haus, setzte sie hinzu. Es gibt eine Abkürzung durch den Wald. Aus ihren Augen funkelte so etwas wie Vergnügen. Draußen presste Dämmerung den Raum zusammen.

Es war später Winter in Estland. Ich war in das kleine baltische Land geflogen, um mich mit einem Forscher zu treffen. Kalevi Kull zählt zu der wachsenden Avantgarde von Biologen, die an einem neuen Bild des Lebens arbeiten. Kull gehört zu den Gründern einer verschworenen Bewegung, die ihre Anhänger als »Biosemiotik« bezeichnen – als Bedeutungslehre der Natur. Biosemiotiker betrachten Empfindung und Werte als Basis aller Lebensprozesse. Sie gehen von den Ergebnissen der modernsten Biologie aus – und knüpfen zugleich an die Gedanken einiger berühmter Wissenschaftler der Vergangenheit an. Die Biosemiotik ist der zeitgenössische Seitenarm des großen Stroms der ganzheitlichen Biologie. Sie sucht – bildhaft gesprochen – sowohl Leib als auch Seele zu berücksichtigen, den Umstand, dass Organismen aus nichts als Materie bestehen und dass sie doch dieser Materie ganz unerwartete Eigenschaften abtrotzen, bis hin zur Erfahrung einer eigenen Innerlichkeit. Die Biosemiotik beginnt, diese beiden Pole als zwei Aspekte einer einzigen Realität zu begreifen.

Der Este Kalevi Kull sieht sich – durchaus mit einem Stück Patriotismus – als Erben einer großen Tradition. Lange Zeit gab es gerade im deutschsprachigen Ostmitteleuropa eine fruchtbare und einflussreiche Schule romantischer Biologie. Einer der ersten Begründer einer solchen poetischen Naturwissenschaft war der Dichter und Forscher Johann Wolfgang von Goethe. Auch der Königsberger Philosoph Immanuel Kant stellte in seinem Spätwerk Überlegungen an, die bis heute die romantischen Lebenswissenschaften beeinflussen. Vielleicht fördert auch die Weite des Ostens solche Ideen: Erstaunlicherweise sind bis heute einige der bedeutendsten Vordenker einer ganzheitlichen Biologie aus dem heutigen Estland gekommen – als würde die selbst im 21. Jahrhundert noch wildromantische baltische Natur immer wieder den Keim für eine entsprechende Sicht des Lebens säen.

Dieser hartnäckige Keim ist der Gedanke, dass weder unsichtbare Gesetze den Charakter der Wesen ausmachen noch dass deren Eigenart sich im kalten Protokoll ihres äußeren, beobachtbaren Verhaltens allein erschöpfend beschreiben lässt.

Biologen wie Kalevi Kull glauben, dass die Frage: »Was hält ein Wesen im Innersten zusammen?« heute noch genauso wenig gelöst ist wie zu Goethes Zeiten.

Die Hoffnung auf Antworten hatte mich nach Estland gelockt. Denn die Ideen der Biosemiotiker – und die Arbeit anderer ganzheitlich denkender Biologen – verändern das Gebäude der Wissenschaft vom Leben, an dessen Pforten ich lange keinen Einlass gefunden hatte. Die neue Lehre, die Forscher wie Kalevi Kull zusammentragen, vermag die Gesetze der Sehnsucht zu begründen, von denen ich im vorigen Kapitel sprach. Biologen legen heute den Grundstein für eine radikal gewandelte Auffassung des Lebens. Sie glauben: Ohne das Fühlen zu berücksichtigen, ist der Aufbau eines Lebewesens nicht zu verstehen – und muss auch unsere eigene Innenwelt letztlich rätselhaft bleiben.

Das organische Prinzip

Die Schöpferische Ökologie, an der Forscher wie Kull arbeiten, ist nicht komplizierter als die bisherige Lebenswissenschaft. Aber sie ist neu, und darum kann es sein, dass man sie nicht auf Anhieb versteht. Auch ich habe zuerst Probleme gehabt, die zugrundeliegende Idee in ihrer Fremdheit zu begreifen – und dann konnte ich plötzlich nicht mehr anders denken. Wir haben die Prinzipien dieser Wissenschaft nicht mühsam in der Schule gelernt – das macht sie erst einmal schwer zugänglich. Doch das passiert oft mit neuen Gedanken, und der einzige Grund dafür ist, dass wir so lange mit einer alten Meinung gelebt haben.

Die alte Meinung ist in diesem Fall, dass die Welt – auch die belebte Welt – »in Wahrheit« aus einem Haufen unbeweglicher Objekte besteht, die von außen angestoßen werden müssen, damit sie sich bewegen. Das nennt man Kausalität. Für jede Reaktion gibt es eine Ursache, ohne Ursache gibt es keine Reaktion. Die meisten Gelehrten sehen die Welt darum als einen »kausalmechanischen« Zusammenhang. Ursachen setzen ihre Mechanik in Gang wie der Aufziehschlüssel ein Uhrwerk.

Die Schöpferische Ökologie geht hingegen davon aus, dass die Welt neben der Kausalität von einem anderen Prinzip regiert wird: dem Prinzip der Selbstbewegung. Die zunächst unbeweglichen Dinge auf der Welt organisieren sich durch irgendeine Kraft von selbst zu größeren, komplexeren Gebilden – kosmischer Staub wird zu Sternen, Sterne werden zu Galaxien, Atome zu Molekülen, Moleküle zu Organismen. Das Prinzip der Selbstbewegung zeichnet sich dadurch aus, dass dabei irgendwann Dinge herauskommen, die mit dieser Bewegung nicht aufhören wollen. Sie haben nicht nur Ursachen, sondern Zwecke: Sie wollen weiter bestehen. Zu diesen

Dingen gehören auch wir. Es sind die Lebewesen. Die Anhänger der Schöpferischen Ökologie vermuten, dass Lebewesen nicht die Ausnahme sind, sondern dass sich erst in ihnen der eigentliche Charakter der Welt enthüllt. Manche von ihnen fragen sich sogar: Ist in Wahrheit das organische Prinzip das ursprüngliche – und die Welt der Ursachen und Folgen nur eine Verzerrung unserer Sichtweise? Das meinte etwa der englische Maler und Dichter William Blake, als er sagte, wenn wir nur klar und präzise genug sehen könnten, würden wir wahrnehmen, dass alle Dinge unendlich seien.

Kull ist ein jung gebliebener Fünfzigjähriger mit bubenhaftem Lächeln und rastloser Ironie. Ich traf ihn in der alten Universitätsstadt Tartu, die einst Dorpat hieß. Bei unserer Begegnung war er im Begriff, in sein Landhaus in Südestland abzureisen. Er lud mich kurzerhand ein, ihm zu folgen und die estnische Einsamkeit auszukosten. Als Wegführerin gab er mir seine Assistentin Polina mit, die mir während der Fahrt von der Leidenschaft der Esten berichtete, im ersten Frühling bereits nackt in die kältesten Wasserlöcher zu springen. So begann mein Abenteuer, das mich jetzt in die Birkentaiga geführt hatte, in die Schwärze des Nichts.

Aber schon die Ankunft im jungen baltischen Staat wenige Tage zuvor war eine Schwellenerfahrung gewesen. Auf dem Flughafen standen ein paar verrostete russische Flugzeuge. Die Straße von der Hauptstadt Tallinn nach Tartu verlor sich als schnurgerader Strich zwischen düsteren rötlichen Birken. Die Landschaft murmelte ihr monotones Mantra und begann mich in ein dunkles Nirgendwo hineinzusaugen. Es roch nach Holzfeuern und Schnee. Eingesunkene Häuser aus verblichenen Schindeln standen in den Dörfern wie in einem russischen Wintermärchen aus dem 19. Jahrhundert. Die Weite der Welt tat sich stumm und kahl vor mir auf.

In Tartu, das ich in der Dunkelheit erreichte, waren viele Straßenschilder noch kyrillisch beschriftet. Aus den Hinterhöfen roch es nach faulen Kartoffeln und Feuchtigkeit. Ich traf Kull vor dem altertümlichen Gästehaus der Universität, das ganz aus Holz gebaut war. Er stieg mit mir über ächzende Stufen zu einem Mansardenzimmer, dann verabredeten wir uns für den folgenden Vormittag im einstigen Haus des Forschers Karl Ernst von Baer, der Estlands berühmtester Gelehrter ist. Von Baer spielt für die ganzheitliche Wissenschaft des Lebens eine vergleichbare Rolle, wie sie Darwin für die Schulbiologie einnimmt. Beide lebten zur selben Zeit und korrespondierten sogar miteinander. »Wären im 19. Jahrhundert nicht alle von der Idee des freien Wettbewerbs besessen gewesen«, meinte Kull vielsagend, als er mich in meinem Zimmer zur Nacht verabschiedete, »könnte heute auch von Baer als Schlüsselfigur der Biologie gelten, nicht nur Darwin. Die Themen der Biologie wären dann vielleicht eher Ganzheit und Symbiose und weniger Konkurrenz.«

♣

Wir versuchten es noch mit Schieben. Polina brauchte aufreizend lange, bis sie sich auf den Fahrersitz gewunden hatte. Ich atmete aus. Ich suchte mit meinen Fingern eine einigermaßen saubere Stelle auf dem kalten Blech und stemmte mich dagegen. Der Motor heulte. Nichts bewegte sich. Der Wagen steckte im Boden wie ein Findling, der hier seit der letzten Eiszeit liegt. Die Maschine jaulte noch einmal auf. Die Reifen wühlten im Boden, und Schlamm prasselte auf mein Gesicht. Er verklebte meine Haare, durchnässte meine Hosenbeine. Die Motorhaube rutschte unter meinen Händen weg, und ich stürzte.

Polina musste lachen. Dann stieg sie auf der anderen Seite aus, öffnete den Kofferraum und warf sich ihre Tasche über die Schulter. »Komm«, sagte sie und streckte mir die Hand hin. »Morgen hilft uns Kalevi.« Stille umklammerte mich und verschloss mir wie eine kühle Flüssigkeit die Ohren. Die Birken standen regungslos. In weißen Reihen traten sie hintereinander hervor, eine Prozession in schlankem Gleichmut. Die Feuchtigkeit auf der Scheibe durchzogen schon erste Kristalle. Wir ließen das Auto zurück, die Nabelschnur, die uns mit der Zivilisation verband. Ohne jeden Laut löste sich aus dem Baum vor mir ein großer Bartkauz, glitt den Pfad entlang und verschmolz mit der Dämmerung. Wir folgten dem Vogel, hinein in die Nachtseite der Dinge.

♣

Das schnitzereiverzierte Holzhaus, in dem Karl Ernst von Baer die Jahre seines Ruhms als Ordinarius der Biologie verbracht hatte, liegt auf dem Campus der Universität Tartu. Zum Ende seines Lebens war von Baer so etwas wie der Humboldt des Nordens. Er hatte neben seinen biologischen Studien im Dienst des Zaren, zu dessen Besitz Estland damals gehörte, weite Expeditionen in die riesigen Landesteile des Russischen Reichs unternommen.

Er hatte die Eizelle der Säugetiere entdeckt und – wie Darwin die Evolutionslehre – ebenfalls eine eigene Disziplin begründet: die Entwicklungsbiologie. Von Baer ging es weniger darum, wie die unterschiedlichen Arten entstanden waren. Ihn interessierte viel mehr, wie der Körper jedes Individuums sich im Verlauf der embryonalen Entwicklung herausbildete. Von Baer war mit Darwins Idee eines Wettkampfs zwischen den Spezies nicht einverstanden: Für den Balten bildete die Natur ein harmonisches Ganzes, ähnlich wie ein Körper mit seinen vielen verschiedenen Zellen und Geweben.

An jenem kalten Morgen, an dem ich Kull wiedertraf, streckten auf dem Campus struppige Linden ihre schwarzen Fächer in einen fahlen Himmel. Die Bäume säumten verwaiste Sandwege zwischen blassen Wiesenflächen. Im Sommer konnte man hier gewiss hervorragend Seminare schwänzen und sich mit faulen Kollegen im Gras balgen. In warmen Nächten war es bestimmt der ideale Ort für ein Schäferstündchen. Jetzt riefen nur Dohlen aus den Ästen. Die Gebäude, an denen ich vorbeieilte, wirkten schon lange nicht mehr benutzt. Irgendwo hinter einer dieser Fassaden hatte der Naturforscher Friedrich Burdach im barocken Anatomie-Hörsaal 1800 zum ersten Mal das Wort »Biologie« benutzt und so quasi im Vorbeigehen der Disziplin ihren Namen gegeben, die heute zur Leitwissenschaft unserer Epoche aufgestiegen ist.

Kull und ich saßen in der einstigen Bibliothek des adligen Naturforschers. Der Professor versuchte, mir den prinzipiellen Unterschied zwischen den zwei Lehren vom Leben zu erklären, zwischen der mechanischen und der ganzheitlichen, die sich in Estland so wundersam erhalten hatte. Vor hundertfünfzig Jahren war der Ausgang, welche von beiden die Oberhand gewinnen würde, noch offen gewesen. Sollte man sich darauf konzentrieren, welche Kräfte im Organismus dazu führten, dass aus dem Keim die Formen eines Wesens entstanden? Das war Karl Ernst von Baers Weg. Oder sollte man alles einsetzen, um zu begreifen, welche Gesetze bewirkten, dass sich eine so große Vielfalt von verschiedenen Formen entwickelt hatte? Das war die Frage, die Charles Darwin umtrieb – und deren Antwort die konkurrierende von Baer'sche Biologie für viele Jahrzehnte in den Schatten stellte. Lebewesen sind Uhrwerke, war die Antwort auf die zweite Frage. Die Formen eines Wesens sind ausnahmslos der Effizienz geschuldet. Der Nutzwert eines Wesens besteht darin, wie viele Nachkommen es wirft. Alles andere ist zweitrangig.

Wie sehr haben allein die Zeitumstände, ihre so fremden Kulturen die Gedanken der beiden unterschiedlichen Männer beeinflusst? Darwin ist ein Gelehrter der urbanen Zivilisation. Er gehört der Mittelschicht an, die etwas leisten muss, um sich im Leben zu behaupten. Vor seiner Vorstadtvilla wogen die gelben Nebel der damals größten Industriestadt der Welt mit ihren Slums und ihren hungernden Massen von Arbeitslosen, die miteinander um die billigsten Frondienste konkurrieren. Eines der wichtigsten Werke seiner Epoche ist »An Essay on the Principle of Population« von Thomas Malthus. Dieser behauptet, dass die menschliche Bevölkerung unweigerlich anwachse, dass daher der Konkurrenzkampf immer unerbittlicher werde und nur der Stärkste siegen könne.

Wenn Darwin anspannen lässt und in die Stadt fährt, sieht er genau das. Er blickt auf die Folgen des entfesselten Industriekapitalismus und schließt von ihnen auf die ganze Natur. Dagegen ist das Land Karl Ernst von Baers eine Welt der Weite. Hier nimmt der Mensch einen verschwindend kleinen Platz ein, so überwältigend sind die Entfernungen zwischen den Siedlungen. Dazwischen Wald, im Winter die stummen Silhouetten der Bäume in endloser Wiederholung, ein schweigender Ozean, der den Tieren gehört. Stille, die nur manchmal unterbrochen wird vom Japsen des Vielfraßes, dem Schrillen des Seeadlers, dem Röhren des Elchs. »Lebewesen sind die Gedanken der Natur«[2], hatte Karl Ernst von Baer gesagt – der Aristokrat, der sich seinen Ideen mit Muße hingeben konnte und nicht um jeden Preis gewinnen musste.

Gleichwohl: Darwin schien – und scheint bis heute – das Prinzip dafür gefunden zu haben, wie die schiere Vielfalt der Organismen zustande gekommen ist. Der Ruhm gebührt ihm dafür, dass er überhaupt die Erkenntnis durchgesetzt hat, dass sich Arten allmählich entwickeln und nicht fertig vom Reißbrett eines himmlischen Schöpfers auf die Erde kommen. Millionen von Fossilien zeugen davon, dass diese Veränderung ständig stattfindet. Den Mechanismus, den Darwin dieser allmählichen Evolution zugrunde legte, halten freilich viele Evolutionsforscher heute für zu einseitig. Darwin brachte mit dem Selektionsprinzip die lebenden Leiber unter die Herrschaft des Credos, das damals die Wissenschaft regierte: die blinde Wirkung eines Gesetzes, das auf die einzelnen Akteure wirkt wie Schwerkraft auf ein Sandkorn. Lebewesen wurden so zu unbeweglichen Atomen in einer biologischen Mechanik. Indem Darwin die Regel erfand, dass der Bestangepasste die meisten Nachkommen hat und damit die größten Chancen gegenüber der gnadenlosen Auslese, schien der Brite ein Rezept für die Konstruktion von Körpern schlechthin gefunden zu haben. Er vollendete den Versuch, die belebte Welt als gigantisches Räderwerk zu erklären, das von äußeren Gesetzen gesteuert wird. Denn in den Jahrhunderten zuvor hatten sich die Gelehrten bereits überzeugt, dass die Körper ausgeklügelte Mechanismen darstellten, und nichts weiter als das. Man hatte es damals bei der Nachahmung solcher Mechanik immerhin zu einer mechanischen Gans gebracht, die ein eisernes Ei legte. Aber es war doch weiter zumindest für das Design der Arten ein Schöpfer notwendig gewesen, wenn auch schon die Welt sonst als mechanisches Klavier ihre immer gleiche Weise spielte. Dank Darwin entlarvte sich nun sogar ihre Entstehung – die Auslese der Besten – als ein Mechanismus, und zwar als der raffinierteste von allen. War Gott am Ende ein mit allen Wassern gewaschener Züchter?

Dabei hatte Darwin selbst am Ende seines Lebens versucht, den entstandenen Eindruck abzumildern. Darwin war ein Mensch, der die Schönheit der Wesen in ihrem eigenen Recht zutiefst bewunderte. Er war längst nicht mehr der Meinung, dass sich alle, aber auch alle Formen und Funktionen der Lebewesen durch ihre

Effizienz bei der Selektion erklären ließen, und nur durch diese. Doch da war der Gelehrte schon ein alter Mann, der gelegentlich unter heftigen Panikattacken litt, die ihm die Luft abschnürten und ihn für Tage in sein Arbeitszimmer bannten. Er verließ sein stattliches viktorianisches Haus nur selten und züchtete lieber in seinen Gewächshäusern exotische Pflanzen. Sie erinnerten ihn an die Reise mit dem Forschungssegler »Beagle«. Daneben arbeitete der Gelehrte an einer Studie über das Verhalten der Regenwürmer, jener sanftesten aller Erdenbewohner. Sein letztes Buch heißt »Der Ausdruck der Gemütsbewegungen bei den Menschen und den Tieren«. Dort ist Darwin weit entfernt davon, alles Lebendige als bloße Maschinerie abzutun, im Gegenteil. Aber von seinen Nachfolgern wird er da schon nicht mehr wirklich wahrgenommen, ein Schatten seiner selbst, ein lebendes Monument, auf dem geschrieben steht, *»by means of survival of the fittest«*.

Polina und ich mussten vielleicht eine Viertelstunde gegangen sein. Wir hatten geredet und ein bisschen herumgealbert. Das Licht war unmerklich versickert, und nun war es weg. Wir blieben eine Weile stehen, bis uns klar wurde, dass wir gefangen waren. Wenn wir weitergingen, würden wir uns hoffnungslos verlaufen. »Wann wird es morgen wieder hell?«, fragte ich. Polina antwortete nicht. Meine Hose zog eisig an den Beinen. Ich hatte seltsamerweise keine Angst. Ich war auch nicht zornig. Ich spürte in meiner Kehle, dass ich aufgeregt war, aber ich konnte klar denken. Ich wusste, dass es dumm gewesen war, loszugehen, als es schon dämmerte. Wir müssen hierbleiben, sagte ich. Es roch nach Schnee und nach Flechten. Die Luft schmeckte kalt, kristallin, als bildete das Aroma der Bäume ein Reagenz, das jede Verunreinigung fällen und die Atmosphäre auf eine seltsam unwirkliche Reinheit bringen würde – eine anorganische Reinheit, die kein Leben zuließ. Wir waren allein.

Nach ein paar Minuten kam die Kälte mit Macht. Ich spürte meine Beine kaum noch. Es war weniger ein Unwohlsein, weniger das unbehagliche Kältegefühl, sondern eine Überwältigung, und mir war klar, dass ich mich gegen sie nicht zur Wehr setzen konnte. Ich merkte, wie die Kälte mich auszufüllen begann wie eine fremde Gewalt, gegen die ich waffenlos war. Polinas Zähne klapperten. Wir hüpften ein wenig, aber das war auf Dauer zu anstrengend. Dann drängten wir uns aneinander und versuchten, aufrecht stehen zu bleiben.

Ich erinnerte mich daran, was mir Kull bei unserem ersten Treffen gesagt hatte: »Alles Leben ist Bedürfnis.« Wie recht er hatte. Ich schien aus nichts anderem mehr zu bestehen.

»Wie aber bildet sich der Leib?«, fragte Kull und beugte sich in seinem knarrenden Salonsessel zu mir. »Was ist es, das diesen Leib ermöglicht? Was bringt die Formen hervor, damit sie Darwins Selektion unterliegen können? Was hält die Maschine zusammen, welche die Gene abliest? Welche Kräfte bewirken im Körper, dass dieser sich zu wandeln vermag?« Darwin hatte in Kulls Augen nur die halbe Wahrheit gesagt, aber sie für die ganze ausgegeben. Denn seine Theorie arbeitet bereits mit fertigen Leibern. Darwins Selektion wählt zwischen schon gewordenen Organismen aus und erschleicht sich so in Kulls Augen die Lösung des ganzen Lebensrätsels. Aber sie hat bis heute nichts dazu zu sagen, wie der Aufbau eines Wesens gesteuert wird, und auch nicht, auf welchen Wegen dieses sich ändert. Der Erfolg der Evolutionstheorie, später der Genetik und dann der Kombination beider in der »Synthetischen Evolutionstheorie« oder »New Synthesis« hatte die Biologie zur Königin der Wissenschaften gemacht. Doch die Frage blieb: Was gibt den Milliarden von hochreaktiven Substanzen in einer einzigen Zelle ihre Form? Was bringt sie dazu, sich sinnvoll zu verhalten? Was ordnet die Maschinerie des Lebendigen, die doch auf unvorstellbar engem Raum eine unbegreifliche Vielfalt an Prozessen und Stoffen vorhält? Welche Kraft der Materie verband ihre Elemente zur ersten lebenden Zelle? Offen, so sagte Kull, ist immer noch jener Aspekt, der Karl Ernst von Baer am stärksten interessierte: Wie kommt es dazu, dass manche Dinge aus sich selbst heraus eine eigene Aktivität entfalten? Er sagte: »Die Beschreibung, wie Lebewesen sich verändern, erklärt nicht, was Leben ist.«

Es ist übrigens noch nicht lange wieder möglich, diese Frage in der Biologie laut zu stellen. Lehrbücher zählen zwar eine Riesenmenge von Eigenschaften auf, die zum Leben gehören – etwa Wachstum, Selbstbeweglichkeit, Kommunikation, DNA-Besitz. Doch sie alle bringen es nicht auf den Punkt. Was ist dann Leben? Noch in den 1980er und 1990er Jahren konnte ein junger Biologe, der sich allzu offen für diese Frage interessierte, nicht viel Gutes für seine Karriere hoffen.

Vorbereitet haben die neue Sichtweise – was mich schon nicht mehr wunderte, als ich Kull anhörte – zwei weitere Denker mit estnischen Wurzeln: der Deutschbalte Jakob von Uexküll und sein Sohn Thure, der in Deutschland in den 1960er Jahren die Psychosomatische Medizin begründete. Jakob von Uexküll hatte von Baers Auffassung, dass es entscheidend sei, die Aktivität eines Lebewesens zu untersuchen und es nicht als passiven Resonanzkörper von Naturgesetzen zu betrachten, ein großes Stück weitergetrieben. Bei uns als kurioser Zeckenforscher in die Schulbücher abgeschoben, entwickelte Uexküll zu Beginn des 20. Jahrhunderts eine

»Bedeutungslehre der Natur«. Er fasste Lebewesen weder als ferngesteuerte Uhrwerke auf, wie es Evolutionsbiologen vom Typ Richard Dawkins' tun, noch nahm er zu einer übernatürlichen »Lebenskraft« Zuflucht. Von der sprachen die sogenannten Vitalisten wie der deutsche Professor Hans Driesch. Driesch verstand darunter eine naturwissenschaftlich nicht fassbare Energie, die gottgleich in alle Lebensvorgänge eingreift. Uexküll ging einen dritten Weg: Seiner Auffassung nach entfalten sich Organismen durchaus nach Zielen, die in ihrem Bauplan festgelegt sind. Aber gerade indem sie diesen Vorgaben folgen, beweisen sie eine Eigenständigkeit gegenüber äußeren Einflüssen, die sie aus der bloßen mechanischen Kausalität befreit. In Uexkülls Augen sind Lebewesen Subjekte. Uexküll hatte nach der ersten estnischen Unabhängigkeit 1918 seine Heimat verlassen müssen und dann in Hamburg ein kleines Labor geführt. Der Gelehrte lebte ein Schattendasein in der Biologie – dafür aber beeinflusste er entscheidend die Philosophen des 20. Jahrhunderts, unter ihnen Ernst Cassirer und Martin Heidegger. Die Biologie des Esten zwingt gegenüber der Genetik zum Umdenken, erklärte mir Kull, während draußen nasse Flocken vom grauen Himmel zu taumeln begannen. »Ein Lebewesen ist kein Mechanismus, der sich in einer feindlichen Welt behaupten muss, indem er möglichst effizient funktioniert«, sagte er.

Dann beschrieb er mir den Clou seiner Auffassung, und ich gebe zu, mir stockte ein wenig der Atem vor dem, was er sagte. »Ein Lebewesen ist ein kreisförmig geschlossener Prozess. Leben – das sind Moleküle, die mehr von ihresgleichen hervorbringen. Das sind Strukturen, die sich selbst erhalten. Das ist Fleisch, das Fleisch erschafft, zunächst einmal ganz ohne sich um die Welt da draußen zu kümmern.« Diese Selbstfixiertheit hat eine merkwürdige Konsequenz, erklärte mir Kull: Auf den Organismus wirkt in einer solchen Sichtweise keine objektive Realität ein. Er ist nicht zwanghaft von den physikalischen Gesetzen seiner Außenwelt vorherbestimmt, sondern folgt seinem inneren Antrieb, sich als ein Körper zu verwirklichen. Alle Einflüsse – seien es die der Gene oder der Umgebung – werden diesem Ziel der Selbsterhaltung gemäß interpretiert. Das entspricht freilich ganz und gar nicht der westlichen Denktradition, wo es klare Ursachen und Wirkungen zu geben hat, Akteure und Hintergrund, Schuldige und Unschuldige, Erfolgreiche und Loser.

Mir schwindelte ein wenig. Wo war da noch fester Boden? Was waren wir, wenn nicht die Materie, aus der wir bestanden? War vielleicht jedes Wesen ein »unbewegter Beweger«, wie die Griechen die Kraft genannt hatten, die ihrem Kosmos und allen Dingen darin Antrieb gab? Wie war esmöglich, dass Ordnung von selbst entstand, gegen die Überzeugung der Physiker, nur die Unordnung im Universum nehme zu, nie die Strukturiertheit? Und doch zeigte die Sicht Kulls und der estnischen Biologen-Schule mir sofort ihren unschlagbaren Vorteil: Sie entspricht dem vernetzten Miteinander, wie es eine lebende Zelle darstellt. Das lineare Verständnis des genetischen Einflusses hingegen – ein Gen bewirkt eine Eigenschaft – erschwert es eher, diese Vorgänge zu begreifen. Dabei macht dieses geordnete Zusammenspiel der Unzahl winziger Bausteine die Dynamik des Lebendigen ja erst aus. Ich nahm mir vor, Kull so lange mit Fragen zu löchern, bis ich alles verstanden hatte.

Aber schon ein paar Tage später im Wald hatte ich seine Definition unfreiwillig verinnerlicht. Leben war das, was ich wollte. Dort in der eisigen Finsternis weiter sein. Leben. Leben heißt, »zu bedürfen«, hatte Kull gesagt – und während meine Beine langsam gefroren, verlor ich allmählich jedes Interesse an meiner kulturellen Erziehung. Ich wurde wieder ein Tier, das sterben kann.

Leben als Imagination

Uexkülls Idee hat weitreichende Folgen für die Biologie. Wenn das Prinzip des Lebens die Subjektivität ist und wenn das Geheimnis der Subjektivität im Körper beschlossen liegt, ist die Frage nach dem Leben noch lange nicht gelöst. Dann verlagert sie sich nur. Denn was ist dann der Körper, wenn er kein aufs Feinste austarierter Automat sein kann?

Im Jahr 1998 habe ich in Paris den einzigen Biologen kennengelernt, der riskierte, auf diese Frage eine positive Antwort zu geben. Ich hatte sogar das Glück, ein Jahr lang mit ihm zusammenarbeiten zu dürfen. Kurz bevor ich mit der Promotion fertig war, ist er gestorben. Er hat seine zweite Leber nicht überlebt.

Francisco Varela ist der Denker, der Karl Ernst von Baers und Jakob von Uexkülls Idee der Schöpferischen Ökologie mit begrifflicher Präzision gefüllt hat – freilich ohne deren Arbeiten zu kennen. Varela hat naturwissenschaftlich begründet, warum Lebewesen Subjekte sind. Er hat die Konsequenzen beschrieben, die daraus für unsere Weltsicht und für unser Bild von uns selbst folgen. Er hat damit mehr oder weniger im Alleingang das Vakuum gefüllt, das die Biologie, diese Wissenschaft ohne definierten Gegenstand, in ihrem Herzen geschaffen hat. In einem kleinen Artikel aus dem Jahr 1997 stellt Varela fest: »Leben ist der andauernde Vorgang, eine Identität aufzubauen.«[3] Ein Gebilde lebt, wenn es sich über eine längere Zeit von selbst als Ganzes erhält – auch gegen Störungen von außen. Radikaler ausgedrückt: Leben ist keine Kaskade von Reaktionen, sondern ihr Gegenteil: Autonomie.

Francisco Varela stammte aus Chile, wo er schon mit Mitte zwanzig seinen Doktor gemacht hatte. Dann ging er in die USA, nach Harvard. Als Pinochet 1973 die Macht übernahm, war dem jungen Kognitionsforscher die Rückkehr in seine Heimat versperrt. Es verschlug ihn nach einigen Umwegen (unter anderem über Bremen, das er grässlich fand) nach Paris. Dort leitete Varela bis zu seinem Tod 2001 eine neurophysiologische Abteilung der ehrwürdigen und ein wenig düsteren Klinik La Pitié-Salpêtrière nahe des Jardin des Plantes. Der Forschungsdirektor arbeitete in einem kleinen Labor im Souterrain eines Sechzigerjahre-Blocks. Von seinem Schreibtisch blickte Varela auf eine Betonstützmauer und auf ein paar vor sich hin trocknende Sträucher, die irgendeine Sekretärin hier eingetopft und dann vergessen hatte. Nebenan, in den schmalen Ziegelbauten mit ihren geschwärzten hohen Kaminen, hatte gut hundert Jahre zuvor der Nervenarzt Jean-Martin Charcot den späteren Begründer der Psychoanalyse, Sigmund Freud, in der Heilung hysterischer Frauen unterwiesen.

Varelas Forschergruppe, lauter hochintelligente junge Männer, mit denen ich beim Mittagessen in der Mensa bei *steak haché frites* gedankenlos herumalbern und im nächsten Augenblick über metaphysische Fragen diskutieren konnte, versuchte einen Zusammenhang zwischen der Aktivität des Gehirns und unseren bewussten Erlebnissen zu finden. Im Keller gab es ein Labor für Versuchspersonen. Auch ich war regelmäßig an der Reihe und musste im Dunkeln mit dutzenden von Elektroden auf dem Kopf kleine Lichtpunkte beobachten. Varela ging fest davon aus, dass unser Körper und unsere Seele nicht zwei voneinander isolierte Dinge sind, sondern zwei Seiten der gleichen Wirklichkeit. Gefühle und Gedanken sind in Varelas Sichtweise nicht auf den Körper reduzierbar, sind nicht »in Wahrheit« neuronale Impulse. Sie stellen vielmehr die andere Seite unseres Körpers dar – die Seite, die wir gleichsam »von innen« sehen. Ihre Schwankungen und Veränderungen machen unsere Identität aus, die sich fortwährend verändert – und doch eindeutig eine Identität bleibt.

Für Varela lag das Geheimnis darin: Lebewesen sind gerade solche Gebilde, die vorrangig mit sich selbst befasst sind. Alle anderen Beschreibungsversuche, die diese Selbstfixierung übersehen, mussten für ihn den Witz bei der Sache verpassen. Jeder Vergleich mit einer künstlichen Maschine geht fehl, weil diese nicht ihre eigene Fortdauer anstrebt. Maschinen, wie der Mensch sie konstruiert hat, verarbeiten Stoff und stellen Dinge her – nicht aber sich selbst. Leben dagegen ist eine Besessenheit, mit der ein Klumpen Stoff eine bestimmte Form und eine bestimmte Handlungsfreiheit bewahren will. Für den chilenischen Denker besteht die Essenz des Organischen darin, dass eine lebende Zelle ihre eigenen Bauteile beständig selbst produziert. Eine Zelle betreibt Selbstschöpfung. Sie ist die materielle Umsetzung des Prinzips der Subjektivität.

Diese Aktivität ist ein Kriterium, das Zellen mit nichts anderem teilen, das nicht ebenfalls lebt. Den größten Teil ihrer biochemischen Aktivität investieren sie darin, die Ordnung in ihrem Inneren zu erhalten, zu stabilisieren, neu aufzubauen. Es ist beinahe so, als würde hier Münchhausens Traum Wirklichkeit. Ein Organismus ist etwas, das sich beständig selbst am Schopf aus dem Sumpf zieht. Er behauptet sich gegen die Kräfte der Unordnung, die an ihm zerren, gegen Quantenfluktuationen, die aus geordneten Molekülen in einem unerbittlichen Bombardement aus Zufall Stücke herausschlagen. Eine einzige Körperzelle repariert in jeder Sekunde bis zu einem Dutzend von zerstörten DNA-Verbindungen. Andernfalls wäre ihr Leben bald zu Ende. Ohne diese aktive Tätigkeit würde die Zelle in Sekunden zu einem Molekülhaufen zerfallen. Und genau das passiert, wenn der Tod eintritt: Sterben heißt, zur aktiven Selbsterschaffung nicht mehr fähig zu sein. Ein Wesen, das sich nicht länger als das Zentrum einer Aktivität behauptet, muss wieder zu einem Haufen von Atomen dahinschmelzen.

Der Prototyp aller Subjektivität ist somit eine Subjektivität des Körpers, nicht eine des Geists. Ihr ureigenster Charakter besteht in der Autonomie der Form über die Materie. Die lebende Zelle beherrscht die Atome, aus denen sie aufgebaut ist. Die Identität, die sie beibehält, bündelt den Stoff. Darum gesellt sich im Lebewesen aus Sicht der Schöpferischen Ökologie zu den bereits ungewöhnlichen Merkmalen der Subjektivität und der Autonomie noch ein weiteres: die Freiheit. Ein Bakterium hat gegenüber einem Sandkorn unendlich viel mehr Wahlmöglichkeiten. Es kann zwar kaum darüber grübeln, womit es den morgigen Tag sinnvoll füllen wird, aber es liegt auch nicht bloß herum wie ein lebloses Mineral. Es entscheidet und wählt aus, gemäß den Bedürfnissen, die sich aus dem Bestreben ergeben, es selbst zu bleiben. Es ist frei, weil es fortdauern will – oder anders gesagt: Es ist frei aus Notwendigkeit.

Diese Selbstbehauptung erschien Varela als der gemeinsame Nenner einer Physik des Lebens. Biologen behandeln Lebewesen im Allgemeinen so, als ob sie Maschinen wären. Sie halten das für ein nützliches Modell. Doch für Varela verfehlt exakt dieses Modell vollkommen den Kern. Lebewesen sind für ihn gerade durch das bestimmt, was nicht Maschine ist. Zusammen mit seinem ebenfalls chilenischen Lehrer, Humberto Maturana, hatte Varela bereits in den frühen 1980er Jahren Lebewesen als autopoietisch, als »sich-selbst-herstellend«, bezeichnet. Die Biologen hatten dadurch vor allem außerhalb der Naturwissenschaft Furore ausgelöst. Aber in die Biologie selbst beginnen Varelas viele Jahre lang weiterentwickelte Gedanken erst heute vorzudringen.

Der Stoff wechselt – das Wesen bleibt

Es ist erstaunlich, dass die moderne Lebenswissenschaft diese Eigenheit der Organismen lange übersehen hat. Dabei haben die großen Pioniere der Biochemie nach und nach die exakten chemischen Formeln aller Stoffwechselwege aufgestellt. Bei ihrer Arbeit hätten sie erkennen können, dass ein Wesen ein Reaktionsapparat ist, der sich selbst verbraucht – und sich im Gegenzug aus der Materie der Umgebung ständig wieder ergänzt. An vielen Labortüren in biochemischen Instituten hängen bunte Poster – oft Werbegeschenke von Chemiefirmen –, die den Dschungel der Stoffwechselwege nachzeichnen und mit ihrem Gewirr anmuten wie hochkomplexe elektronische Schaltkreise. Im Zentrum stehen stets mehrere große Zyklen. Diese kreisförmigen Reaktionen entlarven den Charakter des Lebens. Es ist ein ewiger Zirkelschluss und keine lineare Kette. Denn die Bausteine, die eine Zelle bildet – die Proteine des Zellinneren, die Fette und Phosphate der Zellmembran, die Zuckerketten auf ihrer Oberfläche –, sind gerade die Mittel, die nötig sind, um mehr von sich selbst herzustellen. Unser Stoffwechsel ist darum kein Ölwechsel. Er funktioniert nicht, indem Brennstoff ergänzt und verbrauchtes Material abgelassen wird. Stoffwechsel heißt, den eigenen Stoff mit der Welt zu tauschen. Wenn ich etwas esse, so durchläuft mich dieser »Brennstoff« ganz anders als einen Motor das Benzin. Dieses wird im Kolben gezündet, verbrennt und verlässt dann den Auspuff wieder als CO_2. Die Nahrung aber, die ich zu mir nehme, wird stofflich zu einem Teil von mir. Die Zellen müssen dafür ein anderes Stück ihrer eigenen Substanz hergeben. Wir alle stoßen mit jedem Atemzug einen Teil von uns an die umgebende Luft ab. Im selben Maße entstehen wir stets neu aus den Produkten der Erde. Was eben noch ich war, ist jetzt schon CO_2-Molekül in der Lunge des Gegenübers und dann ein Stück Grashalm auf der Wiese. Was eben noch Korn auf dem Feld war, »Es«, ist nun bereits »Ich«. Aber dieses Ich ist stets ein anderer, weil es nicht aus »meinen« eigenen spezifischen Stoffteilchen besteht, sondern weil der Stoff, der mich bildet, beständig wechselt.

Über Jahrhunderte war es der Ehrgeiz der Biologen, in ihren Methoden so exakt, berechenbar und damit »wissenschaftlich« zu werden wie die Physiker. Nun haben sie es geschafft. Ironischerweise hätten freilich die wenigsten mit diesem Ergebnis gerechnet. Denn die Biologie stößt in ihrer Tiefe auf ein ganz ähnliches Paradoxon wie das, mit dem sich die Physik schon seit hundert Jahren herumschlägt. In der Quantenmechanik ist Materie weder Welle noch Teilchen – und doch vielleicht beides zugleich. In der Schöpferischen Ökologie ist ein Wesen weder Stoff noch Form und gleichwohl Subjekt, das über das Verhältnis beider bestimmen kann.

Unser Leben ist ein Vorgang, durch den sich Brot tatsächlich in Fleisch verwandelt, chemikalisch und ganz ohne Mystik. Materie wandert durch die Körper und nimmt für Bruchstücke von Zeit deren feste Identität an. Materie verwandelt sich und ist einmal Du, dann wieder Ich, dann wieder Erde. In dieser Sichtweise ist die Unendlichkeit hier, in jedem Augenblick. Sie strömt durch uns hindurch. Jedes Wesen ist ein Knoten, der sie schürzt. Wir sind hier und überall, wie der russische Schriftsteller Solschenizyn beobachtete: jeder Organismus »ein Zentrum des Universums«.

In der Renaissance faszinierte Philosophen diese Verflochtenheit von Körpern mit ihrer Umwelt. »Ich esse, was ich bin« war die Überzeugung gastrosophischer Denker wie Paracelsus, die den Menschen als »Mikrokosmos« auffassten. Für sie waren wir nicht bloß ein Spiegel des »Makrokosmos«, also der Erde und der Sterne, sondern zugleich ein lebender Splitter von deren eigener Substanz, eine zum Individuum emporgestiegene Falte des ganzen großen Gewebes.

Atome des Werts

Die Offenheit unseres Stoffwechsels hat zur Folge, dass der Tod unser ständiger Begleiter ist: Ein totes Tier besitzt dieselbe Materie wie ein lebendes, bloß zur Ruhe gekommen und ohne ein Ziel. Aber gerade dieser stets drohende Tod ist die Triebkraft der Existenz. Leben muss scheitern können, um die Möglichkeit zu haben, auch zu siegen. Anders gesagt: Der Prozess des Lebens ist nichts, was einfach so abläuft wie ein Uhrwerk. Der Prozess des Lebens ist eine beständige Anstrengung gegen die Schwere, die der Materie innewohnt. Atome haben offenbar den sehnlichen Wunsch, das niedrigste Energieniveau anzunehmen, wie Physiker sagen, das heißt, zu kleinen Einzelteilen zu zerfallen und unbewegt dazuliegen. Die beständige Selbstherstellung der Zelle, die Nachproduktion von Baustoffen, die Reparatur der DNA, hat keinen anderen Zweck, als die müde Materie auf Trab zu halten und in ihrer virtuosen Organisation zu bewahren. Jeder Organismus ist somit ein direkter Triumph über den Tod. Und doch kommt ohne diesen kein Wesen aus: Denn zugleich gäbe es, wäre da nicht die Gefahr des Scheiterns, kein Subjekt, das seine Identität doch erst aus der Behauptung gegen dieses Scheitern bezieht.

Nur die Verletzlichkeit eines Organismus bewirkt, dass jede Form von Leben an eine Innerlichkeit gebunden ist. Diese Innerlichkeit ist zunächst schlicht der »Standpunkt«, der die Erfahrungen eines Organismus bündelt, schädliche meidet und förderliche sucht. Das heißt: Um sich als Form über den Stoff zu erhalten, ist eine Tendenz nötig, ein Interesse des lebenden Systems an seiner Fortexistenz. Wer aber ein Interesse hat, der nimmt die Welt nicht wahr, »wie sie objektiv ist«, sondern entsprechend seinen Bedürfnissen. Eine Ameise folgt einer Zuckerspur nicht, weil sie deren Bestandteile als Zucker erkennt und damit als Nahrung identifiziert, sondern weil ihr Duft für sie einen positiven Wert bedeutet: jenes immense Gute, das mit dem Stillen von Hunger verbunden ist und dessen machtvollem Zauber auch wir täglich gehorchen. Nach außen hin mag das Verhalten eines so einfachen Wesens wie das eines Automaten wirken. Aber gerade dass ein solches Wesen zu zielgerichtetem Handeln in der Lage ist, beweist, dass es nicht als Automat handelt.

Wenn also die Struktur lebender Wesen die Urform von Subjektivität ist, dann werden Werte eine körperliche Angelegenheit. Dann sind Werte identisch mit dem Leben, weil jedes Wesen sie beständig herstellt. Auch die Kamelhalsfliege. Auch der Senfkeimling. Für die meisten Biologen in den letzten Jahrhunderten haben dagegen andere Lebewesen als der Mensch bis heute als »wertfrei« gegolten. Wert ist für viele Wissenschaftler ein Begriff aus der menschlichen Moral, der in der Biologie nichts zu suchen hat – genau wie umgekehrt Eigenschaften anderer Lebewesen in den Augen der meisten Forscher keinen Aufschluss über die Werte geben können, denen wir folgen.

Die Selbstsucht der Wesen, die Rücksichtslosigkeit, mit der sie sich Nahrung verschaffen, ist in einem neuen Bild nicht länger eine Folge der grausamen Blindheit der Natur, sondern vielmehr Indiz für deren Gegenteil: die Autonomie ihrer Geschöpfe. Wer selbstsüchtig handelt, hat ein Selbst zu verteidigen. Dieses ist freilich kein Ego im Sinn der Bewusstseinspsychologie, aber doch ein Zentrum, das um sich herum die Welt organisiert und für das diese überhaupt erst Form gewinnt. Erst in den Geschöpfen kommen »gut« und »schlecht« in die Welt. Einer Schlucht ist es gleichgültig, ob das Wasser von Jahrmillionen sie tiefer ausfrisst oder Wüstensand sie trocknend verweht. Ein Fisch jedoch, dessen Fluss ausdörrt, wird zuckend und zappelnd um sein Leben kämpfen.

Damit aber gewinnt etwas den Rang einer physikalischen Macht, was wir bislang nur für uns allein reserviert hatten: Gefühl. Denn Gefühl ist die Form, wie subjektive Bedeutung erlebt wird. Gefühl ist von »innen«, vom Standpunkt eines Organismus in der »ersten Person«, das, was wir außen, in der »dritten Person«, an ihm als seine Tendenz zum Weiterleben beobachten. Gefühle sind niemals neutral. Gefühle sind immer ein Maßstab für gut oder schlecht. Gefühle bewerten eine Situation – und, denken wir an unseren so oft vernachlässigten »Bauch«, meistens haben sie dabei auch noch recht.

Vielleicht ist es in Wahrheit sogar noch einfacher: Subjektive Bedeutung ist Gefühl. Leben ist Gefühl. Eine Zelle ist Gestalt gewordene Empfindung. Fühlen ist der unmittelbare Eindruck davon, am Leben zu sein. Es ist die magische

Verwandlung, die aus Materie eine Identität katalysiert. Anstatt also wie der Barockphilosoph René Descartes mit seinem berühmten »*Cogito ergo sum*« die letzte Gewissheit im rationalen Denken zu sehen, zieht vielmehr das Fühlen die nicht mehr überschreitbare Grenze zwischen dem Lebendigen und den Gegenständen.

Die Welt der Schöpferischen Ökologie ist von Anfang an beseelt – bereits in ihrem niedrigsten Bodensatz aus Einzellern und Algen. Beseelt heißt vom Gefühl als der biologischen Kraft des Zusammenhalts regiert – nicht freilich von so etwas wie unserem fühlenden, selbstgewissen Bewusstsein. Insofern hatte Aristoteles die richtige Idee, wenn er die Seele als das bezeichnete, was dem Wesen seine lebende Form verleiht. Seele ist das Prinzip eines empfindenden, strebenden Körpers. Seele zu haben ist somit nicht das altmodische Privileg des Menschen. Seele beginnt gleichzeitig mit dem Leben. Sie ist seine innerste Wirklichkeit.

Ich blinzelte, als der Lichtkegel mein Gesicht streifte. Zuerst war der Schein noch Teil eines verworrenen Traums, an den ich mich klammerte, damit er nicht aufhörte. Aber die Lampe bohrte weiter in meinem Bewusstsein, und ich kam langsam und widerwillig in die Gegenwart zurück. Kull war da. Er sagte etwas, das ich nicht sofort verstand.

Die Baumgestalten sonderten sich aus der plötzlichen Helligkeit und begannen wieder ein eigenständiges Dasein. Die Wirklichkeit wurde uns in winzigen Stücken zurückgegeben, und wir machten stolpernde Schritte auf sie zu. Kull schaute gar nicht besorgt. Er grinste. Immerhin. Die Straße war ganz nah, schon hinter der dritten Baumreihe lag sie da, als hätte uns die Zivilisation nie aus den Augen verloren. Das Auto des Professors wartete mit laufendem Motor. Aus den Düsen der eingeschalteten Heizung fauchte heiße Luft. Kull war uns entgegengefahren, als wir nicht kamen. Dann hatte er unseren Wagen gefunden.

Wir brauchten nur fünf Minuten bis zum Hof, den das Abblendlicht fahl beleuchtete. Die Häuser aus grauem Holz mit den niedrigen Giebeln kauerten wie seit Urzeiten nebeneinander. Kull hatte sich das archaische Geviert aus groben Holzbalken zurückerobert, nachdem die Kommunisten aus Estland fortgegangen waren. Der Hof gehört seit Jahrhunderten seiner Familie. Die Häuser sind aus verwitterten Balken zusammengefügt, deren graue Oberfläche ein leichter Flaum bedeckt, als wäre es die Haut eines Lebewesens. Nachdem Polina und ich uns jeder unter einen Berg klammer Decken gekauert und Kull ein röhrendes Feuer im Ofen entfacht hatte, ging es langsam besser. Sogar Kaffee zauberte er uns aus einer verbeulten Metalldose.

Ich kann mich erinnern, dass am Morgen ein flüchtiger Sonnenschimmer die blassen Wolldecken über mir tränkte und aus ihren Falten unerwartete Gebirge emporspringen ließ. Am Nachmittag begann Kull, die Rauchsauna anzuheizen. Er schichtete in der stämmigen Hütte einen riesigen Scheiterhaufen auf. Bald leckten Flammen zwischen den rußschwarzen Bohlen empor, quoll Qualm aus den schmalen Luftschlitzen zwischen den Stämmen nach draußen. Nachdem das Feuer brannte, ging ich zum Ufer. Der See lag nur ein paar Schritte entfernt. Er war noch gefroren, eine diffuse helle Fläche zwischen den kahlen Bäumen. Ein wackliger Steg führte hinaus. Das Eis hatte hier kompakte vertikale Nadeln geformt, die wie Bleistifte eng nebeneinander im schwarzen Wasser standen. Ich schob die Hand hinein. Eine kalte Masse umschloss knisternd mein Gelenk. Die Eisnadeln rückten um meine Haut wieder an ihre Plätze, als wären meine Finger ihresgleichen. Ich zog schnell die Hand zurück. Davon hatte ich erst einmal genug.

Ich blickte über den See. Eine große Biberburg erhob sich starr und unbelebt wie ein dunkles Schloss. In der Nähe zeigten gestürzte Birken, wo die Tiere einen neuen Damm über einen der kleinen sickernden Zuflüsse des Gewässers bauten. Schmale Stämme hielten sich noch aufrecht, obwohl eifrige Zähne ihre Basen schon zu sanduhrartigen Taillen ausgefressen hatten. Ich konnte an der Färbung des Eises weiter draußen auf dem See erkennen, dass die Abenddämmerung bereits begonnen hatte. Mich umfing ein Licht wie Himbeermilch, das mit zunehmender Dunkelheit immer durchsichtiger wurde, vom Eis aufgenommen und zurückgeworfen. Der gefrorene Spiegel bildete eine Fläche, die keine eigene Farbe hatte, eine Fläche aus reiner, eigenschaftsloser Substanz in diesem Licht wie im Inneren einer Muschel.

Ich berührte die kristallenen Nadeln am Rand des Steges noch einmal. Es war, als würde ich meine Hand direkt in den Himmel strecken, eine winzige Bewegung in einen uferlosen Weltraum.

4 PHYSIK DER SCHÖPFUNG

Wenn man viele einfache Akteure mit simplen Eigenschaften zusammenbringt, selbst auf völlig zufällige Weise, dann entsteht auch ohne zentrale Kontrollinstanz etwas, das für einen Beobachter wie ein zweckvolles und harmonisches Ganzes aussieht.

Francisco J. Varela, »Ethical Know-How«

Ich erinnere mich, wie ich vor langer Zeit an einem ähnlich kalten Tag von einer Wanderung zurückkehrte, die mich auf einem Sandweg entlang dem Saum des Kisdorfer Wohlds bei Hamburg geführt hatte. Über den wassergefüllten Fahrspuren bildete sich gerade eine hauchfeine Eiskruste. Zarte Federn von Kristallen griffen in filigranen Kurven aus und überzogen die Flüssigkeit mit einem härter werdenden Schleier. Ich weiß noch, dass ich erstaunt stehen blieb. Der Eishauch ließ mich an ein Bild denken, das ich wenige Augenblicke zuvor über meinem Kopf gesehen hatte: der fahlblaue Himmel, den langsam ein Schleier von weit entfernten Zirruswolken bedeckte. Auch diese bestanden, wie ich wusste, aus Eis, waren aus Kristallen gemacht, wenn auch in einem unendlich größeren Maßstab. Der Himmel entstand vor meinen Augen in den Pfützen neu. Am Rand einer Wasserlache entdeckte ich die graublaue Schwungfeder einer Ringeltaube. Und auch sie erschien mir verwandt mit den Eisschichten im Himmel und am Boden: Die Kämme und Stege, die ihr Blatt bildeten und die ihrerseits wieder nach der Art winziger Fittiche geformt waren, wirkten wie kristallisiert.

Diese und ähnliche Muster haben mir das Leben und seine unbelebte, anorganische Umwelt zunehmend als etwas Verwandtes gezeigt. Beide Teile der Wirklichkeit erschienen mir immer weniger von einem unüberwindbaren Abgrund getrennt. Und tatsächlich ist es so: Wissenschaftler können heute nicht nur nachvollziehen, welche einfachen Muster, die in der unbelebten Materie wirken, auch in Lebewesen Strukturen hervorbringen. Sie haben sogar erforscht, inwieweit eine solche unbelebte Ordnung gleichsam das Ruder in die Hand zu nehmen vermag und den Stoff nach ihrer Pfeife tanzen lässt. Nicht erst in Lebewesen entscheidet das größere Ganze über das Schicksal der beteiligten Materiestücke. Ist ein Stoffgemisch genügend komplex, strebt es von allein danach, seine Struktur zu bewahren. Wir können uns nicht länger davor verschließen: Subjektivität ist eine physikalische Kraft. Sie lässt sich im Labor nachweisen. Varelas Hypothese der »Autopoiese« hat vielfache Indizien gewonnen. In diesem kurzen Kapitel möchte ich die physikalischen, biochemischen und genetischen Grundlagen der Schöpferischen Ökologie näher vorstellen.

»Wir haben Zellen unterschätzt«

Glaubte man lange, dass biologische Ordnung nur durch Kräfte von außen geschaffen werden könne, etwa durch die Instruktionen der genetischen »Blaupause« oder – früher – durch das Eingreifen eines himmlischen Schöpfers, so stellte sich in den letzten dreißig Jahren heraus, dass sich viele Strukturen von allein herausbilden. Sie organisieren sich selbst. Chemische Reaktionen bleiben automatisch in stabilen Zuständen »hängen«: Im Reagenzglas zeigen sich Wellen- oder Kreismuster, die erst verschwinden, wenn einer der beteiligten Stoffe verbraucht ist. Die einmalige Ordnung im Filigran des Eiskristalls entsteht ohne jede Instruktion. Auch viele Merkmale von Lebewesen organisieren sich selbst: Das Streifenmuster des Zebras, die Flecken des Leoparden, der Adernverlauf in einem Blatt, das Schleifenmuster unserer Fingerkuppen sind nicht in jedem Detail genetisch festgelegt, sondern ergeben sich aus wenigen vorgegebenen Anfangsbedingungen von allein, indem die Zellen während ihrer Entwicklung bestimmten Regeln folgen. Dabei entstehen wunderbar komplexe Strukturen, wenn nur eine genügend große Zahl von einzelnen Bausteinen beteiligt ist.

Der US-amerikanische Biologe, Biophysiker und Systemforscher Stuart Kauffman hat diese Regeln erforscht. Das wichtigste Ergebnis seiner Überlegungen lautet: Nicht nur Komplexität, auch Autonomie organisiert sich von selbst. Je höher Systeme entwickelt sind, desto stärker tendieren sie dazu, sich von ihrer Umgebung abzuschotten und ein »Eigenverhalten« zu entwickeln. Ihre Zustände hängen dann immer weniger von äußeren Einflüssen ab und immer stärker davon, was innerhalb ihrer Strukturen geschieht. Man könnte sagen, dass komplexe Gebilde einen Hang dazu haben, einen gewissen Autismus zu entwickeln. Man könnte auch sagen, dass es bereits in den Dingen selbst eine rätselhafte erste Tendenz zur Subjektivität gibt.

Den Schritt dahin, gleichsam die Vorstufe zur schöpferischen Autonomie ganzer Zellen, bezeichnen Wissenschaftler als »Autokatalyse« – was sich etwa mit »Selbstbeschleunigung« übersetzen ließe. Simulationsversuche zeigen: Je komplexer ein System ist, desto weniger unabhängig sind seine Teile voneinander und desto mehr katalysieren (oder blockieren) sich die einzelnen Elemente untereinander. Manche Stoffe erleichtern dabei die Herstellung anderer. Die Arbeit solcher Katalysatoren ist in der Tat eines der Patentrezepte des Organismus. Biochemie ist kooperativ. Wenn sich ein biochemisches Molekül in ein anderes verwandelt, so geschieht das niemals isoliert, sondern fast immer mit Hilfe einer anderen Molekülart. Längst schon sind viele dieser Katalysatoren bekannt – das Enzym, das Alkohol »abbaut«, gehört etwa dazu.

Kauffman vermutet nun, dass in einer Zelle auf diese Weise viel mehr Prozesse, als bisher angenommen, andere Reaktionen erleichtern oder überhaupt erst möglich machen und dass sich nur so die verzwickten Wege der zellulären Stoffkreisläufe erklären lassen. Nicht bloß einzelne, sondern tausende oder hunderttausende von verschiedenen Biomolekülen wirken in der Zelle als Katalysatoren. Denn je mehr Stoffarten miteinander gemischt werden, desto höher ist die Chance, dass eine davon irgendeine Reaktion, die in diesem Gewimmel prinzipiell stattfinden kann, erleichtert. Der magische Umschlagpunkt ist erreicht, wenn so viele verschiedene Moleküle einander umkreisen, dass auf jede Molekülvariante eine Reaktion kommt, die von irgendeinem dieser Stoffe katalysiert wird. Eine solche Fülle führt zur »Phasenüberschreitung«: In diesem Moment stabilisiert sich das Netzwerk selbst. Jetzt helfen einander so viele Reaktionen gleichzeitig, dass sich der Gesamtprozess von allein aufrechterhält und im winzigen Volumen des Zellinneren eine erstaunliche Ordnung entsteht.

Viel zu lange waren Wissenschaftler darauf fixiert, welche einzelnen Stationen die Stoffwechselwege durchlaufen. Für sie war der Zellhaushalt in lauter unabhängige Kausalketten aufgeteilt, und darum haben die wenigsten darüber nachgedacht, auf welche Art all die gleichzeitig vorhandenen Reagenzien miteinander in Wechselwirkung stehen und welche Rückkopplungen zwischen ihnen eintreten können. Ich erinnere mich daran, dass ich in meinem Grundstudium in Freiburg genau das einen Professor fragte. Er hatte keine Antwort. Was in der Zelle passiert, ist einerseits anarchischer, andererseits viel statischer, als es die Lehrbücher bisher vermitteln. Biochemische Moleküle verhalten sich weniger wie Werkstücke auf dem Fließband, die Schritt für Schritt bearbeitet werden, als wie die Besucher eines orientalischen Basars, die mal hier ein Schwätzchen halten und mal dort jemanden begrüßen. »Katalyse ist überall«, meint Kauffman.

Unterstützt wird diese Anschauung vom amerikanischen Zellbiologen Bruce Alberts. »Wir haben Zellen immer unterschätzt«[4], sagt er. »Statt von zufällig kollidierenden Proteinen wird jeder wichtige Prozess von Ansammlungen von zehn und mehr Eiweißmolekülen ausgeführt, die mit mehreren anderen großen solcher Kollektive in Wechselwirkung stehen.« Eine Zelle ist somit kein Wassertropfen, in dem ein paar Proteine schwimmen, sondern eher ein Gel, dessen eng miteinander verwobene Bestandteile untereinander in unendlich vielen Kontakten stehen. Folgen wir Komplexitätsforschern wie Alberts oder Kauffman, dürfen wir uns die Zelle mit ihren Billionen von Molekülen und hunderttausenden von Reaktionswegen nicht wie eine Miniaturfabrik vorstellen, in der winzige Phiolen unzählige Reaktionen trennen, die sich keinesfalls mischen dürfen. Die Zelle ist keine Prozessanlage. Im Gegenteil: Eher scheint ihr Körper wie eine einzige große Skulptur von Stoffen, in der sich zehntausende von biochemischen Reaktionen gegenseitig so verflechten, dass der entstehende stabile Zusammenhalt auch in der Lage ist, Schwankungen zu tolerieren. Nicht einzelne Substanzen werden in der Zelle durch kleine Behälter geschleust, sondern die Zelle selbst durchschreitet eine Reihe von Gestalten, in denen sie als Ganze sich immer wieder verwandelt. Die Zelle darf die einzelnen Prozesse gar nicht trennen. Nur deren Verflechtung gewährleistet die Stabilität der Reaktionszyklen. Für diese Idee sprechen noch andere Beobachtungen. So polarisieren lebende Zellen (im Gegensatz zu abgestorbenen) das Licht. Wenn Lichtteilchen durch diese biologischen Kammern hindurchjagen, nehmen sie eine ebenmäßige Schwingungsrichtung ein – ein Zeichen für hohe Ordnung in einer solchen biologischen Linse. Chemische Lösungen, in denen die Stoffe gleichmäßig verteilt sind, haben diesen Effekt nicht.

Forscher wie der Prager Botaniker und Philosoph Anton Markoš vermuten sogar, dass sich die quasikristalline Existenz der Zellen über ihre Membranen hinaus durch den ganzen Körper eines Lebewesens fortsetzt. Dessen einzelne Abteilungen sind nämlich untereinander durch ein enges Netz von Gängen, Poren, Hormonkanälen und elektrischen Kontakten verflochten. Dazu werden sie von den Flüssigkeiten der Gewebe umspült – der sogenannten extrazellulären Matrix. Blut, Lymphe und Liquor umhüllen jede Zelle und koppeln alle zu einem gigantischen Kontinuum zusammen – zu einer Art flüssigem Kristall. Derart mit sich selbst verwoben, entspricht der ganze Organismus weniger einer Industrieanlage mit verschiedenen getrennten Prozessbereichen. Er ähnelt eher einem elektrischen oder magnetischen Feld. Veränderungen an einem seiner Punkte sind möglicherweise ohne Zeitverzögerung überall darin spürbar. Das könnte der Grund dafür sein, dass etwa bei einer Muskelbewegung die astronomische Zahl von 10^{20} Molekülen ATP, des Energieträgers der Zelle, gleichzeitig und quasi ohne Energieverlust verbraucht werden. Viele Zellen spalten den Stoff so synchron, als wäre der Muskel ein einziger großer Raum.

Sollten sich solche Hypothesen bewahrheiten, dann muss man, um die Zelle zu verstehen, alle ihre Bestandteile gleichzeitig betrachten. Dann sind nicht so sehr Ursachen und ihre Folgen entscheidend als vielmehr die Balance, die sich zwischen den Teilnehmern aktiv einstellt. Das heißt aber auch: Wir dürfen die Gene nicht mehr länger als die Befehlszentrale verstehen, von der aus Anweisungen an alle Außenposten der zellulären Landschaft eines Organismus verschickt werden. Der ineinander verschränkte Kristall der Zelle umfasst dann auch das Erbgut – das ja aus wenigen riesigen Molekülen, den Chromosomen (bei höheren Zellen), besteht. Auch dessen Substanz ist Bestandteil der hochstrukturierten katalytischen Reaktion, die das winzige Gelklümpchen Leben zwischen seinen Membranen darstellt. Jede Aktivität der Gene ist somit ein Detail in einer viel umfassenderen Konstellation, die das Wesen gerade eingenommen hat – und nicht die Stellung eines mehr oder weniger isolierten Hebels einer zentralen Steuereinheit.

Autonomie im Uterus

Zeigt schon das Verhalten der Moleküle im Zellinneren genau jenen Charakter von Autonomie, den Francisco Varela als zentrale Eigenschaft der Lebewesen ansah, so konnten Entwicklungsbiologen jüngst nachweisen, dass sich auch im Entstehen begriffene Lebewesen während ihres Wachstums als Subjekte verhalten. Die Entwicklungsbiologie liefert inzwischen eine Reihe handfester Beweise für Varelas revolutionäre Auffassung. Bisher gab die Embryonalentwicklung den Forschern viele Rätsel auf. Welche Kräfte lassen etwa aus der stoffsatten Flüssigkeit im Inneren eines Eies ein komplexes und filigranes Wesen entstehen? Was macht aus einem Tropfen des Proteinbreis ein Bein, aus einem anderen Tropfen aber einen Flügel?

Inzwischen wird deutlich: Das Geheimnis liegt auch hier in einem Netzwerk, das sich selbst organisiert und ein autonomes System bildet. Dessen zentrale Rolle spielen zwar die Gene – aber ganz anders, als Erbforscher es bisher gedacht haben. »Das Wunder komplexen Lebens ist sonderbarer, aber ironischerweise auch viel einfacher, als es sich irgendjemand vorstellen konnte«[5], sagt der führende amerikanische Entwicklungsbiologe Sean Carroll.

Denn anders, als die meisten Wissenschaftler vermutet haben, befindet sich in den Genen nicht die komplette Montageskizze für ein Wesen. Die unterschiedlichen Kombinationen der Bausteine, aus denen das Erbmolekül zusammengesetzt ist, enthalten nur verstreute Anweisungen für Bruchstücke und Fragmente, aus denen allein niemals eine Zelle werden könnte. Für deren Gestalt ist eine zweite Eigenschaft der DNA wichtig: Diese enthält nicht nur Codesequenzen der Proteine, sondern darüber hinaus eine Reihe genetischer Schalter, die andere solcher Schalter aktivieren oder »ausknipsen« können. Die DNA ist somit weniger ein Informationsspeicher als ein hochkomplizierter Computer – wenn auch dieser winzige Großrechner alle Leistungen elektronischer Geräte in den Schatten stellt.

Welche Gene aktiv sind, das heißt von der Zelle abgelesen werden und ein Eiweiß herstellen, geht freilich weniger auf einen eindeutigen Befehl zurück als auf das Ergebnis einer Summe von schier unzähligen möglichen Verbindungen. Es ist auch hier wieder ähnlich wie mit den Reaktionen in einer Zelle, die sich gegenseitig beschleunigen: Das Muster, das aus einer solchen Vielfalt entsteht, wirkt auf deren Gestalt zurück. Nicht die blank daliegende genetische Information, sondern das Netzwerk entscheidet, welcher Organismus entsteht – aber erst dann, wenn dieses Netzwerk tatsächlich in Betrieb gesetzt ist. Einmal angeschaltet, folgen Gewebetypen unbeirrt ihrem Weg. Der lässt sich weniger mit einer chemischen Reaktion vergleichen als mit einem komplexen Verhalten: Zellverbände differenzieren sich, etwa zu einem Lebergewebe, wenn sie durch andere Reize ihrer Umgebung entsprechend »gestimmt« sind. Wie ein Singvogel, der nur dann ein Nest baut, wenn langes Tageslicht und warme Strahlen den Hormonpegel in seinem Blut angehoben haben, antworten Zellen entsprechend ihrer individuellen Situation auf die Botschaften der DNA mal so und mal anders.

»Weak linkage«[6], »schwache Kopplung«, nennen die Harvard-Biologen Marc Kirschner und John Gerhart diesen Eigensinn von Entwicklungsmodulen. Zellen und Gene stehen zueinander nicht in einem Ursache-Wirkung-Verhältnis wie Automotor und Gaspedal. Die Zellen »interpretieren« die DNA in einer Art Konsens-Verfahren, sagt Kirschner – aber sie gehorchen ihr nicht. Damit entdeckt Kirschner als Voraussetzung der Embryonalentwicklung genau das wieder, was Varela in seiner Version einer Schöpferischen Ökologie vorausgesagt hatte: Zellen und einzelne Gewebebereiche sind autonom. Sie verhalten sich als Ganzes, das Reize interpretiert, nicht aber wie eineMaschine, die von DNA-Befehlen abhängig ist. Denn solche Befehle gibt es nicht. Für Kirschner ist die Information der DNA keine alles bestimmende Instruktion, der die Zelle blind folgt, sondern nichts weiter als ein Reiz unter anderen – wie etwa die Beschaffenheit der anderen Zellen, an die sie angrenzt, die

Umgebungstemperatur, die Verteilung von Boten- und Mineralstoffen im Gewebe, Helligkeit oder Dunkelheit.

Auch der amerikanische Biomathematiker Gerard Odell und seine Mitarbeiter haben verblüffende Entdeckungen gemacht, die unser Bild vom Verhältnis zwischen Erbgut und Stoffwechsel vom Kopf auf die Füße stellen. Eine bestimmte Zahl von genetischen Schaltern kann nur auf eine einzige Weise miteinander verbunden sein, um ein Organ hervorzubringen. Wenn aber ein solches Netzwerk erst einmal läuft, ist es gegenüber Störungen unempfindlich. Vor allem: Es läuft auch dann noch, wenn die übrigen Schalter wahllos verändert werden. »Unser einfachstes Modell, das überhaupt funktionierte, war unerwartet robust«, sagt Odell. Heute ist er überzeugt: »Die Natur kann allein nur solche Netzwerke entwerfen.«[7] Nicht von oben gesteuert, sondern als Chor autonomer Komponenten sind Organismen möglich.

Diese Unabhängigkeit macht die Embryonalentwicklung offen für Neues: Schon der Tausch eines einzigen Code-»Buchstabens« in einem Schaltergen kann die kritische Masse der Autokatalyse verändern. Evolution wird in einem solchen Bild dadurch möglich, dass die Zelle den Genen nicht gehorcht, sondern sie frei interpretiert. Dabei ist aber keine minutiöse Planung aller Details eines Körpermerkmals nötig – denn die organisieren sich ebenfalls selbst. Zur gesunden Organentwicklung genügt, dass bestimmte Pionierzellen eine Richtung vorgeben. Der Rest der komplizierten Apparaturen folgt und fügt sich von selbst zu einem sinnvollen Ganzen. So liefern Muskeln den entstehenden Knochen automatisch elastische Verbindungen nach – ganz gleich, in welche Richtung sich das Kalkskelett reckt. Die Verteilung von Adern regelt allein der Sauerstoffbedarf des embryonalen Gewebes: Wachsendes Fleisch erhält immer eine lebensfähige Versorgung. Nervenzellen bilden die richtigen Synapsen durch Versuch und Irrtum von selbst. Somit konnte aus dem verlängerten Finger irgendeines Vorfahren der heutigen Fledermäuse mehr oder weniger ohne große Umstände ein Flügel werden – unabhängig von vorheriger präziser Koordination.

Auch die erstaunliche Harmonie von Wachstumsprozessen folgt dem Prinzip, dass jedes Teil eines Körpers mit allen anderen in intimer Wechselwirkung steht. Lebewesen bringen neue Formen hervor, ohne darauf programmiert zu sein, allein weil jeder der beteiligten Prozesse in einer begrenzten Autonomie stattfindet, die zugleich mit dem Rest verflochten ist. Verwandelt sich ein Teil – im Rahmen dessen, was Leben zulässt –, ändert sich alles andere mit. Gerade diese Mühelosigkeit ist ein Faktor, den all die außer Betracht lassen, die sofort an einen superintelligenten göttlichen Geningenieur denken, wenn sie sehen, wie unwahrscheinlich es ist, dass manche komplexen Prozesse über Zwischenstufen allmählich von selbst entstanden sind. Der entscheidende Umstand, den beide, die Gentraditionalisten und die Anhänger einer neuen Schöpfungslehre, außer Acht lassen, besteht darin, dass die Formen nicht von außen gesteuert werden, sondern dass auch sie sich gegenseitig »katalysieren«. Beide Parteien vergessen, dass Weisheit nichts ist, das von außen kommt, sondern dass sie nur als Kehrseite eines Körpers existieren kann.

Nerven der Zelle, Gedanken der Natur

Im vergangenen Winter konnte ich durch die Glasscheiben unseres Wohnzimmers ein paar Eichhörnchen beobachten. Manchmal klammerten sie sich wie gefroren an die Borke der Kiefern im Garten, dann wieder jagte eins hinter dem anderen in wellenförmigem Lauf einen der Stämme empor. Eines war ein zartes Tier mit einem fast durchscheinend roten Fell. Und doch, die Kälte, weit unter minus 20 Grad in mancher Nacht, machte ihm nichts aus. Es raste hinter den anderen her um den Baum, sprang von einem dünnen Nadelzweig zum nächsten, weltvergessen und zugleich vollkommen im Zentrum der Dinge verankert. Auf der Rinde machten seine winzigen Krallen kratzende Geräusche, die wie gefroren in der blauen Luft standen. Dann, als die Tiere ihre Achterbahnfahrt beendet hatten, nagten sie einige Zapfen von einem der ausladenden Zweige, setzten sich auf die Hinterbeine in eine Astgabel und begannen, die Samen herauszuknabbern. Die Eichhörnchen suchten gar nicht erst in ihren Depots, die sie im Herbst angelegt hatten. Zu fest war der Boden gefroren. Im nächsten oder übernächsten Jahr würde an der jetzt eisenharten Stelle, wo die kleinen Kletterer ein Häuflein der hartschaligen Früchte des großen Walnussbaums vergraben hatten, ein zarter Schössling aus der Erde streben. Schon mancher junger Nussbaum war in den letzten Jahren um die Kiefern herum gewachsen. Die Eichhörnchen säten allmählich einen Wald. Sie veränderten die Erde. Sie wurden zu einer physikalischen Kraft.

Die Erkenntnis, dass eine Form der Subjektivität die Physik zu lenken vermag, kann uns in Staunen versetzen. Wir sehen das Gegenteil von dem am Werk, was lange Zeit als das eherne Prinzip der Wissenschaft galt, an dem nichts und niemand rütteln durfte: dass nur die kleinsten und einfachsten Elemente komplexe Vorgänge zu bewirken vermögen, nicht aber umgekehrt. Allen Zwecken – etwa unseren eigenen Entscheidungen, etwas zu tun – lägen Ursache-Wirkung-Ketten der Materie zugrunde, so hieß es. Die Gesetze chemischer Reaktion würden letztlich auch unsere Handlungen erklären. So lautet das Credo der modernen Biologie. Im Falle des Eichhörnchens aber müssen wir gerade das Umgekehrte beobachten:

nämlich dass ein Wesen – also ein fühlendes Subjekt –, um sich selbst zu erhalten, die Anordnung der Materie ändert. Und zwar nicht unerheblich. Es pflanzt Bäume. Lebewesen sind generell eine geologische Gewalt – die stetige Arbeit der Myriaden von Individuen verwandelt die Oberfläche der Erde auf eine ähnliche Weise, wie die andauernde Selbstherstellung, die Körperzellen betreiben, Moleküle und Minerale in Leiber umschmilzt. Denken wir nur an die Schnecken und Krebse, deren Schalen über Jahrmillionen auf die Böden einstiger Meere gesunken sind und irgendwann als Kalkstein zum Baumaterial von romanischen Kirchen wurden. Was lässt sich daraus ableiten? Es gibt nicht nur ein Verursacherprinzip, das von unten nach oben wirkt. Es gibt auch eines von oben nach unten: ein Zweckprinzip. Viele wichtige Dinge auf dieser Welt erklärt nicht die Frage nach ihren kleinsten Bestandteilen, sondern die Frage, aus welchem Interesse sie entstanden. Und ein solches ist nicht allein an die Welt des Menschen gekoppelt. Zwecke, die Zwecke der Wesen, sind ein biologisches Phänomen und eine physikalische Macht, die Materie zu ordnen vermag.

Die Fähigkeit, zur Selbstbewegung in der Lage zu sein, also Materie zu bestimmten Anordnungen zu organisieren, finden wir auf den verschiedensten Ebenen des Lebens wieder. Sie ist geradezu sein durchgängiges Prinzip. Organische Subjektivität hat unzählige Gesichter. Die Proteine innerhalb des Zellplasmas, deren milliardenfache Kontakte untereinander zu einem Reaktionsgeflecht kristallisieren, das sich selbst verstärkt, und der genetische Computer, der mit Hilfe autonomer Netzwerke den Embryo hervorbringt – das sind zwei Bereiche, in denen sich eine solche Schöpferische Ökologie mit wissenschaftlichen Versuchen nachweisen lässt. Beide bestätigen im Labor eine Biologie der Subjektivität. Aber nicht allein die Zelle oder embryonale Gewebe sind zu einem Eigenverhalten fähig. In Wahrheit sind Lebewesen aus vielen Schichten solcher autonomer Netzwerke aufgebaut. Derartige selbständige Instanzen bilden auch das Nervensystem und das Immunsystem – das ständig damit befasst ist, eine körperlich festgelegte Individualität hervorzubringen und gegebenenfalls gegen Eindringlinge zu verteidigen. Sie alle sind wie besessen mit sich selbst beschäftigt und bringen durch diese miteinander verflochtenen Ebenen von Selbstbezüglichkeit gemeinsam Subjektivität hervor. Kognitionsforscher wissen etwa, dass 98 Prozent aller Aktivitäten von Hirn und Rückenmark nichts mit der »Verarbeitung« aus der Außenwelt kommender Reize zu tun haben. Der Löwenteil der Gehirnaktivitäten reagiert auf andere Regungen der Nerven, nicht auf Sinnesreize. Diese verlieren sich geradezu im beständigen Rauschen eines Nervensystems. Das alte Bild von der Reflexmaschine, das unsere Vorstellungen ein Jahrhundert lang geprägt hat, wird langsam abgelöst von einer anderen Sichtweise.

Sie legt den Schwerpunkt auf die Eigenständigkeit lebender Akteure, deren Verhalten nicht allein einem Reiz folgt – jenem kleineren Baustein, auf den sich Komplexes angeblich reduzieren lassen muss. Es ist vielmehr immer das ganze lebende System, das sich mitverändert. So konnten Neurologen etwa nachweisen, dass sich bei einer Katze das gesamte Muster der Hirnströme verwandelt, wenn das Tier nur eine einzige Pfote bewegt.

Alle Prozesse, die ein Individuum ausmachen, sind auf raffinierte Weise miteinander vernetzt. Bereits in einem Wesen erkennen wir daher die Grundprinzipien eines Ökosystems. Denn auch dieses besteht aus vergleichsweise autonomen Akteuren – den einzelnen Lebewesen –, die untereinander zu viellagigen Netzen zusammengeschlossen sind. Doch umgekehrt gilt das Gleiche: Ein Ökosystem ist von unserem Standpunkt aus zu einer Art von Kognition fähig. Es erstaunte bereits, wie sehr die gerade erst entdeckte Rolle der Gene als Schalter und Relaisstationen der Funktion der Nerven ähnelt. Aber nun könnte man beinahe sagen: Wie die genetischen Schalter gleichsam das Nervensystem der Zelle sind, so bilden die lebenden Organismen die »Nervenzellen« eines Ökosystems. Die Schwankungen der Populationen, die wechselnden Häufigkeiten der einzelnen Arten könnte man sich daher als so etwas wie eine »ökologische Kognition« vorstellen. Dann aber sind die Tiere und Pflanzen, die Bakterien und Pilze in einem buchstäblichen Sinn die »Gedanken der Natur«, als die sie Karl Ernst von Baer angesprochen hatte. Wie es einem Stück Natur geht, drücken Würmer und Schmetterlinge, Vögel und Eidechsen, seine lebendigen Nerven und Artikulationsorgane präziser aus als manche ökologische Untersuchung.

Die Hinwendung zu einer Biologie der Subjekte bringt uns somit nicht nur Erklärungsvorteile in solchen Bereichen, die für viele Forscher heute die zentralen Schwierigkeiten ihres Faches beinhalten. Sie ordnet auch uns selbst in ein größeres Gefüge ein, dessen Teil wir nicht nur kraft unserer biologischen Natur sind. Wir finden auch uns selbst und unsere inneren Gesetze beständig wieder – sowohl in den tieferen Details als auch im Ozean der ganz großen Zusammenhänge. Die Biosphäre drückt etwas über uns aus. Warum das möglich ist und was das für Folgen haben kann, damit will ich mich im folgenden Teil beschäftigen.

ZWEITER TEIL
DIE SPRACHE DER GEFÜHLE

In diesem Abschnitt drehe ich den Spieß um und wende mich vom Eindruck zum Ausdruck: Wenn ein Lebewesen kein gleichgültiges Maschinchen ist, sondern Werten und Bedeutung folgt, dann müssen diese Werte an ihm zu sehen sein. Denn die Werte, denen ein Organismus folgt, sind nicht abstrakt, sondern bestimmen den Zusammenhalt seines Körpers, und sei er so klein wie eine einzige Zelle. Das Gefühl ist niemals unsichtbar, sondern nimmt in der Natur überall Gestalt an. Natur ist vor uns ausgebreitetes Fühlen. Diese Einheit macht sich die neue Forschungsrichtung der »Affektiven Neurowissenschaft« zunutze. Sie behauptet: Wir können auch unser Bewusstsein erst dann verstehen, wenn wir alles Leben als Gefühlsphänomen auffassen.

5 WELTINNENRAUM

Man kann doch die Blättchen und Blütenköpfchen nicht sehen, ohne zu wissen:
Man ist ihnen verwandt …
Der Frühling sagt so laut, dass auch wir Frühlinge sind.
Denn das ist der Grund unseres Entzückens an ihm.
Lou Andreas-Salomé, »Lebensrückblick«

Wenige Jahre später war ich wieder in Estland. Kalevi hatte mich als Gast zu einem der legendären Seminare eingeladen, die er mit seinen Studenten jedes Jahr im August veranstaltet.

Wir trafen uns am Meer, an einer stillen sommerlichen Ostsee, deren flüssigen Spiegel kein Wellenschlag zerspringen ließ und die auf diese Weise den Himmel in sich einsog und seinen Raum verdoppelte. Es war ein weicher Himmel, und die meiste Zeit zogen milchige und rosenfarbige Schlieren über ein mildes Blau. Ein wenig schien es, als würde die Dämmerung nie enden, und die Abende blieben lange hell. Meer und Himmel, aufgelöst zu Flächen aus Licht: Hier gab es keine Übergangszone, kein maritimes Zwischenreich der umtosten Felsen und salzigen Watten. Rosen wuchsen gleich hinter dem Ufer. Zwischen dicken, vom Wasser abgeschliffenen Granitblöcken standen Büsche voller Blüten.

Kälte und Schwärze des Winters waren so gründlich aus dem Land gewichen, dass ich mir nicht mehr vorstellen konnte, sie je wiederkehren zu sehen. Im Sommer war Estland eine Welt des Lichts. Wie kaum irgendwo in wärmeren Gefilden schäumten die Kräuter empor, standen Frühlings- und Sommerblumen wild durcheinander. Sie wurden zweiundzwanzig Stunden am Tag mit Helle gedüngt, von einer Sonne durchwandert, die nicht untergehen wollte. Der Sommer in Estland schien mir wie eine kurze Leidenschaft, in der alles möglich war.

Das Seminar fand im einstigen Sommerhaus des biologischen Barons statt. Jakob von Uexküll hatte sich zu Beginn des 20. Jahrhunderts an der Spitze der Halbinsel Puhtu eine bescheidene Villa bauen lassen, ein geräumiges Holzhaus mit Spitzdach und verglaster Veranda, von deren Terrasse inzwischen brüchig gewordene Steinstufen auf einen verwunschenen Garten hinausführten. Hier, im Schatten von wucherndem Flieder und uralten Linden, saßen wir nun und diskutierten über eine neue Wissenschaft vom Leben. Das Meer begann gleich am Fuß des Gartens mit einem feinen Saum aus trockenem Tang, seinem süßen Kindheitsduft von Sand, Verheißung und Verwesung. Durch die Bäume hörten wir manchmal die ferne Sirene der Dampfer zu den Inseln Saaremaa und Muhu. Wer am Strand auf rostiger Leiter zur Spitze eines der maroden Wachtürme kletterte, konnte die Schiffe – ausrangierte Dänemark-Fähren der 1960er Jahre – wie von unsichtbaren Drähten gezogen über eine perfekt polierte Silberplatte gleiten sehen.

Jakob von Uexkülls Sohn Thure hat mir wenige Jahre vor seinem Tod erzählt, wie er mit seinem Vater nach dem Ersten Weltkrieg endlose Sommerferien im Haus auf Puhtu verbrachte. Es müssen Reisen in eine Zeit gewesen sein, die eigentlich bereits untergegangen war, die aber wie eine Fata Morgana noch ein paar letzte Jahre über dem Horizont stand, bevor sie dann im Zerstörungsrausch des Kriegs für immer verbrannte. Schon damals war im Park von Puhtu das verwitterte Schiller-Denkmal – das früheste, das dem Dichter überhaupt je errichtet wurde – tief in den Boden eingesunken, schon damals waren die Buchen – die nördlichsten Europas – groß und mächtig, als hätten sie seit Anbeginn der Zeiten hier gestanden. Statt rastlos an neuen wissenschaftlichen Artikeln zu arbeiten, streifte Jakob von Uexküll mit seinem Sohn durch Garten und Park und zeigte ihm das, worüber er sonst viele Worte machte. Thure sagte, dass es seinem Vater vor allem auf eines angekommen sei: Sein Sohn sollte die Tiere und Pflanzen in ihrem eigenen Recht lieben lernen, nicht als sentimentale Vertreter seiner menschlichen Stimmungen (der »niedliche Zaunkönig«, die »gierige Wespe«).

Der alte Baron von Uexküll lehrte seinen Sohn, aus den Oberflächen der Wesen auf die Faktoren zu schließen, die ihrem Leben Bedeutung verliehen. Es war ein Lehrgang im Fühlen, den Thure einige Jahre lang jeden Sommer durchlief, eine Lehre für alle Sinne – da waren das grenzenlose Licht, das schon nachts durch die blauen Leinenvorhänge fiel, der Sand zwischen den Zehen, die knarrenden Dielen im Haus, der Geruch nach Holzfeuer und Tang, der kühle Atem der Bäume, das freudige Jiepern der Jagdhunde, das melancholische Lied des Blaukehlchens an den endlosen Abenden, die warme Milch vor dem Zubettgehen. Die Wochen in Estland vermittelten dem Sohn, wie sehr außen und innen zusammengehören. Sie zeigten ihm, wie tief das Fühlen jedes Wesens dessen leibliche Erscheinung durchdringt und bestimmt, ganz gleich, ob das Wesen mit Bewusstheit begabt ist oder nicht. Zu jedem Erlebnis gehörte ein Grad von Lust oder Leiden – und zu jedem dieser Gefühle eine bestimmte körperliche Erfahrung.

Am Abend, nach den ersten Vorträgen, hatten wir ein Feuer zwischen den noch von der Sonne warmen Blöcken am Strand entzündet. Wir saßen mit unseren lauwarmen Büchsen Saku-Bier auf den Findlingen und atmeten ein Aroma von Holzrauch und verwestem Tang ein. Überall lagen die runden Steine wie Außenposten der Wirklichkeit vor dem bleiernen Wasser, das irgendwo in der Ferne mit der Atmosphäre verschwamm. Im Ried leierte ein Drosselrohrsänger sein kratzendes Lied.

Das Licht wollte nicht weichen. Es wurde spät, zehn Uhr, elf, und immer noch war es milchiger Tag. Ich stand auf, nahm eine neue Bierdose in die Hand und schlenderte den Strand hinab. In der atemlosen Stille regte sich kein Hauch. Welcher Ort im Süden Europas konnte es mit einer solchen Dämmerung aufnehmen? Allein das Licht war hier stets in Bewegung, war ein ewiges Werden, das Erfüllung verhieß und ihre Gewährung immer wieder aufschob. Die Russen hatten diese Zartheit geliebt, als sie noch das Baltikum besetzt hielten. Die estnische SSR – das war die Freiheit eines unverhofften Kuraufenthalts, das waren endlose Sommernächte, viel Bier, vielleicht eine neue Liebe. »Ach, wenn ich Ihren baltischen Akzent höre«, sagte ein Leningrader Taxifahrer so ganz ohne die Bitterkeit des abgeschmetterten Besatzers zu einer estnischen Schriftstellerin, die ich kannte, »dann muss ich immer an die wunderbare Kurzeit denken, an die Strände des Baltikums, an jene süßen Tage.« Estland, das war sowjetische Adria, ein Sommerland, voller Chancen, Hoffnungen und Trauer.

Ich ging weit an jenem Abend, den das Licht nicht verlassen mochte. Bevor ich umkehrte, wanderte ich noch ein Stück durch einen alten Eichenhain, der die Küste säumte. Die Bäume bildeten eine lichte Halle aus gefächerten Kuppeln, mit so weiten Räumen dazwischen, dass unter ihnen eine blühende Wiese wuchs. Es war eine Zauberlandschaft, die sich vor mir auftat, eine andalusische *dehesa* am baltischen Meer. Hier verschwammen die Jahreszeiten, die Epochen und die Klimaregionen, als schritte ich über eine Almwiese am Ozean.

Am Wegesrand stand hoch aufgeschossen eine wilde Möhre. Durch irgendeinen Zufall war ihre Blütendolde bis auf einen winzigen Streifen Gewebe abgeschlagen worden. Aber die Blüte hatte sich aus der Verletzung wieder elegant nach oben gekrümmt. Ich musste an Goethe denken. Der Dichter und Naturforscher, auf dessen Gedanken sich auch von Uexküll mit Inbrunst berief, hatte seine eigene Formel für das Phänomen des Lebens: Für ihn erschien jedes Wesen in Form einer »Zeitgestalt«. Anders als etwa an der verwitterten Oberfläche eines Felsens zeigten sich in der Haut eines Organismus nicht nur die Folgen reglos erlittener Veränderungen, sondern zugleich, wie das Leben auf solche Zusammenstöße reagiert hatte. Der Stängel der wilden Möhre wand sich um die Verletzung herum erneut zur Sonne. Es war eine Geste, die wie die Bewegung eines Fechters in einer Stroboskop-Aufnahme wirkte, mehrere in der Zeit hintereinanderliegende Momente als eine einzige Bilderfolge. Sie erschien mir wie die zur Figur geronnene Sehnsucht, zu sein.

Eine Pflanze, so dachte ich auf der Waldwiese, ist nicht allein das aktuelle Resultat aller Einflüsse, die auf sie eingewirkt haben – in ihr sind all diese Erfahrungen noch Gegenwart. Wenn neue Borke um eine Verletzung wächst, die der achtlos eingepflockte Stacheldraht geschlagen hat, dann zeigt sich am Ende vor allem eines: wie die Pflanze mit dieser Wunde weiterleben konnte. Lebewesen bilden Narben um ihre Verletzungen und konservieren damit in der Heilung den Schmerz des Zusammenstoßes. Sie umschließen die Vergangenheit wie einen Kern. Ihre Körper sind diese Vergangenheit. In ihnen gewinnt etwas Nichtstoffliches eine Form.

Mir ging durch den Kopf: Wenn die Physik des Lebens sich nur in den Begriffen des Seelischen umfassend genug ausdrücken lässt, dann müssen sich dessen Spuren auch als physikalische Realität zeigen. Wenn die Erscheinungsform der Wesen die Subjektivität ist und erst deren Bedürfnisse die Stoffströme durch eine Zelle regeln, dann muss der Stoff eines Wesens folgerichtig diese Subjektivität zum Ausdruck bringen und somit geradezu Seele darstellen. Sollte sich eine solche Idee bewahrheiten, wäre die Natur keine stumme Kulisse mehr, sondern durchflutet von Ausdruckskraft. Dann wäre das Empfinden der Wesen in deren körperlicher Gegenwart zugänglich.

Das heißt freilich nicht, dass andere Organismen unsere Gefühle teilen und ausdrücken. Das zu glauben wäre naiv. Mit »Seele« meine ich weder die christliche Vorstellung, Ebenbild des Schöpfers zu sein, noch das Unbewusste der Psychologen im Gefolge von Sigmund Freud. »Seele« heißt, dass etwas den Organismus zusammenhält, was nicht allein den Anziehungs- und Abstoßungskräften der Atome entspringt, sondern der Sorge um seine Fortexistenz. »Seele« heißt Betroffenheit – und genau deren Empfindung ist uns bekannt. »Seele« heißt Innerlichkeit, und es ist diese, die wir mit den anderen Wesen gemeinsam haben, in wie geringem Maße auch immer. Gewiss ist fremde Innerlichkeit nicht von den menschlichen Begriffen und Gefühlen wie Erfolg und Verlust, Trauer und Triumph durchdrungen. Was wir aber mit anderen Wesen teilen, ist das Bangen um die Existenz, das den Kern jedes

»autonomen Akteurs« ausmacht. Worin wir ihnen gleichen, ist die verletzliche Außenseite, in der sich diese Innerlichkeit ausdrückt.

In der Waldeinsamkeit des Eichenhains überkam mich der Gedanke, dass die Sehnsucht sich nicht nur in uns, drinnen, manifestiert. Sie tritt ebenso greifbar vor uns in der Gestalt aller anderen Wesen in Erscheinung. Wenn sich die Physik des Lebens am besten als Gefühl beschreiben lässt, dann ist dieses Gefühl doch zugleich immer mit dem Stoff verkoppelt, aus dem der Organismus besteht. Gefühl ohne Materie ist nicht möglich. Das, was sich uns als Gefühl »innerlich« zeigt, ist etwas, das mit uns als Körper »äußerlich« geschieht, denn alles Leben ist immer an den Stoff ausgeliefert.

Darum gibt die neue Physik der Organismen zwar die Besessenheit der Schulbiologie auf, alle Leistungen der Lebewesen aus den atomaren Ursache-Wirkung-Gesetzen erklären zu wollen. Zugleich aber würdigt sie den Körper viel mehr als zuvor in seinem eigenen Recht. Denn er stellt keine abstrakte Struktur dar, welche die Lebensleistungen eines Organismus gleichsam abarbeitet, sondern er bildet so etwas wie die Nulllinie jeder Wirklichkeit. Die Physik des Lebens entdeckt damit den individuellen Körper – und nicht die anonyme anatomische Maschinerie – als einen entscheidenden Faktor. Weil das verborgene Lebensgefühl an sensibel organisierter Materie hängt, die auch scheitern kann, vermag es in ihr sichtbar zu werden. Der Lebenswunsch ist auf die Materie angewiesen. Dadurch durchtränkt er den Stoff mit einem Interesse und macht ihn erst schön. Die Subjektivität des Lebens tritt unausweichlich nach außen in die Sichtbarkeit, in den Rausch von Farben, von Duft, von Melodie und Berührung. In einer solchen Sichtweise ist jedes lebende Wesen ein offenes Buch.

Im Gegensatz dazu sieht die Biologie der Vergangenheit Leben als neutrale Maschinerie, die sich aus ihrer äußerlichen Erscheinung nicht verstehen lässt – weshalb sie seziert werden muss. In diesem Bild ist die Leiblichkeit sinnlos. Die Schöpferische Ökologie dagegen versöhnt die Wissenschaft vom Leben mit dem, was wir sehen und was wir lieben. Plakativ gesagt: Wie das Antlitz eines menschlichen Gegenübers wird die ganze Natur für mein Ich zu einem Du. Es ist erstaunlich, wie sehr die Biologie den ausdrucksvollen Charakter der Lebewesen aus den Augen verloren hat. Ästhetik kommt in den Lehrplänen biologischer Fakultäten gar nicht vor. Morphologie, die alte goethische Wissenschaft der lebenden Gestalten, führt ein gespenstisches Schattendasein in staubigen Herbarien und nach Formol stinkenden Magazinen. Dabei ist der Antrieb vieler Biologie-Studenten gerade das: eine tiefe Faszination durch lebende Tiere und Pflanzen. Natur offenbart sich fast allen Menschen zunächst als eine Quelle der Begeisterung. Das kann jedes Kind zeigen, das im Frühjahr zum ersten Mal auf einer Wiese spielen darf. Sofort sammelt es Stöckchen und Blüten, Käfer und Würmer und beginnt, in eine zutiefst belebte Welt hineinzusinken. Doch auch anderen Epochen und Völkern ist diese Leidenschaft nicht fremd, anders, als es die akademische Wissenschaft oft glaubt. Viele Forscher halten die Liebe zur Natur für eine Erfindung der europäischen Romantik. Doch hat nicht diese Romantik viel eher unser jungfräuliches Verhältnis zu den belebten Dingen wiederhergestellt?

Stammesvölker leben fast immer in einer Beziehung tiefer Ehrfurcht vor Tieren, Pflanzen und sogar Steinen. So erzählen Australiens Aborigines die Geschichten ihrer Mythologie mit Hilfe von Wesen und Orten der Natur. Die Schöpfungskraft spricht zu ihnen aus den Stimmen der Kreaturen und aus den Sinnen ihres eigenen Leibes. Die Kraft des Heiligen erfahren sie »wie das frische Glitzern von Wasser«.[8] Sie »zieht« an den Menschen – ganz drastisch und körperlich. Die magische Kraft des Anfangs ist überall in den Kräften der Natur zu spüren. Darum lässt sich die Schöpfungszeit nur in Bildern und Symbolen realer Wesen und Landschaften angemessen darstellen. Selbst noch im europäischen Mittelalter, für das die irdischen Dinge wenig, die himmlischen Verheißungen alles bedeuteten, war die Natur Offenbarung: das »zweite Buch Gottes«, das der Schöpfer in lebenden Lettern für jeden lesbar geschrieben hatte.

Die gängige Wissenschaft verhält sich indessen so, als würde jemand die Wirkung eines Kunstwerks beschreiben wollen und dafür allein die Farbpigmente aufzählen, ihre Wellenlängen analysieren und die Geometrie der Strichführung darlegen. Dabei hat noch der Philosoph Immanuel Kant die Formenvielfalt der Wesen und die Frage nach dem, was wir als schön empfinden, als untrennbar angesehen – so, als liefe beides letztlich auf das Gleiche hinaus. Doch in den letzten zwei Jahrhunderten ging es den Forschern und Technikern vor allem darum, das Paradies auf der Erde zu errichten – nicht, es durch Besinnung und Bedacht hier zu entdecken. Und dafür galt es, die geheimen Kräfte des Kosmos zu verstehen und sie so zu nutzen, als stünden wir außerhalb der Welt wie ein Gott.

Auf meiner langen Abendwanderung entlang Estlands blühender Küste kam mir all das vor wie ein langer und schmerzlicher Umweg. Mir wurde klar, dass wir in unserer Sucht, eine neue Welt zu bauen, jene Welt aufzugeben versuchen, mit der wir verbunden sind wie mit einer Nabelschnur. Wir versuchen, uns davonzustehlen aus der »siamesischen Verkettung alles Lebendigen«[9], wie es der Schriftsteller Herman Melville genannt hat. Es ist eine Flucht vor uns selbst.

Die Wiedergeburt der Pflanzenseele

Die Schöpferische Ökologie kehrt die bisherigen Verhältnisse um. Wir erleben uns nicht als Subjekte, weil wir mit Geist begabt sind, sondern wir sind mit Geist begabt, weil alles Leben Subjektivität ist. Diese entspringt aus der Sehnsucht, ohne die jede Physik des Lebens unvollständig bleibt. Wir müssen darum unser Bild vom universellen Fühlen auch auf die Pflanze ausdehnen. Selbst wenn die Pflanzen, wie Botaniker lange glaubten, auf Reize nur schleppend und träge antworten können, weil sie keine Nerven haben, wäre ihr Leben vom selben Streben nach Fülle und Gänze regiert wie das unsrige. Biologen entdecken zunehmend, wie heftig die Reaktionen der grünen Gewächse ausschlagen. Sie sind da, nur sind sie uns bisher verborgen geblieben.

Statt durch elektrische Nervenimpulse kommunizieren die Zellen pflanzlicher Gewebe mittels Botenstoffen. Das sind Moleküle, die in den feinen Äderchen der Gewächse mit dem Körpersaft verdriften oder die Blätter als Gas verlassen. Auf diesem Weg kann auch die Vegetation um Hilfe rufen: Schon wenige Sekunden nachdem der Spross einer Pflanze hoch über der Erde verletzt worden ist, überrollt die Wurzelspitze tief im Boden eine Kaskade solcher Alarm-Moleküle. Im Grunde zeigen Gewächse alle Eigenschaften, die man bisher den animalischen Wesen vorbehielt – nur sind Blumen und Bäume dabei langsamer, bedächtiger und für unsere Ohren stumm. Es ist fast, als würden sie ein Leben in anderen Dimensionen führen.

Pflanzen spüren sogar Berührungen: Schon ein sanftes Streicheln genügt, damit sie ihre Wachstumsrichtung ändern. Und natürlich sehen die Gewächse – freilich nicht mit Augen, sondern mit ihrem gesamten Körper. Ihre grüne Oberfläche ist ein einziges gewaltiges Sehorgan. Weil die Zellen Anteile unterschiedlicher Wellenlängen im Licht identifizieren können, sind sie in der Lage, das Wachstum direkt ins Sonnenlicht zu dirigieren. Doch noch mehr Sinne lassen die sensible Vegetation ihren Weg ertasten: Sprösslinge schmecken Nährstoffe mit ihrer Wurzelspitze, Maispflänzchen riechen mit ihrer Oberfläche Warnsubstanzen, die ihre Nachbarn als Gas freisetzen, sobald sie von Parasiten befallen werden.

All diese Entdeckungen neugieriger Botaniker (die oft Wiederentdeckungen sind aus einer Zeit, als man Lebewesen generell mehr zutraute) werden von einigen Wissenschaftlern argwöhnisch beobachtet, von anderen als grandiose Leistungen der Pflanzen gefeiert. Doch die staunenswerten Fähigkeiten der Gewächse sind kaum mehr als jene Notwendigkeiten, welche die leibliche Autonomie jedes Lebewesens mit sich bringt. Die Intelligenz der Pflanzen, die Botaniker protokollieren, ist unvermeidlich die Klugheit des Lebens. Was wir am schlauen Gemüse bemerken, ist das

Leben selbst, das sich nach Weiterleben sehnt und das sich darum in seiner Betroffenheit gegen eine Außenwelt abgrenzt. Auch die Pflanze, die ihre Wuchsrichtung ins Licht dreht, orientiert sich nicht anhand einer Arithmetik der Wellenlängen, sondern nach dem, was sie als »gut« oder »schlecht« spürt – so wie auch wir nicht in der zu hellen Sonne, aber auch nicht im Schatten sitzen möchten.

Es wundert nicht, dass Botaniker der Subjektivität von Pflanzen inzwischen auch im Experiment auf die Schliche kommen. So hat etwa der Pflanzenneurobiologe Anthony Trewavas von der Universität Edinburgh beobachtet, dass sich identische Pflanzenklone – also Gewächse, die ein bis auf den letzten Buchstaben deckungsgleiches Erbgut aufweisen – bei derselben Temperatur und Feuchtigkeit ganz unterschiedlich verhalten können. »Sie wählen aus verschiedenen Möglichkeiten aus«[10], meint Trewavas. Jedes Pflänzchen hat seine eigenen Präferenzen. Es ist ein Individuum, der Fortexistenz in seinem Leib verpflichtet und nicht allein einer anonymen genetischen Blaupause. Für Trewavas stellt genau dieser Eigensinn Intelligenz dar. Intelligenz heißt, entsprechend der ursprünglichen Bedeutung des lateinischen Worts *intelligere*, »auswählen« zu können. Sie bedeutet die Fähigkeit, eine Entscheidung zu treffen. In diesem Sinn sind Intelligenz und Leben ein und dasselbe.

METAMORPHOSEN

In den Körpern der Pflanzen, deren Gegenwart mich an jenem Abend in Estland so machtvoll begleitete, sah ich also Kräfte am Werk, die auch in mir wirken. Es sind die Mächte des Lebens. In der Blüte ist das Glück des Anfangs real – und zugleich für mich objektiv begreifbar. Ich vermag mein eigenes Beginnen, meine eigene Hoffnung als eine Facette der allgemeinen Lebensgesetze zu erkennen. Ich habe teil an einer generellen Bedingtheit allen Lebens. Nennen wir sie die *conditio vitæ* – im Gegensatz zum Begriff der *conditio humana*, der von den Philosophen des Existenzialismus für die Abgründe des menschlichen Existierens geprägt wurde. In der »Conditio humana« sind wir eine leidende Menschheit. In der »Conditio vitæ« aber sind wir verschwistert mit allem, was fühlt – und darin vom ewigen Wiederaufleben über das vereinzelte Leiden hinweggetragen.

In der Geschichte unserer Gattung, so vermuten heute manche Kognitionsforscher, hat diese körperliche Erfahrung der Natur viele Sprachbilder geprägt. Der Ausdruck der gesamten Biosphäre konnte zu unserem Gefühlsraum werden. Emotionen artikulieren wir immer noch in elementaren Metaphern: Liebe ist heiß, Wut kocht, Zorn grollt wie der Donner, die Seele dürstet. Und ebenso emotional erleben wir die Elemente: Da ist die milde Frühlingsluft, das zornige Gewitter, die duftende, stechende Rose. Symbole sind die Sprache der Psyche. Unbewusstes manifestiert sich, etwa in Träumen, in verwandelter Gestalt und nicht selten als Symbol aus dem Pflanzenreich. In diesem Sinn ist die vegetative Welt um uns herum nichts anderes als unsere Psyche. Ihr hält die Natur einen stummen Spiegel vor und drückt darin vor uns aus, was in uns ist. Im Leben des Baumes erfährt der Mensch Kräfte, die er aus sich selbst kennt. In der knorrigen Eiche, im wehenden Gräsermeer stecken ebenso viele diffuse Schichten des Erlebens wie in mir selbst, wenn ich etwa meine Ausdauer spüre, meine Wehmut.

Gerade die Pflanze in ihrem unabsehbaren Wachstum illustriert das Lebensprinzip, sich selbst zu steigern und zu erhalten, am reinsten. Sie ist Lebendigkeit schlechthin. Erst ein paar Tage zuvor hatte ich an einer kleinen estnischen Landstraße angehalten. Eine Linde stand dort. Die Straßenkarte kennzeichnete sie mit einem Symbol als Naturdenkmal. Das hatte mich neugierig gemacht. Gewiss seit vielen hundert Jahren ragten die acht Stämme empor wie Finger einer in verschwenderischer Geste geöffneten Hand. Gleich den Strahlen eines üppigen Brunnens warfen sie über einer kleinen Wiesenniederung ihre Blätter in die Luft, grüne Fontänen, getupft mit der Gischt winziger Blütensterne, die bald in einer Welle von Duft erstrahlen würden. Doch der Baum prunkte nicht bloß mit eigenem Schmuck. Bunte Bänder flatterten in den zerklüfteten und mit Flechten bewachsenen Zweigen, farbiges Papier, aber auch ein frisch geschlungener Seidenschal, ein Taschentuch in einem jungen Trieb. Vor ein paar Tagen erst musste es jemand hier festgeknotet haben. Dies ist ein heiliger Baum, durchfuhr es mich. Ab und zu zog ein klappriger Pobeda oder ein alter Moskwitsch eine Wolke durch den Straßenstaub.

Es gibt in den Kulturen der Welt keinen kosmischen Kult, in dem nicht Bäume als Symbole der Erneuerung gelten. Bäume wie der persische Haoma, dessen Saft ewiges Leben verleiht; der 100 000 Ellen hohe Baum des Lebens in China; der buddhistische Baum der Weisheit, dessen vier Ästen die großen Flüsse des Lebens entströmen; die große nordische Esche Yggdrasil, die mit ihren Wurzeln und ihrem Stamm die Erde zwischen Unterwelt und Himmel festhält; der Lorbeer Apolls, die Myrte der Aphrodite. Pflanzen, die in fast allen urtümlichen Kulturen geheiligt wurden, zeigen an sich selbst die kosmische Konstellation von Aufgehen und Fortpflanzung, von Welken und Wiedergeburt. Alles, was lebendig und schöpferisch ist und im Zustand fortwährender Erneuerung, vermögen Pflanzensymbole auszudrücken.

Im Gegensatz zu uns, Abkömmlingen des Animalischen, kennen die Pflanzen nicht die Scham einer physiologischen Intimität. Sie haben keine inneren Organe, nur äußere. Blumen sind nackt – in einem viel umfassenderen Sinn, als ein Tier es je sein könnte. Anders als dieses, das die meisten seiner lebenswichtigen Organe ins Körperinnere eingefaltet trägt, haben die Gewächse ihre Funktionen nach außen gewendet, so dass alles sichtbar ist: die Atmung in den transparenten grünen Schleiern der Blätter, die Geschichte ihres Wachstums in den steigenden Kaskaden der Äste und Zweige und, am schamlosesten, die ungehemmte Sexualität im überschäumenden Meer der Blüten, Samen und Früchte. Nüchtern betrachtet, ist eine Pflanze ein einziges gewaltiges Geschlechtsorgan. Kaum etwas an ihr außer den dunklen und engen Bahnen des Wasser- und Stofftransports ist verborgen. Pflanzen sind Inneres, nach außen gewendet. In ihnen ist das Fühlen vielleicht nicht so vielfältig differenziert wie in einem Tier, aber sein Gegenstand ist vollkommen sichtbar. Die Vielfalt der Eindrücke, die eine Blume empfängt, ist vielleicht nicht so hoch, die Fülle ihres Ausdrucks aber umso größer.

Die Psyche ist eine Pflanze

Weil sie die Dramatik ihrer Existenz derart unverblümt darstellen, können uns die Gewächse gerade das zeigen, was uns an unserem eigenen Körper versperrt ist. Denn wir kennen unseren Leib als eine konkrete Gestalt ja vor allem von außen – als Blick an uns hinab, als Blick in den Spiegel, als Berührung unserer Haut. Schon die Spannung der Muskeln fällt uns nur auf, wenn wir diese überbeansprucht haben. Aber gerade die lebenserhaltenden Funktionen unserer Organe bleiben verborgen. Die Aktion der Leber etwa, die verwandelnde Tätigkeit dieses wichtigsten aller Organe, ist uns vollkommen entzogen. Was die Leber tut, können wir aber im metamorphotischen Charakter der Pflanze nachvollziehen. Die Pflanze ist damit unsere Leiter ins Reich des Unbewussten, das allem expliziten Denken zugrunde liegt. Der Anblick pflanzlicher Lebensvorgänge, die sich so offen darbieten, gibt unserem Gefühl, ein Subjekt zu sein, erst eine Form. Auf sie können wir uns beziehen, wenn wir von unserer Seele sprechen.

Ich bin versucht zu sagen, das Pflanzenreich sei das exakte Gegenstück zu unserem Innenleben: Anders als bei uns drückt dort reine Körperlichkeit die Sehnsucht des Lebendigen aus. Aber genau diese »pflanzliche« Dimension formt auch uns selbst. Unbewusste Denkvorgänge machen 98 Prozent aller menschlichen Nervenleistungen aus, schätzen Neurobiologen. Schon für den Psychologen C.G. Jung war das Unbewusste daher kein virtueller Raum in einem irgendwie ungreifbaren Bewusstsein, das eine rein geistige Existenz führt und vom Körper und seinen Gezeiten weitgehend getrennt ist (so wie es zum Teil heute noch manche Seelenforscher glauben). Für Jung war das Unbewusste bereits der Körper. Im Licht der Schöpferischen Ökologie klingt diese Ansicht plötzlich hochmodern. Was Psychologen wie Jung als das Unbewusste auffassten, ist in der neuen Biologie die Subjektivität des Leibes, die schon einfachste Zellen erfüllt. Unbewusst weiß der Körper, was für die Fortexistenz gut ist und was für sein Weiterleben verheerend. Doch dieses Wissen ist tief in unserem Fleisch und Blut verborgen. Es ist eine Dimension unserer selbst, die wir niemals direkt, sondern immer nur im Spiegel unserer Stimmungen, unseres Begehrens erleben können. Wir können es nur sehen, im Leben der Vegetation, die Psyche ist.

An jenem silbernen Abend schien mir das alles selbstverständlich. Es war doch so offensichtlich, dass es dem Leben darum ging, jede Ritze des Kosmos mit Sinn zu füllen, seine Verschlingungen mit Leidenschaft auszugießen wie der Juwelier die kunstvolle Form mit Gold. Schlagartig traf mich die Erkenntnis: Wenn in den Körpern der Wesen ihr Fühlen zutage lag, dann war die ganze Natur eine Innenwelt, die sich als Äußeres zeigte. Das Geheimnis lag vor mir, und es war zugleich unergründlich und offen wie der helle Sonnenschein.

Die Welt wurde zum »Weltinnenraum«. Rilke, der Dichter, hat den Begriff erfunden. Er meinte damit jenen Teil der Welt, der nicht allein räumlich daliegt, sondern von gefühlter Bedeutung erfüllt ist. Dieser Raum ist das Reich der Poesie – und der Organismen. Sein Maßstab ist die Conditio vitæ. Was alle Dimensionen, die in dieser Sprache ausgedrückt werden können, vereint, ist ihr Wert für den Organismus, der sich erhalten und entfalten will. Dabei ist dieser Wert genauso wenig materiell wie ein bestimmter Systemzustand. Er ist ein Verhaltensziel, eine Sehnsucht nach Zukunft. Wert ist nichts Stoffliches. Er ist etwas Symbolisches. Der Wert eines Ereignisses ist seine Bedeutung für künftige Selbstentfaltung.

Die Menschen haben immer wieder den Fehler gemacht, einer der beiden Perspektiven, außen oder innen, den Vorrang einzuräumen. Für die heutige Naturwissenschaft gibt es nur das Außen, und ihr Ideal besteht darin, alles, auch das, was wir als Innerlichkeit erleben, auf die Bezüge zwischen äußeren Gegenständen zu reduzieren. Für die esoterische Tradition der universitären Geisteswissenschaften dagegen zählt nur das Innere. Auch alle stofflichen Dinge bringe letztlich der »Geist« hervor. In der heutigen Begrifflichkeit ausgedrückt, heißt dieses Vorurteil: Erst die Sprache erschafft die Welt. Einen vergleichbaren Standpunkt nehmen auch die großen monotheistischen Religionen ein, für die im Anfang und Ende »das Wort« steht – obwohl die Mystiker in ihren Reihen immer wieder versuchten, dem Gefühl einen größeren Platz einzuräumen, und dafür bisweilen sterben mussten. (Wie anders sähe eine Religion aus, die statt von einer solchen Trennung davon ausginge, dass Gott die Welt nicht schuf wie ein Objekt, sondern sich selbst in werdende Welt verwandelte: Dann wäre diese so etwas wie zu Stoff gewordene Subjektivität, die der Körper, der Freuden und des Leides unzähliger Wesen bedürfte, um sich als Subjekt zu erfahren.)

In dem Bild, das wir uns heute von der Welt machen, gleichen wir diese beiden extremen Standpunkte – Geist gegen Materie – nicht etwa aus. Wir kombinieren sie sogar miteinander. Innen sind wir, außen ist der ganze Rest. Diese Weltsicht wurde nur möglich, indem die Gelehrten die Wirklichkeit in zwei Domänen auftrennten – zwei gegensätzliche Reiche, die einander nie überlappen, deren Gleichgewicht aber den Forschern freie Hände ermöglicht. Zwischen den Teilchen der Materie herrschen demnach ausschließlich »äußerliche« Bezüge. Hier hat Psyche nichts zu suchen. Hier darf geforscht werden. Die Spezialisten des Innerlichen, die Geisteswissenschaftler, haben dagegen keine Handhabe mehr, diese Forschung zu beurteilen. Das wollen sie auch gar nicht. Im selben Maß, wie das wissenschaftliche Bild der Natur »wertfrei« geworden ist, haben sie sich überzeugt, dass wir, gefangen in den Illusionen unserer Sprache, ohnehin nichts über die Wirklichkeit aussagen können. Ein Teil der Welt ist Materie, für die Naturwissenschaftler zuständig sind und mit der sie nach Gutdünken verfahren können. Der andere ist Sprache und von allem Stofflichen weitgehend entkoppelt. Das geht so weit, dass viele Linguisten heute noch glauben, nur wer die Vokabel für ein Gefühl kenne, könne es auch erleben. Hinter solchen Schützengräben der Rationalität liegt die Natur völlig schutzlos da. Offensichtlich hat sie eine Mittelstellung bezogen, in welcher der Stoff nicht ohne das Gefühl auskommen kann. Beide Perspektiven sind so nahtlos vernetzt, dass sie sich nicht trennen lassen, ohne dass das ganze Bild sich verzerrt. Innen und außen sind ineinander verwickelt.

Die einzige Möglichkeit, diesen Knoten zu verstehen, liegt darin, sich tiefer in ihm zu verstricken. Eine mögliche solche tiefere Verwicklung wäre das Kunstwerk. Es rechnet nicht, sondern bedeutet. Eine andere Variante ist freilich immer das eigene gelebte Leben. Es gibt kein Vorrecht der einen Dimension vor der anderen, weil beide sich in etwas noch Tieferem auflösen: im Ziel der Sehnsucht. Im Sehnen, zu sein. Die ganze Welt ist das Gebäude dieser Sehnsucht, sichtbar und unsichtbar zugleich.

Der Biologe Gustav Theodor Fechner, der im 19. Jahrhundert eine einflussreiche Professur an der Dresdner Universität bekleidete, hatte eine schöne Idee, um diese Dialektik von Innerem und Äußerem zu beschreiben: Für Fechner hatte die Welt immer eine »Tag-« und eine »Nachtseite«. Erstaunlicherweise war nach Fechners

Meinung die Tagseite nicht die Realität der hell im Raum liegenden Körper, wie die klassische Physik sie uns zeigt, sondern unsere eigene innerliche Perspektive auf die Welt – unser Erleben. Die abstrakte Wissenschaft war die Nachtseite: das reine Außen, das uns unsere Wirklichkeit verstellt.

Für den Dresdner Professor waren wir selbst der einzige und wahre Schlüssel zum Charakter der Welt: Denn Organismen sind jenes Stück Wirklichkeit, das sich zugleich von innen und von außen erlebt. Erst in uns ist der Charakter des Seins komplett.

Ich hatte den Wald verlassen und war im Bogen in die offene Landschaft zurückgekommen. Auf den Weiden, dunkel gesprenkelt von Wacholder, blickten Millionen von Anemonen über das Meer in Richtung der untergegangenen Sonne, ihre haarigen Stängel in die Ferne gebogen. Das Licht wollte schlechterdings nicht aufgeben. Alle Dinge behielten einen Rest von Schimmer an sich, ein letztes Fluoreszieren, das ihnen nicht auszutreiben war. Lichtung um Lichtung, Bucht um Bucht war in die weißen Schaumkronen der Anemonen getaucht. Die Erde hatte sich hier, an ihrem äußersten Ende vor dem Absturz zur See, über alle Maßen mit Schönheit bewaffnet.

Am nächsten Tag erwachte ich früh, noch vor sechs, und dennoch war die Landschaft schon ins volle Tageslicht getaucht. Es flutete durch die blauen Vorhänge herein. Das Zimmer war warm und roch nach altem Holz und nach dem Linoleumbelag des Fußbodens. Ich stand rasch auf und ging über den schmalen Pfad zum Strand. Das Wasser lag so still, als wäre es eine feste Fläche. Als ich hineinwatete, nahm die Kälte mir zuerst den Atem. Es wurde erst besser, als ich ein paar Schwimmzüge getan hatte. Meine Hände schickten eine Welle voraus. Sie zerteilte den flüssigen Spiegel und verlieh ihm eine Struktur. Mich erinnerte der Vorgang an die Vorstellungen der Physiker, wie eine erste Asymmetrie den Urknall ausgelöst und dem Kosmos Gestalt gegeben hatte. Rot und Blau des Himmels flackerten zwischen meinen Fingern. Ich drehte meinen Kopf zurück. Am Ufer ruhten die Findlinge wie Auslassungspunkte.

6 AFFEKTIVE NEUROWISSENSCHAFT: DER GEIST ALS SYMBOL DES KÖRPERS

Wir können sagen, dass ein mentaler Zustand dann bewusst ist, wenn in ihm eine Eigenschaft gefühlt wird ... Das Problem, diese gefühlten Eigenschaften zu erklären, ist genau das Problem des Bewusstseins.
David Chalmers, »The Conscious Mind«

Ich möchte den Leser, die Leserin für die kommenden Absätze um etwas Nachsicht bitten. Ich werde betrachten, welche Konsequenzen der Standpunkt einer Schöpferischen Ökologie für unser Bild vom Bewusstsein haben kann. Ich halte die Aussichten hier für vielversprechend – aber um sie zu verstehen, müssen wir ein wenig unseren Kopf einziehen und gleichsam durch die komplizierten Windungen des Gehirns kriechen. Daher diese Warnung – die gleichzeitig die Bitte ist, mir die nächsten paar Seiten zu folgen. Im anschließenden Kapitel kehren wir zur Erde zurück. Es wird also vielleicht ein bisschen schwierig. Wer mag, kann dieses Kapitel freilich auch ohne entscheidenden Verlust für den Gedankengang überschlagen – vielleicht treiben ihn die Abenteuer der folgenden Kapitel hungrig wieder zurück, um auch diesen Baustein dem Bild einzufügen?

Wenige Wochen nach dem Beginn meines Biologiestudiums habe ich an einem unvergesslichen Experiment teilgenommen. Es ereignete sich im Grundkurs, wo wir uns Tag um Tag mehrere Stunden lang den Baum des Lebens hinaufarbeiteten.

Bakterien und einzellige Algen hatten wir schon hinter uns. An jenem Nachmittag stand ein Goliath im Reich der Einzeller auf dem Plan – das Pantoffeltierchen.

Das Dumme an den kleinen Hausschuhen war: Sie schwammen zu schnell. Mühsam hatte ich mein Deckglas mit vier wackligen Klumpen aus Plastilin auf dem Objektträger angeheftet und einen Tropfen der lebensschwangeren Lösung daruntergespritzt. Die trübe Brühe füllte mein selbstgebautes Fensterchen unter dem Mikroskop, ich fokussierte die Linse und sah – vorbeisausende Schatten. Der Kursleiter hatte freilich vorgesorgt. Für den Versuch, der uns bevorstand, warteten zwei kleine Fläschchen vor ihm auf dem Labortisch. Als der Dozent meinen hilfesuchenden Blick bemerkte, reichte er mir das erste, in dem sich eine sirupartige Substanz befand, die das klebrige Etikett als *»Proto-Slow«* bezeichnete.

Und siehe da: Nachdem ich einen Tropfen davon in mein winziges Aquarium gegeben hatte, bremsten die fliegenden Einzeller theatralisch ab. Es wirkte, wie wenn bei Star Trek ein Raumschiff aus Warpgeschwindigkeit auf null verlangsamt. Die Pantoffeltierchen fielen in Zeitlupe, als hätten sie bewusstseinserweiternde Drogen genommen. Ihre Härchen flimmerten immer träger, und bei den mühseligen Wälzbewegungen, zu denen die Eleganz ihres Kurses geronnen war, konnte ich den Körperbau genau studieren und – der wahre Naturwissenschaftler lernt die Kunst seiner Väter – zeichnen.

Nach einer Viertelstunde erstaunten Starrens durch das Okular galt es, die nächste Stufe des Experiments zu erklimmen. Dazu händigte mir der Leiter das zweite Fläschchen aus. Sein Inhalt war eine Säure, die den trancehaften Tanz dort unten vollends einfrieren würde. Vor allem aber sollte das Pikrin in der Phiole die Pantoffeltiere dazu bringen, dass sie die feinen Härchen und Wimpern ihrer Oberfläche ausstießen und so erst zeigten, mit welch filigraner Komplexität sie gebaut waren, ja, dass sie zwar aus einem einzigen Plasmaraum bestanden, aber in mancher Hinsicht ebenso fein untergliedert waren wie ein mehrzelliges Tier. Beherzt griff ich zur Pipette und träufelte eine doppelte Dosis unter das Deckglas.

Was ich dann sah, ließ mich den Atem anhalten: Wie eine Armee, die sich vor einem unsichtbaren Feind in Sicherheit zu bringen versucht, drehte die Herde der Pantoffeln vor der wandernden Säurefront ab und versuchte, zu entkommen. Vergeblich. Langsam waren die Einzeller, so furchtbar langsam in ihrem »Proto-Slow«. Es war eine Flucht in Zeitlupe. Einer nach dem anderen wurde von der Säure eingeholt. Und wenn es sie traf, krümmten sich die Wesen zusammen und wanden sich hin und her, als würde ihr Körper von einer glühenden Flüssigkeit verbrüht. Unwillkürlich zog ich die Schultern über dem Mikroskop ein, bis der Kampf vorbei war. Dann stießen die Pantoffeltierchen all ihre Körperanhänge ab und blieben als gestrandete Wracks liegen. Sie waren Skulpturen des Todes. Sie waren Tod, der Gestalt gewonnen hatte.

Wir sind vom gleichen Stoff

In der Schöpferischen Ökologie finden wir das Seelische überall. Jedes Ereignis hat eine Bedeutung für den lebenden Zusammenhalt des Körpers. Jeder Kontakt zur Welt erfolgt im Gefühl. Dieses beginnt im Ausdruck eines Körpers, der als das erscheint, was ihm angetan wird. Das Gefühl zeigt sich – ganz gleich, ob das fühlende Wesen weiß, was ihm geschieht.

Möglicherweise liegt in einer solchen Position der Schlüssel für eine Reihe von Fragen, die zeitgenössische Hirnforscher mehr als alles andere umtreiben – so wie es in den Worten des amerikanischen Neurowissenschaftler David Chalmers zum Ausdruck kommt, die als Motto vor diesem Kapitel stehen. Für Chalmers ist das entscheidende Problem, wie unsere eigene Subjektivität mit der Welt in Verbindung steht. Denkt man Chalmers weiter, ergeben sich daraus die Fragen: Was verbindet die gelebten Gefühle mit dem Bewusstsein? Wie kommt Bewusstsein aus diesen zustande? Wer hat es? Nur Menschen oder auch höhere Tiere? Oder alle Wesen? Wenn das Fühlen die wichtigste Kraft ist, die einen Körper zusammenhält, dann muss hier – und nirgendwo anders – die Spur liegen, die zum Bewusstsein führt.

Die Schöpferische Ökologie stellt die Frage nach dem Bewusstsein zunächst gar nicht. Diese erscheint so lange sinnlos, wie Forscher den Umstand ignorieren, dass bereits die Körper der Organismen Subjekte sind, die Empfindungen haben. Unsere auf den menschlichen Geist allein fixierte Sicht verfehlt genau diesen Charakter biologischer Individualität. Darum das unlösbare Rätsel: »Wie kommt der Geist in die Maschine?« Für eine Biologie, die an die Mechanik des Lebens glaubt, muss die scheinbar so abrupt in der Stammesgeschichte auftauchende Fülle von Erleben, Innerlichkeit und Bewusstsein etwas geradezu Gespenstisches haben.

Anders sieht es freilich aus, wenn sich bereits der Körper nach einem Sinn richtet. Dann ist seine schiere Äußerlichkeit imPrinzip ebenso bedeutsam wie das Bewusstsein. Dann kommt schon im Körper der Standpunkt eines Subjekts zum Ausdruck. Der Körper wählt und interpretiert und verfügt somit über die fundamentale Freiheit, die wir lange nur selbstbewussten Wesen zusprachen. Es liegt also kein Grund vor, einem Verhalten zwei verschiedene Prozesse, einen physischen und einen psychischen, zu unterstellen. Verhalten ist ein einheitlicher biologischer Prozess. Bewusstsein ist damit eine Form, die Sehnsucht des Lebens nach Fortsetzung zu erfahren: Es ist dieses Erlebnis »von innen«. Bewusstsein ist aber darin dem stummen Drängen der Gesten anderer Wesen nicht unbedingt überlegen.

Ich habe vor ein paar Jahren, als ich meine Doktorarbeit in Paris schrieb, im Bus eine bewegende Beobachtung gemacht. Am Panthéon stieg eine junge Mutter mit ihrem schlafenden Kind ein und setzte sich auf die Bank vor mich. Das Baby lag an ihren Hals geschmiegt. Seine Arme baumelten den Rücken der Mutter herab. Es bewegte seine Finger im Schlaf, streckte sie und schloss dann die Hände wieder mit leichtem Zucken. Das Kind war nicht bei Bewusstsein, und doch war es in diesem Augenblick vollkommen in seinem Fühlen präsent, so sehr wie kaum etwas, was ich zuvor gesehen hatte.

Mir schoss durch den Kopf: Bewusstsein ist gar nicht das Interessanteste. Es ist bloß eine Dimension unter vielen anderen, in denen Organismen ihre Gefühle erfahren. Die im Körper nach außen getragenen Reaktionen sind ja vielleicht umso intensiver, je geringer der Anteil eines Zentralnervensystems wiegt, je schwächer subjektive Innerlichkeit daher bewusst erlebt werden kann. Vielleicht gleichen die unbewussten Formkräfte der leiblichen Gesten mit ihrer Fülle das Fehlen von Bewusstheit geradezu aus. In einer Schöpferischen Ökologie ist das entscheidende Kriterium für alle Lebewesen nicht bewusstes, sondern sinnvolles Handeln. Sinnvoll aber ist schon die Stoffwechseltätigkeit, weil sie den Körper am Leben erhält. Sinnvoll ist auch, was unbewusst geschieht. Daher ist die Frage »Was empfindet dieses Wesen wohl?« bei bewusstlosen Menschen oder Tieren fehl am Platz. Natürlich können wir es nicht wissen. Wir sollten darum lieber fragen: Was bedeutet eine Situation für ein Wesen als Subjekt? Denn das lässt sich aus unzähligen verkörperten Zeichen erschließen. Um sie zu verstehen, hilft mein eigenes Wissen als Lebewesen, dem sich anderes Leben als vom gleichen Stoff offenbart. Der Kranke, der nicht mehr sprechen kann, das Pantoffeltierchen, das sich zusammenkrampft, bevor die Pikrinsäure es unter dem Deckglas tötet, die kahlen Hühner im stickigen Stall, die welkende Pflanze in stummer Verzweiflung, der Fötus, der sich gegen die Instrumente des Arzts mit Händen und Füßen wehrt – sie alle zeigen, was ihnen widerfährt.

Das Fühlen dieser Wesen tritt in ihren Gesten so unmissverständlich zutage, dass wir uns dem Mitleiden kaum entziehen können. Im Gegenteil: Wir können uns ihm nicht verschließen, weil wir dieselben Gesten von innen kennen. Wir wissen, was wir spüren, wenn unser Körper sich in solchen Schmerzen windet. Wir können stummen Ausdruck im Gefühl nachvollziehen, selbst wenn die zugrundeliegende Erfahrung uns unbekannt ist. Wir sind dazu in der Lage, weil wir lebendig sind. Unser Körper, den wir mit allen anderen Wesen teilen, ist ein universelles Übersetzungsinstrument für die Regungen des Lebens, für seine Schmerzen, für sein Glück. Jeder, der vorgibt, von solchen Regungen nicht betroffen zu sein, wenn sie der andere zeigt, vergisst sich. Jeder, der von stummen Wesen einen Beweis für sprachliche Intelligenz verlangt und ihr Leiden im Falle des Nichterbringens ignoriert, verachtet nicht nur sie, er verrät auch sich selbst. Er täuscht sich mit der Illusion, anders zu sein.

Leben als solches ist bereits Gefühl, und das Bewusstsein spiegelt dieses fühlende Leben wider. Es gibt keine Subjektivität, die vom Leib entkoppelt wäre. Nur so lässt sich auch das Dilemma des Determinismus in der Hirnforschung lösen, über den jüngst eine erregte Debatte geführt wurde. Wenn der Körper eine Willensentscheidung »ohne unser Wissen« fällt, wir sie aber doch zugleich als frei erleben, dann enthüllt sich diese Freiheit nicht erst als Merkmal des Geists, sondern bereits als ein Gesetz organischer Systeme – und nicht als Illusion, wie Hirnforscher glauben machen wollen. Zu behaupten, diese Freiheit, unter deren Last wir alle schon viele qualvolle Stunden gelitten haben, sei bloß Täuschung der biologischen Maschinerie, ist um nichts weniger absurd als der Glaube daran, dass die ganze Welt eine gigantische Illusion sei, die allein der eigene Geist hervorbringe.

Jenseits des Leib-Seele-Problems

Im Grunde fehlt der Biologie nur noch ein kleiner Schritt, bis sie diese Realität des Gefühls offiziell in ihre Statuten aufnehmen wird. In der Hirnforschung ist es mittlerweile so weit. Neurobiologen sind der Meinung, dass die Basis für das Bewusstsein in unseren subjektiven Emotionen liegt. Vor allem Antonio Damasio, der an der Universität von Kalifornien in Los Angeles forscht, zeigt an immer neuen Beispielen, wie stark körperliche Empfindungen den Geist beeinflussen – so sehr nämlich, dass in den meisten Fällen auch die geistige Entwicklung gefährdet ist, wenn der Körper sich nicht seiner Bestimmung gemäß entwickeln kann. Für Damasio sind die Gefühle Vermittler zwischen Körper und Bewusstsein. Sie bilden ab, wie es dem Körper ergeht.

Aus dieser Sichtweise entwickelten Damasio und sein französischer Mitarbeiter David Rudrauf die »Selbstrepräsentations-Theorie des Bewusstseins«.[11] Dieser zufolge ist der Geist gleichsam eine virtuelle Darstellung des lebenden Körpers. Lässt sich schon Gefühl als die existenzielle Bedeutung dessen erklären, was einem Wesen geschieht, so ist das Bewusstsein ebenfalls ein solcher symbolischer Spiegel. Es ist ein Spiegel zweiter Ordnung – klarer und präziser und zugleich doch auch dem, was er bedeutet, weiter entrückt. Eine solche Auffassung heißt aber, dass

Geistiges zunächst nichts mit abstrakter logischer Symbolverarbeitung zu tun hat, wie Hirnforscher lange glaubten. Auch die Wurzeln des Mentalen liegen in der Subjektivität des Körpers. »Der Versuch, das Bewusstsein zu erklären, ohne Subjektivität und Gefühl zu berücksichtigen, ist so, als wollte man den Blutkreislauf begreifen und ließe dabei den Herzschlag außer Acht«[12], sagen die Kognitionsforscher Rudrauf und Damasio. Freilich beschränken sich die beiden auf die menschliche Großhirnrinde: Sie gehen nach wie vor davon aus, dass Subjektivität allein unser Phänomen ist. Mehr würde auch in der aktuellen Neuroszene als gewagte Spekulation angesehen.

Lachende Ratten

Noch einen entscheidenden Schritt weiter geht Jaak Panksepp, der seit Jahrzehnten in den USA forscht, aber – wie sollte es anders sein – ursprünglich aus Estland stammt. Panksepp entwickelt eine die biologischen Arten übergreifende »Affektive Neurowissenschaft«. Er arbeitet mit den Mitteln der Hirnforschung, um den Emotionen aller Lebewesen auf die Spur zu kommen. »Wenn wir wirklich begreifen wollen, welche Motive das Verhalten von Tieren und Menschen bestimmen, dann müssen wir ihre Gefühle verstehen«[13], sagt Panksepp. Der Forscher verspricht sich davon einen der »faszinierendsten Durchbrüche in der Hirnforschung des neuen Jahrhunderts«. Möglicherweise wird es der Durchbruch sein.

Für Panksepp ist erwiesen, dass auch andere Tiere die fundamentalen Werte der Existenz fühlen – und nicht nur Affekte wie Hunger, Durst und Müdigkeit. (Vergessen wir nicht: Selbst Küchenschaben schlummern, die Fühler schläfrig nach vorn geklappt.) Nein, offenbar erleben Tiere auch solche Gefühle, die wir bisher uns selbst vorbehalten glaubten. Panksepp kommt auf diese Vermutung, weil er einer der wenigen Neurobiologen ist, die lustige Tierversuche durchführen: Er kitzelte junge Ratten spielerisch am Bauch, überwachte dabei die elektrische Aktivität ihres Gehirns und belauschte mit einem Ultraschallmikrofon die Töne, die sie von sich gaben. Panksepp stellte fest: Dass wir noch nie lachende Ratten gehört haben, liegt schlicht daran, dass sie auf zu hohen Frequenzen kichern. Ansonsten geht es den Nagern nicht anders als einem durchgekitzelten Kleinkind, das vor Vergnügen quietscht. Ihr begeistertes Zirpen ist sogar mit den typischen Nervenschwingungen verbunden, die auch bei uns Vergnügen signalisieren.

In einem anderen, weniger humorvollen Experiment machte Panksepp Ratten zu Morphinisten. Der estnische Neurobiologe beobachtete, dass Nager, die an Arthritis leiden, bereitwillig zu Opiaten greifen, wenn diese ihnen mit dem Futter angeboten werden. Die Empfangsstellen, an denen solche Drogen im Hirn ihre chemische Beruhigungskraft entfalten, liegen tief in der grauen Masse vergraben: Die Moleküle wirken in solchen Regionen, die bereits im Zentralnervensystem urtümlicher Reptilien ausgeprägt sind. Dass in den Köpfen von Krokodilen und Ratten etwas Ähnliches geschieht wie in unseren, begründet Panksepp mit weiteren Argumenten. Wenn etwa Forscher Menschen und Säugetieren bei einander entsprechende Hirnregionen stimulieren, zeigen beide exakt das gleiche Verhalten. Warum sollten dann die Gefühle, die dieses Verhalten begleiten, sich nicht auch ähneln? Wird etwa der sogenannte *nucleus accumbens*, eine Gehirnregion, elektrisch erregt, brechen menschliche Probanden in haltloses Gelächter aus – und junge Ratten verfallen in ihre typischen fröhlichen Zirplaute. Dazu kommt: Die tiefer liegenden und stammesgeschichtlich älteren Hirnregionen sind bei allen Wirbeltieren gleich aufgebaut, benutzen gleiche Regelkreise und verwenden die gleichen Botenstoffe. Entwicklungsgenetische Beobachtungen haben zudem gezeigt, dass die gleichen genetischen Schalter, die unsere Gehirnentwicklung steuern, selbst noch bei Fliegen und Krebsen aktiv sind. Panksepp zieht daraus den Schluss: »Der verbreitete Glaube, dass allein die Aktivität des menschlichen Großhirns Kernaffekte hervorzubringen vermag, ist so naiv wie das geozentrische Weltbild.«[14]

Wie wir im letzten Kapitel gesehen haben, steuert »Wert« bereits die Selbsterhaltung einer Zelle. »Wert«, der Wert nämlich, die eigene verkörperte Existenz zu erhalten und zu entfalten, ist überhaupt der Schrittmacher des Lebens. Gefühle sind darum die unterste Realitätsebene eines Organismus. Gefühle zeigen, wie nah eine Handlung jenem »Urwert« des Lebens kommt. Sie sind die Augen des Subjekts. Diese subjektive Instanz, ein von Gefühl durchtränktes Ziel, das ein ganzes Wesen leitet, nennt Panksepp *»core-self«*, »Kern-Selbst«. Im Kern-Selbst spiegelt sich der Zustand des Körpers. Das Kern-Selbst ist der Ort, wo die Bedeutung der körperlichen Prozesse gesammelt und interpretiert wird.

Das Kern-Selbst ist gleichwohl keine Schaltzentrale, sondern ein subjektiver Standpunkt. Denn die Bewertung der Körperzustände liegt nicht mehr eindeutig auf der materiellen Ebene der Hirnchemie. Um einen Organismus seinen eigenen Zustand erfühlen zu lassen, sind »neuro-symbolische Prozesse« am Werk. Panksepp meint, dass im Kern-Selbst die Erfahrungen, Erlebnisse und inneren Zustände eines Wesens bewertet werden: Indem sie als Gefühl erscheinen. Oder anders herum: Das Gefühl ist das, was die körperlichen Prozesse für das Subjekt bedeuten. Im Gefühl übersetzt sich das Unbewusste des Stoffwechsels in innere Empfindung, in etwas, das mit mir geschieht. Noch präziser ausgedrückt: Das Kern-Selbst ist die Bedeutung der körperlichen Prozesse. Es ist ihre stets vorhandene, unablösbare seelische

Dimension. Unser Bewusstsein ist dann nicht die Repräsentation des Körpers, wie Damasio meint, nicht seine Abbildung, sondern eine Symbolisierung lebender Subjektivität im Medium des Werts, der Bedeutung, der Innerlichkeit.

Was aber bewertet die Erfahrungen? Gibt es eine Instanz, die dafür zuständig ist, so wie Hirnforscher einige Zeit vom Homunkulus unter der Schädeldecke ausgingen, jenem Beobachterstandpunkt im Kopf, der alle Daten interpretiert? Gewiss nicht. Offensichtlich zeichnen sich Lebewesen dadurch aus, dass ihnen gerade das Zentrum fehlt – und dass sie doch aus einer Perspektive heraus handeln können. Das haben wir in den vorherigen Kapiteln gesehen. Ich glaube, dass wir, um die Sache richtig verstehen zu können, den Unterschied zwischen Darstellung und Ausdruck verstehen müssen. Wenn eine Instanz etwas bewertet, so wie man sich das beim Homunkulus vorstellte, dann betrachtet sie die Darstellung von Informationen (daher auch die Idee, Denken, Fühlen, überhaupt alle Kognition als »Informationsverarbeitung« zu bezeichnen). Der alternative Weg, den Organismen wahrscheinlich beschreiten, besteht darin, dass der verkörperte Ausdruck die körperliche Organisation ergreift und etwas mit ihr macht. Das »Wie« kommt hier vor dem »Was«.

Lebender Ausdruck ist darum etwas, das ein Wesen sofort versteht. Sein Körper reagiert darauf, weil eine solche Erfahrung für seinen Zusammenhalt reale Konsequenzen hat. Das, was diese Reaktion bewirkt, kann dabei noch so unbekannt sein. Der Unterschied ist entscheidend für unser Bild des Lebens. Damit eine Darstellung die richtigen Informationen übermittelt, muss sie realistisch sein. Sie muss alle relevanten Informationen in sich tragen. Damit aber ein Symbol – also das, was etwas ausdrückt – einen Gehalt zu übertragen vermag, muss es wirken. Es muss den gleichen Effekt erzielen wie das, worauf es hinweist, aber es kann vollkommen unterschiedlich beschaffen sein.

Das symbolische Verhalten von Organismen lässt sich an einem simplen Beispiel belegen. Stellen Sie sich eine angeborene Verhaltensweise vor: Damit er sich von Geburt an in bestimmten Situationen richtig verhält, muss der Organismus – und sei er so klein wie eine Blattlaus – entweder jeden Verhaltensschritt und die dazu passenden Reize der Umwelt als Information abgespeichert haben. Oder aber er verfügt über bestimmte begrenzte Spektren des angeborenen Verhaltens, die er automatisch an der richtigen Stelle einsetzt, weil er als Subjekt fühlt, wo seine lebenswichtigen Belange berührt werden, und er sich dann immer so verhält, dass es ihm »am besten geht«.

Die symbolische Variante, über die bislang nur sehr wenige Verhaltensforscher nachdenken, hätte mindestens drei Vorteile: Sie wäre universell in jeder Umgebung einsetzbar, sie setzte einen minimalen Ballast an Vorinformation des Organismus voraus, und sie könnte durch nur wenige Mutationen rasch geändert werden, ganz ohne Designer. Erinnern wir uns an die »schwache Kopplung« zwischen Genen und Embryonalentwicklung im vierten Kapitel, wo eine ähnliche Situation herrschte und ebenfalls ein symbolischer Zusammenhang bestand. Oder denken wir an die Sprache: Das Wort »Nerv« hat mit der realen Faser nicht die Form gemein, sondern den Sinn. Diesen Punkt sollten wir im Kopf behalten. Mit Symbolen zu arbeiten hat die Erfolgsgeschichte des Menschen erst ermöglicht. Vermutlich beruht auch der Erfolg des Lebens darauf, dass seine Bezüge symbolisch organisiert sind.

Das Kern-Selbst ist ebenso wenig materiell wie die Kraft, die den Zusammenhang der Zelle hervorbringt und die Identität des Plasmas aufrechterhält, während der Stoff durch es hindurchfließt. Diese Kraft ist keine Wirkung, die Newton vergessen hat und die wir nun in unsere physikalischen Berechnungen als weiteren Faktor einführen müssen. Sie ist nicht Drieschs *vis vitalis* und auch kein von außen hinzutretender Geist, der das Gehirn inspiriert, wie es der Nobelpreisträger Karl Popper glaubte. Und trotzdem ist es nicht so, dass diese Kraft letztlich eine Illusion wäre, was viele zeitgenössische Wissenschaftler meinen. Im Gegenteil. Das Kern-Selbst ist die andere, die »innere« Seite des Stoffwechsels. Seine Kraft ermöglicht die ordnende Perspektive, den Standpunkt, innen, ein Betroffener zu sein. Dieser Standpunkt ist symbolisch, das heißt, er stellt den Körper nicht dar wie eine Anzeigetafel den Betriebszustand eines Kraftwerks, sondern übersetzt ihn in Empfindung.

Empfindung ist aber die einzige Skala, in der ausgedrückt werden kann, was für die »Maschine Lebewesen« relevant ist – nämlich, ob der Lebensprozess gedeiht, ob die Schöpferische Ökologie der »Autopoiesis«, der Selbstherstellung, gelingt. Empfindung ist die gemeinsame Sprache aller Zellen und aller Wesen, die Sprache der Körper und der Dichter. Nur Entschlüsse, die in dieser Sprache gefasst werden, können sich in der Welt auswirken, wenn der Körper sie zurückübersetzt in das Schwellen seiner Muskeln, in die Anspannung seiner Glieder. Das ist der entscheidende Unterschied zur Maschinenwelt: Diese wird von Regelkreisen und Rückkopplungen beherrscht. Im Kern-Selbst hingegen geht es immer um etwas Absolutes: Sein oder Nichtsein. Sein Zentrum ist der Lebenswunsch. Dieser Unterschied ist es, der das Fundament für die Revolution der Biologie legt.

Symbole: Die Sprache des Lebens

In welchem Medium aber drückt sich der Lebenswunsch aus? Hier steht zunächst fest: Auch unser Inneres hat seinen Ort in dieser Welt. Es ist nichts Übernatürliches, kein göttlicher Funke aus einer anderen Sphäre. Unsere Innerlichkeit ist ein Phänomen der Materie. Sie ist eine Dimension des Leibes, nicht die eines körperlosen Geists. Aber wo sitzt sie dann? Wo ist sie greifbar? Auch die Lösung dieses Rätsels – die uns die Frage nach dem Bewusstsein weiter beantworten hülfe – verlangt wieder, unseren Blick umzukehren. Unsere Innerlichkeit ist nirgendwo im Raum – und doch ist sie überall.

Manche Neurobiologen nehmen daher an, dass die symbolische Sphäre unseres Inneren sich in einer einzigen universellen Sprache, einer *lingua franca* des Körpers, ausdrückt. Jaak Panksepp hat eine genaue Vorstellung davon, wie deren Silben strukturiert sein könnten. Dabei gilt für ihn ebenfalls der Grundsatz: Die Buchstaben dieser Sprache sind kein Text außerhalb der Materie. Sie müssen vielmehr als eine Erscheinungsform der Materie einen emotionalen Wert vermitteln, der für Lebewesen sofort lesbar ist. Das Medium der Gefühle muss demnach emotional geformte Materie sein, denn ohne den Stoff könnte die Sprache der Gefühle nicht erscheinen.

Eine solche Idee erinnert wieder daran, wie ein Kunstwerk wirkt, das ja ebenfalls Materie ist und gleichzeitig Idee, Bedeutung. Es ist die sinnliche Gestaltung eines gefühlsmäßigen Gehalts. Für den Hirnforscher Panksepp funktioniert die »Lingua franca« der Neuronen genau so. Ihre Impulse bringen ausdrucksvolle Gestalten hervor. Die Erregungszustände der Nervenzellen und Hirnregionen bilden Gefühle nicht ab, indem sie diese in einen digitalen Code umschreiben, wie es in einem Computer geschehen würde. Das Kern-Selbst »repräsentiert« nicht, sondern es symbolisiert. Es stellt nicht eins zu eins dar, sondern übersetzt – und neigt, um den Gehalt dieser Übersetzung zu garantieren, zu monströsen Übertreibungen und irrealen Verzerrungen – wie ein sensibles Genie nachts an seinem Schreibtisch.

Die symbolische Verknüpfung zwischen dem Bewusstsein, den Gefühlen und dem Körper hat weitreichende Folgen, die auch Forscher wie Damasio noch nicht in letzter Konsequenz sehen. Denn sie beantwortet die Frage, in welchem seltsamen Medium der Geist stattfindet. Sie macht klar: Der Geist ist nichts anderes als der Körper – aber in seiner Bedeutung für den Fortgang des Lebensprozesses. Das Medium ist tatsächlich nichts als Materie – aber es ist so geformte Materie, dass sie für ein Lebewesen unmittelbar und unausweichlich eine existenzielle Bedeutung hat. Die »Lingua franca« ist diese existenzielle Bedeutung – und deren Gestalt lässt sich in jedem Medium ausdrücken.

Genauso funktioniert für Jaak Panksepp die Kommunikation der Gefühle: In seinen Augen entsprechen die Erregungszustände der Nerven unmittelbar den Emotionen. Das Knattern der Impulse zeigt das Gefühl. Das heißt dann: Der Zeigerausschlag des elektrischen Potenzials übersetzt die Dynamik der Erfahrung in eine Gestalt. Dabei wird die symbolische Wirkung zwar ständig von einem Medium ins andere übertragen – von der Außenwelt etwa in die elektrischen Schwingungen der Neuronen, von dort in die Spannung der Gliedmaßen –, aber sie verliert nie ihren symbolischen Gehalt. Die Verhaltensweise, die eine Nervenfluktuation auslöst, ähnelt somit der Gestalt der nervlichen Spannungs- und Erregungswellen – und ebenfalls wiederum dem Charakter des sie begleitenden Gefühls.

All diese körperlichen Gestalten, das Zucken der Glieder, der überspannte Tonus der Haut, sind darum keine Codes für Emotionen, die auf einen irgendwo im Organismus – etwa in den Genen – abgelegten Schlüssel zur Decodierung angewiesen wären. Vielmehr symbolisiert der Körper Emotionen auf eine Weise, wie auch ein Bild oder ein Musikstück einen Seelenzustand ausdrückt: nicht digital, als streng kodifiziertes Zeichensystem, sondern gleichnishaft, als Darstellung, deren Charakter intuitiv dem Dargestellten entspricht. Die Form der Nervenimpulse ist also keine binäre Kurzschrift, sondern eine Analogie des gefühlsmäßigen Gehalts. Eher ein Gedicht als ein Algorithmus. Gefühle und Bewusstsein entsprechen darum auch nicht einem Modell des Selbst, wie es eine in der Neurobiologie gängige Meinung annimmt. Wo hätte dies auch seinen Platz im Gehirn, das keinen Raum für virtuelle Darstellungen enthält? Gefühle sind vom »Selbst« auf eine direkte Weise erfüllt, weil sie die Gestalt seiner Erfahrung zum Ausdruck bringen.

Für Panksepp unterstützen viele tiefgründige Ähnlichkeiten zwischen Gefühlen und den entsprechenden Gesten des fühlenden Körpers diese These von der Kette der emotionalen Analogien. Schon nach außen ist jedes Gefühl in nonverbaler Form in der Geste festgehalten – als ein genaues Gegenstück zu der Weise, wie es nach innen zwar sprachlos, aber in hektischem Zucken oder ruhigem Fließen der Neuronenimpulse zum Ausdruck kommt. Der innere Zustand kann sich in der Körperhaltung präzise und verständlich spiegeln, weil beide analog sind. Beide sind eine Gestalt, die ein lebendes Subjekt an sich spürt. Da ist die Angst, die den Körper steif und unbeweglich macht, die Lust in ihrer rhythmischen Hinwendung zum Gegenüber, die Fürsorge, wenn der Körper sich öffnet und den anderen zärtlich empfängt, das Spiel in seiner ansteckenden federnden Leichtigkeit. Gestärkt wird Panksepps Hypothese durch Beobachtungen, wonach die Verbindung zwischen Gesten und Gefühlen nicht nur in einer Richtung wirkt. So konnte eine Forschergruppe um die deutsche Neurobiologin Paula Niedenthal jüngst nachweisen: Wer bestimmte Körperhaltungen absichtlich einnimmt, fühlt nach einer Weile auch die dazugehörigen Affekte. Es ist kein Klischee: Wer viel lächelt, macht sich selbst fröhlicher. Jeder Ausdruck ist zugleich ein Eindruck.

Ein Esperanto der Emotionen

Folgen wir Panksepp und seiner »Lingua franca« der Emotionen, so erscheint die Welt viel leichter lesbar, als wir angenommen haben. Denn dann haben die symbolischen Grundmuster der Gefühle von Anfang an, von ihrer Geburt als Impulse im Stoffwechsel bis zu ihrem Ausdruck in der menschlichen Sprache, den gleichen Charakter. Was wir als schmerzliche Spannung empfinden, geht auf ein Neuronenfeuerwerk zurück, das zerrissen und flackernd erscheint und das als solches seinerseits das erste widerstrebende Zurückzucken des Organismus vor dem Auslöser dieser Spannung widerspiegelt. Aber auch ein Kunstwerk, etwa ein Musikstück, das eine entsprechende schmerzliche Spannung darstellt, bedient sich ähnlicher Analogien. Seine Tonfolgen weisen selbst Aspekte schmerzlicher Dehnung und drohender Brüche auf – und wie die Gefühle eines Wesens getragen sind vom unbegreiflichen Zusammenhalt seines Leibes, so fügt die Form eines Werks diese Spannungen ebenso rätselhaft zu einem schönen Ganzen zusammen. Alle Sinneskanäle eignen sich dazu, seelische Dynamik zu symbolisieren. Denken wir nur an eine Farbkombination, die wir körperlich als spannungsvoll und widersprüchlich empfinden – etwa Grün und Violett. Die Wirkung bestimmter Farben auf den Körper ist seit langem erwiesen. Schmerzliche Spannung – oder glückliche Entspannung – kann auf jedem Niveau, durch jeden Sinneskanal erfahren werden. Und sie wird von allen Lebewesen unfehlbar als solche erkannt und mit entsprechend beklommenen Reaktionen beantwortet.

Bezeichnenderweise haben noch weitere Hirnforscher eine solche analoge Ähnlichkeit von Hirnzuständen auf verschiedenen Ebenen gefunden und können so die Idee einer gemeinsamen Sprache der Gefühle bestätigen. Der Pariser Neurobiologe Michel Le van Quyen, der am Hôpital de la Pitié-Salpêtrière in der ehemaligen Arbeitsgruppe des Autopoiesis-Entdeckers Varela forscht, bezeichnet dieses Phänomen als *»scale invariance«* – als Konstanz der Form, gleich, welcher Maßstab angelegt wird. Le van Quyen hat die Fluktuationen und Variationen der Gehirnströme vergrößert und festgestellt, dass einzelne Nervenimpulse stets die gleiche Form zeigen – ob man sie in einem großen Maßstab darstellt oder den Verlauf eines Einzelstücks herausvergrößert. Ein winziger Ausschnitt der Nervenimpulse hat im Prinzip die gleiche Form wie ein größerer: Der Kurvenverlauf wiederholt im Kleinen die Zacken und Sprünge, die er als Ganzes macht.

Die Konsequenz daraus ist, dass sich die Nervenmuster von Spannung oder Entspannung nicht in kleinere Einheiten auflösen lassen; sie bestehen als Gesamtzustand und sind nicht aus darunterliegenden biologischen Atomen zusammengesetzt. »Es gibt keinen Unterschied zwischen lokal und global«[15], sagt Le van Quyen. Die Nervenströme sind nicht aus Einzelteilen montiert, die jedes für sich jeweils ein Stück Information transportieren. Sie wirken durch ihre Gestalt. Aber diese Gestalt hat keinen Ort. Wird das Gehirn auf eine bestimmte Weise aktiviert, so pflanzt sich die Form dieser Wellenkaskade in alle Bereiche fort. Deren Charakter infiziert entfernter liegende Hirnregionen gleichsam mit seiner Dynamik. Dabei ist die Größe des Signals, das diese Dynamik verbreitet, unerheblich. Wichtig ist nur, wie effizient es den Reiz symbolisiert. Denn das Symbol spricht in seiner Geste, nicht in seinen Details.

Auch das Symbol zeigt somit im Sinn Le van Quyens eine Konstanz der Form. Diese ist uns aber nichts Neues. Bildhaft gesagt: Auch ein einziger Atemzug voll schmerzlicher Spannung kann diese Spannung in ihrer Gänze ausdrücken. Wie ist es möglich, dass ein Hörer schon nach wenigen Takten eine Sinfonie von Gustav Mahler erkennt, selbst wenn er das Stück nie zu vor gehört hat? Hier reicht ebenfalls ein Ausschnitt, um das Ganze zu erfassen. Und Liebende würden gewiss darauf bestehen, dass sie schon an einer kleinen Handbewegung ihre Liebsten wiedererkennen können.

Frappierenderweise zeigt auch das Gehirn damit wieder jenes Verhalten, das Stuart Kauffman für biochemische Netzwerke beschrieben hat, die bei einer bestimmten Komplexität gleichsam »auskristallisieren« und eine homogene Einheit bilden. Die Wellenfluktuationen im Hirn lassen sich damit vielleicht auf ähnliche Weise begreifen wie die Beziehungen zwischen den Proteinbestandteilen einer Zelle: Aufgrund ihrer Komplexität bilden sie ein Ganzes, das zu einem gemeinsamen Verhalten in der Lage ist und sich selbst eine Struktur geben kann. Jeder Ausschnitt dieser Struktur zeigt dabei bereits alles, was wichtig ist, um sie zu verstehen.

Manchmal scheint es darum, als würden Neurobiologen, wenn sie über Prozesse sprechen, die dem Bewusstsein zugrunde liegen, eine ins Gigantische vergrößerte Zelle beschreiben. Rudrauf und Damasio glauben, das Gehirn arbeite nach einem Muster aus »Resistenz gegenüber Variabilität«.[16] Es versuche, seinen komplexen Zustand auch angesichts von Schwankungen aufrechtzuerhalten. »Die Gehirndynamik bringt einen objektiv beschreibbaren Zustand von Spannung und Betroffenheit hervor, der Grundlage subjektiver Erlebnisse sein kann«, sagen die beiden Neurobiologen. Selbsterhaltung vor dem Hintergrund von Außenreizen, die das System destabilisieren: Ein solches Konzept ist freilich nichts anderes als die auf das Gehirn angewandte Idee der Schöpferischen Ökologie.

Die Formkonstanz der Natur ist auch uns nicht fremd. Wir erlauschen sie nicht nur in der Musik, sondern – viel irdischer – in den Elementen. Denken wir an einen

Sturm, an das erregte Rauschen der Bäume und das Tosen der bewegten Wogen – Naturphänomene, die Dichter seit der Antike für die Darstellung unserer Emotionen benutzen. Beide, Luft und Wasser, sind voneinander so verschieden und bedeuten doch in ihrer Dynamik das Gleiche. Beiden Arten von Brausen, mit dem Gehör allein nicht zu unterscheiden, entspricht das Rauschen des Blutes, das in den Ohren schwillt. Das Tosen des Winds steht mit dem Tosen der Gefühle in Formkonstanz. Und diese Konstanz bewegt sich durch die verschiedenen Sinneskanäle hindurch, als wären sie ein einziger Ozean von Sinn. Die winddurchwogten Bäume rauschen nicht nur wie das Meer, ihre belaubten Äste flattern in Wellen wie die Oberfläche der See bei Sturm und fliehen vor dem Wind mit derselben wiegenden Bewegung. In ihnen nehmen wir absolute Gesten wahr. Es sind Urphänomene des Fühlens, in denen Gehalt und Gestalt voneinander untrennbar sind.

Hat Panksepp recht, dann gibt es wirklich eine Durchgängigkeit der Formen zwischen dem Physischen und dem Psychischen. Dann verbindet eine Kette von Analogien die Fluktuationen der Moleküle in der Zelle mit neuronalen Mustern, mit der Spannung von Körperhaltungen, der Bedeutsamkeit sprachlicher Ausdrücke und der Vibration musikalischer Themen. Was wir als Form wahrnehmen, ist immer auch eine Form des Körpers, weil die Kette der Analogien bis in diesen hinabreicht, weil sie aus seiner Tiefe ihren Wert als Ausdruck körperlicher Lust und körperlichen Schmerzes nimmt.

Die Poesie der Sinne

Es ist diese Konstanz der Formen, die uns in der lebenden Welt verankert. Sie hat zur Folge, dass wir uns nicht länger nur als das Tier erkennen, das denken kann – als jenes den geistlosen Kreaturen überlegene *animal rationale* der griechischen Philosophen und der europäischen Aufklärer. Die Schöpferische Ökologie erlaubt, dass wir uns als das Wesen verstehen, in dem die Gefühle der Natur eine Stimme gewinnen. Wir fühlen wie sie, aber wir können diese Gefühle auch aussprechen. Der Mensch ist darum vor allem das *animal poeticum*, das poetische Tier. Die besondere Eigenschaft, die uns in dieser neuen Definition auszeichnet, ist freilich nicht länger etwas, das uns vom Rest der Schöpfung trennt. Sie stellt uns vielmehr in ihre Mitte. Auch wir sprechen und wir verstehen die »Lingua franca« der Bedeutungen. Wir selbst sind ein Teil dieser Sprache. Auch wir sind Weltinnenraum – »außen« und »innen« zugleich.

Der Körper ermöglicht, dass uns Worte einen Schauer über den Rücken jagen und dass uns Vorstellungen in die Flucht schlagen können. Vielleicht ist darum nicht nur unsere Subjektivität eng mit dem Körper verflochten, sondern auch das, worauf sich der Mensch am meisten einbildet: seine Kultur. Das bringt uns zu einem wichtigen Anliegen der Schöpferischen Ökologie: Wie die Organismen funktionieren, lässt sich unter Umständen leichter mit Hilfe der Kunst verstehen als mit der Mechanik. Denn indem sich ein Wesen nach der Bedeutung eines Ereignisses richtet, ist nicht mehr das Ereignis selbst die Ursache für das Verhalten, sondern die Reaktion des Leibes darauf. Das, was der Leib daraus macht, indem er sein Gleichgewicht anpasst. Der Körper reagiert jedoch nicht nur auf materielle Ursachen, sondern auch auf imaginäre, wenn sie seinen Zusammenhalt beeinflussen.

Jeder Kontakt mit der Außenwelt ist ein Akt der Imagination. Darum kann ein spitzes Wort ebenso verletzen wie ein geschliffenes Messer. Beide stoßen in den Kreis des inneren Gleichgewichts vor, den ein Wesen aufrechterhalten will, beide bedrohen es und seine Sicherheit. Nicht umsonst nennen wir eine verletzende Bemerkung »scharf«: Aus der Sicht des Lebens zerschneidet auch sie ein Gefüge. Beide, das vernichtende Wort und das lebensgefährliche Messer, werden darum in die eine universelle Währung umgerechnet, die in allen Provinzen des Lebensreiches gilt: in die Bedeutung für den Fortbestand des Wesens. Unsere Sprache bildet die Ökologie solcher Bezüge ab. Ihre Bilder folgen nicht der Logik raumzeitlicher Beziehungen zwischen Gegenständen. Sie gehorchen vielmehr einer Logik der Körper. Weil das möglich ist, können Dichter innerhalb der Sprache unser Empfinden als Subjekt erkunden. So kann etwa der französische Dichter Claude Vigée einen »jungen Nussbaum grünen« hören und so das zarteste Tasten des Frühlings einfangen, das sich nicht sehen, aber vernehmen lässt.

Die Weisheit der Sprachen hat viele solcher Bilder hervorgebracht. Sie übersetzen ein körperliches Erlebnis in seinen Wert für die Existenz. Solche Metaphern finden einen Bezugspunkt jenseits der Trennung von Psyche und Physis in einem absoluten Reich der Werte, die im Gefühl der Wesen entstehen. Vielleicht müsste man diese Sprachbilder »Urmetaphern« nennen – figürliche Wendungen, die sind, was sie sagen, weil sie sich auf eine Erfahrung beziehen, die den Kern unserer Subjektivität bildet. Hier wird das Sprachspiel Ernst. Wendungen wie »steinerne Ruhe«, ein »eisiger« oder ein »warmer« Blick sind direkt aus unserem Körper heraus zu verstehen. Die Sonne etwa war von jeher ein Sinnbild der Lebensfülle. Ein lebensvolles Antlitz »strahlt wie die Sonne«, »Du hast eine strahlende Zukunft vor dir«; das sind Wendungen, in denen eine Spur des ursprünglichen Erlebnisses erhalten blieb. Und die warme Nachmittagssonne auf meinem Körper ist ja tatsächlich lebenspendend, während ich ihre Strahlen auf der Haut spüre.

Glück ist oben

Die amerikanischen Kognitionsforscher George Lakoff und Mark Johnson verfolgen seit über zwanzig Jahren die Spur dieser unbewussten Symbolik bis in unsere Handlungen hinein. Sie haben nachgewiesen: Poesie ist nicht die Ausnahme. Poesie ist der Maßstab unserer Rationalität. Denn die Sprache stellt kein streng logisches System dar, wie es die Mehrheit der Philosophen im 20. Jahrhundert glaubte. Sprache ist nicht abstrakt. Im Gegen teil: Ihre Bilder sind voll von unbewussten Bezügen auf den Körper. Aber anders als die meisten ordnungsfanatischen Denker der letzten Jahrzehnte halten Lakoff und Johnson das Bildhafte, das Analoge der Sprache nicht für eine Verunreinigung des reinen Denkens, die ein Gelehrter am besten eliminieren sollte. Für sie ist diese reichhaltige bunte Ausdruckskraft die einzige Möglichkeit, uns selbst zu verstehen. Nur im Sinnbild werden wir uns transparent.

Nach Lakoffs und Johnsons Überzeugung gehen alle geistigen Kategorien letztlich auf unsere körperlichen Erlebnisse zurück. Für sie ist der Leib der Ursprung jeder Abstraktion – anders als für die meisten anderen zeitgenössischen Geisteswissenschaftler, die immer noch an das Gegenteil glauben. Für diese erlaubt erst unsere Sprache, eine Vorstellung auszudrücken. Lakoff und Johnson aber sehen, in welchem überwältigenden Maße unsere sprachlichen Äußerungen von einfachen Erfahrungen durchzogen sind. Um unsere körperlichen Erlebnisse mitzuteilen, benutzen wir Bilder, die den Körper in seinen Gefühlszuständen beschreiben. Sprache lässt den Leib noch einmal erstehen, damit wir ihn begreifen können. Die beiden Forscher meinen: »Viele unserer wichtigsten geistigen Konzepte sind entweder abstrakt oder nicht sehr klar umrissen. Denken Sie an die Gefühle, an Ideen, an die Vorstellung der Zeit. Wir müssen sie mit Hilfe anderer Konzepte begreifen, die wir besser verstehen – wie etwa unsere Orientierung im Raum.«[17]

So ist Glück immer oben (der »Gipfel des Glücks«, der »Siebte Himmel«). Derart über Glück zu sprechen ruft die Empfindung der Leichtigkeit wieder wach, die jeder kennt, der einmal glücklich gewesen ist. Entsprechend beobachten Lakoff und Johnson eine Menge anderer sinnbildlicher Verknüpfungen: »Wichtig ist groß, Zuneigung ist warm, Intimität ist Nähe, schlecht stinkt, Hilfe ist Unterstützung.«[18] Fast scheint es, als wären unsere Sprachbilder als ein Lexikon zum Körper entstanden. Lakoff und Johnson glauben, dass wir die meisten solcher Konzepte im frühesten Kindesalter verstehen lernen. Zu dieser Zeit sind Erfahrungen der Sinne und der Motorik noch untrennbar an emotionale Zustände gekoppelt. Die Nähe von Vater oder Mutter oder einer anderen Bezugsperson ist warm und spendet Glück. Kinder erleben beides als eins. Erst später trennen wir diese Erfahrung in die unterschiedlichen Bereiche der Wirklichkeit auf und vergessen, dass in der Tiefe alles zusammengehört. Aber erst indem die ursprüngliche Erfahrung einer ungeteilten Wirklichkeit derart aufgesplittert wird, können wir uns bewusst mit ihr auseinandersetzen.

Placebos: Symbole der Heilung

Es gibt schneidende Bemerkungen, aber auch Worte, die wie Balsam sind. Worte – und Gesten – vermögen gleichermaßen zu verletzen und zu heilen. Darum bedeutet die Erkenntnis der Schöpferischen Ökologie, dass Zeichen und Bedeutungen Wirklichkeit erschaffen können, mehr als nette Poesie. Sie könnte eine Revolution für unser Verhältnis zur Welt sein – wenn wir sie mutiger zuließen. Dann verspricht sie auch außerhalb der Biologie Probleme zu lösen, vor denen Forscher immer noch grübelnd stehen. Dass Gesten verletzen oder heilen können, ist bekanntlich einem medizinischen Rätsel nahe verwandt: dem Placeboeffekt. Schulmediziner nehmen bislang an, dass eine Arznei im Körper als eine rein chemische Ursache wirkt – ähnlich einem Reagenz in einem Versuchskolben. Das Medikament ist ein Hebel, der in einem Apparat ganz bestimmte Schalter umstellt. Das Irritierende ist: Manche Medikamente wirken, obwohl sie nur zum Schein den richtigen Stoff enthalten. Sie können gar keinen Hebel umstellen. Das sind die sogenannten Placebos.

Immer noch ist unklar, was die Heilung steuert und welche Rolle ein Medikament darin spielt. Offenbar ist jedes rituell dazu erklärte Gegenmittel irgendwie mit einer magischen Kraft gegen die Krankheit aufgeladen. Manche Ärzte spritzen Patienten in kritischen Phasen statt eines Schmerzmittels Wasser und können damit phänomenale Linderungen erzielen. Die gleichen Ärzte aber vermögen sich solche Erfolge im Rahmen der gängigen biologischen Idee des Organismus nicht zu erklären. Sie sprechen dann etwa vom »Heiler-Effekt« oder von »Suggestion«. Denn der naturwissenschaftliche Maßstab, in demMediziner handeln, kann keine Heilerfolge begründen, die nicht durch chemische Substanzen oder durch chirurgische Eingriffe zustande kommen. So landet, wer hier nach Ursachen sucht, schnell wieder in der Welt der psychischen Energien, die mit dem wissenschaftlichen Weltbild nichts mehr zu tun hat. Aber wenn alle Heilung »nur Suggestion« sein soll, was ist dann Suggestion in Wirklichkeit? In welcher Beziehung stehen »eingebildete« und »reale« Bedeutung?

Die Sicht der Schöpferischen Ökologie macht solche Bewusstseinsspaltung nicht länger nötig. Für sie wirkt ein Placebo genauso wie jedes andere Medikament auch: über den Sinn, den es in der Wiederherstellung des Lebensprozesses hat. In der Neuen Biologie stellen sowohl der chemische Stoff als auch die heilende Geste ein Zeichen dar, dessen Bedeutung einen Prozess im Organismus auslöst und keine Ursache einer Kaskade von unausweichlichen Schalterstellungen. Heilung heißt, wieder zu einer gesunden Autonomie fähig zu sein, heißt, die Ökologie des Körpers schöpferisch werden zu lassen. In der Konsequenz heilt sich ein Wesen also immer selbst. Denn jede Heilung bedeutet, den ungestörten Fluss wiederherzustellen, der den Stoff des Wesens von Augenblick zu Augenblick ordnet.

Solche Ergebnisse lassen sich durch Experimente hervorragend nachvollziehen. So kann etwa simpler Süßstoff bei Versuchstieren Heilungsprozesse verhindern, wenn er vorher eine Zeit lang zusammen mit Mitteln gegeben wurde, die das Immunsystem unterdrücken. Der Stoffwechsel der Tiere interpretiert nach kurzer Zeit auch die Süße als zerstörerisch und reagiert entsprechend mit Schäden, die er selbst produziert oder durch den Zusammenbruch seiner Selbsterhaltung ermöglicht.

Die Experimente zeigen auch: In dem Maße, wie er mit Zerstörung einhergeht, verliert der Zucker seine von den meisten Kreaturen geteilte Anziehungskraft. Die in den Versuchen gequälten Tiere mieden den Zuckerstoff bald wie Gift – und vermutlich schmeckten sie ihn auch so. Der süße Geschmack des Paradieses – Zucker ist der am leichtesten zu verwertende Nahrungsstoff überhaupt – verwandelte sich zum Aroma der Verderbnis. Zucker bedeutete plötzlich das Gegenteil. Selbst Süße ist subjektiv. Was zählt, ist der Grad von gut oder schlecht auf einer Skala des Leidens, um die jede Kreatur weiß.

Jakob von Uexküll nannte die für uns oft unsichtbaren Bedeutungen, nach denen andere Wesen ihre Lebensräume erbauen, »magische Umwelten«. Denken wir an die gewundenen Gänge winziger Miniermotten in den Blättern des Septembers, die ihrerseits Zeichen für den rasch nahenden Herbst sind, die Routen der Zugvögel und der großen Meeresschildkröten, die sich vom Ozean um die halbe Welt in naiver Sicherheit wiegen lassen, ohne dass wir ihre Orientierung verstünden. Denken wir an die lautlose Bahn des Bartkauzes in einem für uns nicht nachvollziehbaren Raum voll Dunkelheit. All diese Wege bildeten für von Uexküll Gestalten, die unbekannte, für uns verschlossene Notwendigkeiten verschlüsseln. Subjektive Notwendigkeiten: nicht die Drähte von Marionetten, sondern persönliche Welten, die ein Organismus in die Dinge hineinsieht, ohne dass dies nach außen erkennbar wäre. Wie hatte Karl Ernst von Baer gesagt? »Gedanken der Natur.«

DRITTER TEIL

ICH BIN DU

In diesem Abschnitt will ich verstehen, warum Natur für die gesunde Entwicklung unseres eigenen Ichs entscheidend wichtig ist. Wir sind nicht nur Teil der Natur, sondern sie ist Teil von uns. Um uns ganz selbst zu verstehen, müssen wir uns selbst in anderen Lebewesen wiedererkennen. Widerspiegelung ist ein zentrales Element der menschlichen Identität: Ein Neugeborenes erfährt sich nur dann vollständig, wenn es sich mit seiner Bezugsperson identifizieren kann. Mit dem Schwinden der Natur droht uns damit eine ganz besondere Gefahr: der Verlust der Liebe.

7 DIE FRAGE IN DEN AUGEN DES WOLFS

Ich sah sie an und fühlte ihren Blick
Ich wurde ein fremdes Wesen.
D. H. Lawrence, »Eine Hirschkuh am Abend«

Das Ende kam ganz plötzlich, obwohl wir die ganze Zeit damit gerechnet hatten. Es erwischte uns in einer Staubwolke auf der Passstraße nach Mehal Meda. Wir wollten gerade einen der röhrenden Borsani-Busse überholen, die sich langsam wie asthmatische Fußgänger die zersplitterten Gebirgsklippen des äthiopischen Hochlands hinaufquälen. Über den Dachgepäckträger des verbeulten Fahrzeugs aus den italienischen 1950er Jahren ragten turmhoch Stapel mit Säcken, Kisten und Plastiktüten. Die Umrisse waren hinter der gelben Wolke aus Sand und Schmutz, die das Gefährt vor uns aufwirbelte, nur schemenhaft sichtbar. Die Piste wand sich in engen Kurven, eine Kehre folgte der nächsten, in die Falten der Schotterfelder gefädelt, zwischen denen staubige und steinige Äcker auf den Regen warteten.

Wir krochen entnervend langsam den Berg hinauf. Dabei waren wir auch bisher nicht viel schneller vorangekommen. Immer wieder, wenn die Straße an einen Scheitelpunkt kam, hatte Getachu, unser Fahrer, anhalten müssen. Das Gehäuse des Achsdifferentials war schon kurz nach der Abfahrt gerissen. Getachu war bei jedem Halt unter den Landcruiser gekrochen und hatte nachgeschaut, wie weit sich der Sprung gefressen hatte. »Vielleicht überholt uns gleich das Hinterrad«, hatte er gescherzt. Ich konnte nicht herausfinden, wie schlimm es wirklich war. Immerhin waren wir mühsam weiter vorangekommen. In den Mechanikpausen war ich an den Rand des Kliffs gewandert und hatte aus den Bergen weit nach unten sehen können, in die fruchtbarere Welt, die wir vor ein paar Stunden verlassen hatten.

Weit, weit entrückt bildeten winzige Gerstefelder ein kleinfleckiges Mosaik der Stille. Dazwischen kauerten in Gruppen die Hütten mit ihren Strohdächern, die, von so weit oben gesehen, wie verwitterte Sonnenschirme wirkten.

Wir entfernten uns immer mehr von dieser altertümlichen Idylle. Je näher wir dem Himmel kamen, desto karger und baumloser wurde die Welt. Immer weniger vermochte ich in ihr das paradiesische Bauernland zu sehen, das langsam im Tal verfloss. Bald war die Landschaft wie eine Vorhölle mit ihren aufgebrochenen Äckern, die in der Sonne glühten wie von innen, mit ihren Gruppen von mageren Männern, die in zerschlissenen grünen Anzügen scheinbar ziellos die Straße entlangmarschierten, über den Kopf zum Sonnenschutz eine türkisfarbene oder violette Decke geworfen. Ab und zu passierten wir auch ein paar weiß gewandete Frauen. Sie blieben auf der staubigen Piste zurück wie verlorene Perlen auf einer zerrissenen Kette.

Dann, noch ein wenig höher hinauf, nachdem die Nadel im kreiselnden Höhenmesser neben dem Rückspiegel die 3000-Meter-Marke überschritten hatte, war das Land plötzlich wieder verwandelt. Zwischen den Staubschwaden tauchten wogende Matten von graugrünem borstigem Gras auf und umflossen die Straße. Wir hatten die Landwirtschaft hinter uns gelassen. Die Berge bekamen wieder eine Haut. Umso erschöpfender war es, gerade jetzt hinter dem Borsani herzukriechen. Vielleicht weil Getachu ungeduldig spürte, dass es nur noch ein kurzes Stück war, bis wir ankommen würden, gab er in einer langgezogenen Kurve Gas und beschleunigte in die Staubwolke hinein, um den Bus zu überholen. Als er die Kühe sah, die urplötzlich aus dem Sanddunst auftauchten, riss er den Landcruiser nach rechts. In diesem Moment brach die Hinterachse.

Es gab ein lautes Klonk, und im selben Moment wirbelte bereits die Staubwolke um uns herum im Kreis, flogen Klippen und Fetzen vom Himmelsblau durch mein Gesichtsfeld – und ehe ich verstanden hatte, was geschah, hingen wir weit entfernt von der Straße schräg im Hang, die Schnauze des Fahrzeugs nach oben gereckt. Das Blech tickte und knisterte. Stille. In Panik riss ich meinen Kopf herum: Hinter uns glitt der Hügel in einem sanften Bogen abwärts. Aus seinem drahtigen Gras reckten sich tausende von blühenden Lobelien wie mannshohe Fackeln. Dahinter, weit dahinter, auf der gegenüberliegenden Seite des Tals, standen die Klippen der Berge in ihrem blauen Zackenmeer, ein erstarrter Ozean aus Stein, der diese eine Sekunde zur Ewigkeit werden ließ. Jetzt war ich angekommen. Es kam mir vor, als wäre ich ganz allein im Hochland von Abessinien.

Ich war auf der Suche nach dem Äthiopischen oder Abessinischen Wolf, *Canis simensis*. Ich wollte eine Geschichte über dieses scheue und wenig bekannte Raubtier schreiben, nachdem ich erfahren hatte, dass höchstens noch 400 Wölfe durch die Hochländer des uralten afrikanischen Staates streifen. Ich wollte diesen sonderbaren Wolf einmal gesehen haben, bevor er verschwand – einmal dieses letzte Überbleibsel einer alten Pracht und Fülle erleben, so wie man eine herrschaftliche, nun aber zum Abriss bestimmte Villa betritt und nachdenklich durch die staubbedeckten Fluchten wandert.

Es sollte also nicht nur ein Willkommen, sondern auch ein Abschied sein. Ein exemplarischer Abschied, denn ich konnte kaum alle Arten besuchen, die sich in einer ähnlichen Situation wie der Äthiopische Wolf befinden – das Grevy-Zebra und die Oryx-Antilope, der Sibirische Tiger und der Schneeleopard, die Lederschildkröte, der Blauwal und der Weiße Hai, der Orang-Utan auf Borneo, der Pardelluchs in Spanien, der Wachtelkönig an der Elbe und so viele, viele mehr. Den Menschen fällt die verzweifelte Situation dieser Tiere nur deshalb nicht auf, weil sie noch nicht endgültig ausgestorben sind. Doch bald wird es sein, als knipse jemand in rascher Folge eine Reihe von Lichtschaltern aus. Bald haben immer mehr Arten jene Schwelle überschritten, an der ihr rascher Untergang unvermeidlich ist. Klack, klack, klack, klack – und sie werden fort sein, ohne dass sich noch etwas tun lässt. Schon heute kann man die Zahl der noch Verschonten quasi an den Fingern einer Hand abzählen wie die der Überlebenden eines monströsen Schiffsunglücks. Der Abessinische Wolf zählt zu jenen Spezies, von deren Charisma die Bilderbücher zehren. Er ist eines der Tiere, mit denen kleine Kinder die Wirklichkeit zu buchstabieren beginnen und ihre imaginäre Welt bestücken. Der Wolf – das ist eines von den Wesen, mit denen Menschen denken lernen. Und dieses war schon so gut wie fort.

Ich hatte meine Reisepläne zusammen mit Stuart Williams entworfen. Der drahtige junge Brite vom Center for Wildlife Conservation der Universität Oxford leitete ein Projekt zum Schutz des abessinischen Raubtiers. Ich besuchte ihn in seinem Bungalow auf dem Gelände des Lepra-Krankenhauses in Addis Abeba, wo ich ihn zwischen Bücherstapeln und Computerbildschirm in einem fast europäisch scheinenden Leben eingegraben fand. Zuvor hatte Getachu lange das Haus zwischen niedrigen Pavillons und dichten Akazien gesucht. Ich war endlos langsam an den Gruppen der Kranken vorbeigerollt, die auf den Wegen kauerten. Stuart schrieb alle paar Monate einen neuen melancholischen Pressetext über das Verschwinden der äthiopischen Wildnis, den niemals jemand zu lesen schien. »Es ist so deprimierend hier, dass ich jederzeit gehen würde. Wenn nur irgendeiner meine Arbeit machen könnte«, sagte er.

Für Stuart war es kein Zufall, dass in kaum einem anderen Land die Lebenserwartung so niedrig, der Hunger so groß, die Düsternis so finster war wie in Äthiopien – und die Landschaft so umfassend von innen nach außen gekehrt. In Äthiopien lagen die Steingrate der Berge bloß – wie Gebeine, die an eine einstige Fülle erinnerten. Die Menschen hatten den Samtbelag der Vegetation verschlungen und den Fels nach oben gewendet. »Wir haben hier nur noch ein Prozent des ursprünglichen Baumbestands«, gab Stuart mir mit auf den Weg. Ich begriff: Dieses Land hat die Apokalypse bereits hinter sich. Auf den Borken seiner Berghänge zeigt sich, was geschieht, wenn Pflanzen und Tiere für immer gehen. Hier wird auf erschütternde Weise deutlich, wie seelisches und materielles Wohl der Menschen zusammenhängen und wie sehr beide auf die Natur angewiesen sind.

Als das Auto sich nicht mehr bewegte, blickten Getachu und ich uns an. Dann sah er nach hinten zu seiner Tochter Aster, die ihren Vater das erste Mal auf eine Tour begleiten durfte. Während der Fahrt hatte sie stumm auf der Rückbank gesessen und leise ihre seltsamen, sich endlos wiederholenden Weisen gesummt. Jetzt liefen ihr ein paar Tränen über das Gesicht, aber sie lächelte. Sie reckte sich und sagte etwas in ihrer melodischen fremden Sprache zu ihrem Vater. Ich stieg aus. Das linke Hinterrad stand in einem komischen Spagat aus dem Radkasten heraus. Dreißig Meter entfernt auf der Straße hatten sich Menschen versammelt, die bewegungslos zu uns herüberblickten. Dazwischen rupften ledrige Kühe die staubige Krume.

Ich drehte mich um, ging ein paar Schritte und setzte mich ins harte Gras. Stille. Rauschende Stille, in der nichts zu hören war als der kalte Wind. Er wiegte die Flammenkerzen der Lobelien und trieb rhythmische Wellen durch das flatternde Gras. Es duftete nach Thymian hier auf dem Dach Afrikas, als hätten die gedrungenen Pflänzchen ringsum sich in der Luft aufgelöst wie eine aromatische Essenz im Badewasser. In der Ferne ließ sich eine Krähe vom Wind die zistrosenbestandenen Hänge hinaufspülen wie Schaum einer unsichtbaren Woge.

Getachu war zur Straße gegangen und sprach mit den Männern. Aster lehnte am Auto und schaute auf ihre Füße. DerWind blähte ihren violetten Fleecepullover und zauste ihre Haarflechten. Dann begannen ein paar der Wartenden unser Gepäck auszuladen, die Zelte, die verbeulten Metallkisten mit der Verpflegung, die Klappstühle, die Pakete mit den schweren Anderthalb-Liter-Wasserflaschen, immer zu sechst unter Folie verschweißt. Wir waren fast da. Der Platz, den Stuart in Addis für das Camp vorgeschlagen hatte, lag nur noch ein paar hundert Meter weit entfernt, hinter einigen Straßenkurven, und dann ein Stück hinein in die rollenden Hügel.

Die Männer sahen aus wie Bettler. Sie waren so mager, dass man an den nackten Unterschenkeln Schienbein und Wadenbein genau unterscheiden konnte. Manche waren barfuß, andere trugen an den Füßen vielfach mit Bindfaden reparierte Plastiksandalen. Die Kleider aus billig aussehendem buntem Tuch waren zerrissen und immer wieder genäht, so dass die seltsamen grünen und blauen Blazer über den kurzen Hosen aus gleichem Stoff wirkten wie ein zerschlissener Flickenteppich, zwischen dessen Rändern die Rippen hervorstachen. Ich lud mir meinen Rucksack auf und musste von der kleinen Anstrengung bereits heftig atmen. Hier, noch einmal fast tausend Meter höher als in Addis, spürte ich den geringen Sauerstoffgehalt der Luft bei jedem Schritt. Es sauste in meinen Ohren, und ein Anflug der Übelkeit kehrte zurück, die mich in den ersten zwei Tagen nach der Landung in der 2500 Meter hoch gelegenen Hauptstadt gequält hatte. Mit ihr kam eine lästige dumpfe Gleichgültigkeit, der Seekrankheit nicht unähnlich.

Wir stapften in die knisternde Graslandschaft hinein. Bald begannen die mageren Männer, als täten sie das jeden Tag, die Kunststoffgerippe der beiden Zelte zusammenzustecken und die silberglänzende Überhaut daraufzuziehen. Einer verschwand mit einem gelben Kanister, um an einer versteckten Quelle Wasser zu schöpfen, ein anderer kam bald mit einem Arm voll krummem Holz für das Feuer zurück – so nahmen also auch wir teil am Verbrauch der Wälder. Ich verschnaufte eine ohnmächtige halbe Stunde neben meinem Rucksack und schlenderte dann langsam in die Hügel hinein. Aster blieb zurück. Ihr Vater hatte an der Straße einen Laster angehalten und war nach Mehal Meda mitgefahren, um die Reparatur unseres Geländewagens zu organisieren. Für unbestimmte Zeit war ich genau dort gestrandet, wo ich hinwollte. Mir schwindelte. Ich konnte nicht mehr fort.

Der Wolf tat mir einen Gefallen. Er entschädigte mich für den Schrecken, in den der unsanfte Stopp unserer Reise mich versetzt hatte, und tauchte auf, sobald ich hinter einer Kuppe das Lager nicht mehr sah. Ich schaute beim Gehen auf den Boden und folgte mit den Blicken den ausgetretenen Pfaden unzähliger Nager, die in Scharen das Gebiet bevölkerten. Immer wieder sah ich, wie ein Schatten die Halbtunnel entlanghuschte, pausierte, sich mit zuckender Nase auf die Hinterläufe setzte und dann ruckartig weiterlief. Eine ganze Familie von großen und kleinen Ratten und Mäusen, gewöhnliche und so bizarr anmutende Formen wie etwa die Riesenmaulwurfsratte, nährte sich hier von den Samen der Gräser, von den Rispen des Frauenmantels und der silbernen Schafgarbe, die sich knisternd unter meinen Füßen zusammendrückten. Diese huschende Schar bot dem Wolf reiche Beute. Noch vor sechzig Jahren war das ganze Hochland ein gedeckter Tisch, der sich niemals leerte. Damals überzogen ganz Abessinien unterhalb von 3000 Metern Höhe undurchdringliche Wälder. Oberhalb davon breiteten die weichen Falten der afroalpinen Höhenlagen ihre schützende Grashaut über den Stein. Heute sieht es nur auf wenigen Hektar noch so aus wie einst. Ein solches gerettetes Gebiet lag hier, wo ich angekommen war, im Gebiet von Guassa-Menz, etwa 200 Kilometer nördlich von Addis, wenige weitere in den schlecht gepflegten Nationalparks der Semien- und Bale-Berge.

Als ich aufblickte, sah mir der Wolf direkt in die Augen. Ich erstarrte – und was dann geschah, lässt sich nicht anders beschreiben als damit, dass wir Blicke tauschten. Wir sahen uns an. Die schwarzen Augen des Raubtiers waren unbeweglich auf mich gerichtet wie aus einem Abgrund von Fremdheit. Aber zugleich erblickte ich in ihnen nichts als mich selbst: einen einsamen Wanderer in den stummen Bergen. Wie lange haben wir dort so gestanden? Eine Sekunde? Eine Minute? Das Tier hatte dichtes rötliches Fell, das auf der mir zugewandten Brust eine goldene Tönung annahm. Die Schnauze war lang und elegant wie die eines Windspiels. Irgendwann machte der Wolf mit einer graziösen Drehung kehrt und schnürte den Hang hinauf. Lange noch sah ich seinen Rücken das Grau der Schafgarbe zerteilen wie eine Welle, die durch ein bleiernes Meer läuft. Irgendwann verschwand das Tier, schon einen Kilometer entfernt, hinter dem Kamm des nächsten Hügels. Ich sah ihm noch nach, als sich die See der Rispen längst wieder beruhigt hatte und nur noch den Windstößen mit einer langen Dünung antwortete. Ich hatte keinen Blick mehr für die Nager. Das Raubtier hatte in diesen wenigen Augenblicken eine Leerstelle in meinem Herzen hinterlassen, ein Vakuum, das mir zuvor nicht aufgefallen war. Dort, wo es sich befand, vermisste ich mich selbst.

Ich war nicht der Einzige, der so fühlt. Die Faszination durch die großen Raubtiere ist dem Menschen bis heute geblieben, auch wenn die wirklich gefährlichen Fleischfresser inzwischen fast überall eine Sache der Zoos sind. Kleine Jungs begeistern sich für den Tiger, den Wolf und den Fuchs, kleine Mädchen fürchten sich vor ihnen und wünschen, dass vor dem Schlafengehen alle Buchdeckel mit Bildern der wilden Bestien umgedreht werden, weil diese sonst vielleicht aus ihrem gezeichneten Umriss herauskriechen könnten. Raubtiere lassen den Menschen nicht gleichgültig. Selbst in Äthiopien ist der Löwe bis heute Nationalsymbol, das Münzen und Flaggen ziert – obwohl der König der Tiere hier nur noch an wenigen Orten durch die Wildnis streift und auch das letzte in Gefangenschaft gehaltene Mitglied der einstigen kaiserlichen Löwengarde Haile Selassies schon 1992 verendete, nach Jahrzehnten des Siechtums in einem elenden Steinkeller in der Palaststadt Gondar. Noch heute lässt sich das einzige Spielzeug des Raubtiers, eine am Drahtseil baumelnde Lkw-Felge, dort in der Gewölbegruft besichtigen.

Ich war auf der Stelle in Bann geschlagen durch den Blick des wilden Wesens, der, anders als bei gefangenen, anders auch als bei domestizierten Tieren, auf mir ruhte, als hätte der Wolf alles Recht dazu, mich zu taxieren, meine Persönlichkeit abzuwägen und vielleicht für zu leicht zu befinden. Es war ein Willkommen. Aber ein Willkommen worin? Eine Begrüßung in der frühesten Vergangenheit meiner eigenen Art Homo sapiens, die sich in allmählichem Wandel aus der Natur so weit hervorgearbeitet hatte, dass sie sich ihr schließlich gegenüberzustellen wagte? Aber diesem letzten Schritt war ja eine unendlich längere Zeit der Gemeinsamkeit vorangegangen. Jahrhunderttausende begriff sich der Mensch allein, indem er sich inmitten der Natur verstand. Das Ausmaß dieser vergangenen Tiefenzeit lässt sich kaum absehen. Während 99 Prozent der Epoche, in der Menschen wie wir auf der Erde lebten, haben sie ihr Bild von sich selbst aus der Identifikation mit Tieren entworfen. Die Figuren in der Felskunst der Vormenschen, aber auch noch der heutigen Aborigines, sind fast ausschließlich andere Kreaturen. Die ersten Prähistoriker, die versuchten, die Bedeutung der damals neu entdeckten Malereien etwa in der Höhle von Lascaux zu ergründen, haben jahrzehntelang gerätselt, warum unsere Vorfahren immer nur andere Wesen und fast nie Menschen an die dunklen Wände tief im Fels zeichneten.

Inzwischen haben Humanökologen verstanden, dass in diesen Abbildern die Tiere weder ehrfürchtig porträtiert noch auf magische Weise als reiche Jagdbeute beschworen wurden. Wie heute noch in jenen wenigen Reliktgesellschaften, die es in entfernten Winkeln der Urwälder oder der Savannen ausgehalten haben, waren Tiere für die Menschen damals notwendig, um überhaupt zu denken. Das heißt: Die Ordnung der übrigen belebten Welt war unabdingbar, um die eigene zu verstehen. Die Felsbilder zeichnen eine symbolische Ökologie – und diese Ökologie war es, die den Menschen über Jahrhunderttausende in der restlichen Schöpfung verankerte. Indem er die Beziehungen der Tiere verstand, lernte der Mensch, von seinem unmittelbaren Erleben zu abstrahieren und sich eine kulturelle Ordnung zu geben, die sich von der rein biologischen unterscheidet. Natur war Ordnung, sie war eine Gesellschaft mit Mitgliedern, die zueinander in einer Vielzahl von Beziehungen standen. Darum orientierten sich die Regeln dieser Kultur die meiste Zeit über an den Beziehungen, die in der Natur herrschten. Die Bilder an der Höhlenwand sind die Konzepte dafür. Sie drücken etwas Abstraktes in anschaulichen Begriffen aus –

und sie verlieren doch nie die Tuchfühlung zu jener Zentralerfahrung des Lebens: Dass alles mit allem verbunden ist.

In Äthiopien war diese Tiefenzeit schon lange vorüber. Kaum ein anderes Land wurde so früh christianisiert, und kaum irgendwo sonst in Afrika begann man so früh mit der hemmungslosen Ausbeutung der Natur. Schon im 15. Jahrhundert beschreiben Chroniken die katastrophalen Folgen der Entwaldung. In anderen Kulturen freilich, denen die abendländische Spaltung in den Menschen und die anderen erst vor kurzer Zeit aufgedrängt wurde, lässt sich die Verbindung zwischen dem Humanen und dem Animalischen noch besichtigen. Die Kreatur gibt dem Selbstverständnis der Menschen dort noch Halt und Form. Bei den Aborigines Australiens hat etwa die Zeichnung eines Kängurus, in dessen Körper die einzelnen Organe wie auf einer Röntgenaufnahme besonders herausgehoben dargestellt sind, eine Vielzahl von kulturellen Bedeutungen, die auseinander hervorgehen und sich überlappen wie die Blätter einer Blüte. Die sozialen Gesetze sind in den Regeln enthalten, die das Leben der anderen Geschöpfe durchziehen. Das Känguru-Ritualbild kann vordergründig einen anatomischen Plan darstellen, zugleich aber die Anleitung, wie das Fleisch des Tiers geteilt werden soll. Auf einer tieferen Symbolebene deuten die Menschen einzelne Organe als Elemente der Landschaft, die das Känguru-Ahnenwesen durchwanderte. Zu jedem Organ gibt es zudem Geschichten, die sich an einem konkreten Ort in der Landschaft abgespielt haben. Diese Geschichten begründen die Regeln des Zusammenlebens, denn zugleich sind die Organe/Orte/Geschichten mit einer speziellen Moral verbunden, die das Verhalten der Ethnie bestimmt. Die einzelnen sozialen Gruppen stehen wiederum mit den Elementen der Anatomie bzw. der Landschaft in Verbindung. So ist etwa den Frauen einer bestimmten Gruppe ein anderes Tier zugewiesen als den Männern des gleichen Stamms. Oft stellen gerade diese streng organisierten Beziehungen zueinander Sinnbilder der ökologischen Verhältnisse zwischen den Arten dar. Sie entsprechen ihnen allerdings symbolisch und nicht unmittelbar.

Die Lektion, die das Denken des ersten selbstbewussten Wesens strukturieren half, besteht darin, dass es alle Formen von Bezügen, Zwängen und Bedürfnissen der Menschenwelt in der Natur schon gibt. Sie sind vorhanden als die Gesetze, die ein ökologisches Gefüge zusammenhalten. Das Angewiesensein der Biene auf die Blüte, die Fülle der jungen Kaulquappen im Frühjahr, die einsame Dominanz des Wolfs, der das Land regiert, indem er seine Untertanen frisst – all das sind Regeln, die sich in verwandelter Form auch in der Welt des Menschen wiederfinden.

Die rauen Gesetze der Ökologie werden so zu einem Kosmos unendlicher Mutationen. Nichts bleibt in der Biosphäre beim Alten. Früchte reifen, Pflanzenfresser werden verschlungen, Samen sprießen. Eins wechselt ins andere nach bestimmten Regeln – und sind die Gesetze unserer humanen Welt, ihr stetiges Auf und Ab nicht letztlich dasselbe? Darum lässt sich alles in der Natur ins Menschliche spiegeln. Dabei enthüllt sich die Wahrheit der Welt nicht auf linear-logische, sondern auf symbolisch-poetische Weise. Frisst etwa in der Wildnis eine Art eine andere, wird das auf der kulturellen Ebene vieler Völker oft nicht als Kampf gedeutet, sondern als Heirat. Überhaupt entspricht in erstaunlich vielen archaischen Kulturen die Einverleibung als Speise der geschlechtlichen Vereinigung.

Nahrungsnetze und andere ökologische Abhängigkeiten bilden daher einen Urtyp der Kommunikation. Das ist eine Weisheit, deren Bedeutung gar nicht überschätzt werden kann. Sie lautet: In einem Ökosystem sondert der Tod, »rot an Zahn und Klaue«, wie es in dem berühmten Vers Tennysons heißt, nicht nur wie ein stählernes Messer die Individuen voneinander ab, sondern er verbindet sie auch miteinander. Alle sind voneinander abhängig, weil sich immer ein Wesen ein anderes einverleibt und nur durch diese Nahrung überleben kann. Fressen und Gefressenwerden entstammen einer Logik der Gemeinschaft, die ein und denselben Stoff teilt. Der Tod ist in der frühen Symbolik der Menschen nicht nur Verderben, sondern auch Verschmelzung. In den ökologischenNahrungsketten sehen archaische Gesellschaften darum vielfach eine Sprache, die von der Intelligenz der Gemeinschaft erzählt, von ihrer unauflösbaren Verflochtenheit, die zu respektieren erste Überlebensregel ist.

Das Vorbild der Natur zeigt: Auch scheinbar gegenläufige Prozesse können auf einer tieferen Ebene Harmonie hervorbringen. Richtige Kommunikation ist demnach immer auf die Welt der Kreaturen und Pflanzen bezogen und darum bemüht, das feine Gewebe des Lebendigen nicht zu verletzen. Das Reich der »Ahnen« eingeborener Völker, das diese in ihrem Alltag ständig präsent halten, ist zugleich das der Natur, in der die ersten »Ahnenwesen« nach der Erschaffung der Welt verschwunden sind. Die Schöpfer sind in solchen Kulturen halb Natur, halb latente Kraftquelle, die immer noch Neues hervorzubringen vermag. Das ist auch die »Traumzeit« der australischen Ureinwohner: Alle Dinge sind in Wahrheit noch die heilige Substanz, sind Rohmasse der Schöpfung, die jederzeit erneut ihre Kraft erweisen kann.

Nach der Meinung von Evolutionsbiologen wie Edward O. Wilson und Humanökologen wie Paul Shepard können wir uns von der gedanklichen Verbundenheit mit den Tieren gar nicht lösen – denn sie war der Weg, auf dem sich die Gattung Homo langsam aus dem unbewussten Eingebettetsein in die Natur herausgewunden hat. Die Menschen haben sich von der Natur getrennt, indem sie deren Regeln verinnerlicht und zur Grundlage aller Abstraktion gemacht haben, meint Shepard.

Das hieße paradoxerweise: Das Abstraktionsvermögen ist das Erbe der Natur in uns. Wir sind selbständig geworden, indem wir die symbolische Funktionsweise unserer Körper nach außen getragen haben – in die Kultur.

Die Bedeutungen eines rituellen Gemäldes haben die archaischen Künstler nicht in freier Phantasie erfunden. Ihre Sinnbilder entspringen immer der Notwendigkeit. Sie stellen auf der tiefsten Ebene die ökologischen Beziehungen dar, denen auch der Mensch nicht entfliehen kann. Sie sind Landkarten des Lebens und darum ebenso wirklich wie die Natur selbst. Sie sind nicht nur Symbole, sondern auch Teil von unserem Fleisch und Blut. Etwas in uns lässt sich nur dann erfassen, wenn wir es als Teil der belebten Welt erkennen und in deren bildlicher Sprache ausdrücken. Das Verhältnis des Menschen zu den Tieren ist dabei das gleiche, das er zu seinem eigenen Körper hat. Beide bewegen sich von allein – autonom – und sind nicht in voller Tiefe kontrollierbar. Das Tier kann einem Menschen somit zeigen, was er selber ist – oder im besten Falle zu sein vermag.

Diese Verflochtenheit erklärt auch, warum Stammesgesellschaften so sensibel auf den Schwund natürlicher Lebensräume reagieren. Weil die archaischen Völker ihre Gesellschaften als ein Pendant zur Natur verstehen, vernichtet deren Zerstörung auch die Gesellschaft. Jeder Raubbau wird zu einer kosmischen Katastrophe. Ohne die Bezugspunkte in der realen Landschaft sind die Menschen auch moralisch orientierungslos. Aber wenn die archaischen Gesellschaften recht haben und alles Kulturelle in der Tiefe eine Ökologie ist, die uns mit der Natur verbindet, dann vernichtet Naturzerstörung letztlich immer die Gesellschaft. Auch in unserem Fall. Ihr Tod wird sich bloß später zeigen. Vielleicht sind BSE und Vogelgrippe bereits ein erster Vorgeschmack auf unsere eigene Bedrohtheit.

Kein Kind ohne Tiere

Es gibt ein Indiz, das die Hypothese extrem wahrscheinlich macht, dass Tiere auch für uns notwendig sind – für unser »wildes Denken«. So nannte der Anthropologe Claude Lévi-Strauss jene Art, die Welt zu verstehen, die am tiefsten in unser biologisches Wesen eingebettet ist. Dieses Indiz sind die Kinder. Dass Kinder von Tieren fasziniert sind und dass es gut ist, sie mit Tiersymbolen jeglicher Form zu »ernähren«, ist in unserer Kultur eine unumstrittene Tatsache. Man hat sogar das Gefühl, dass sich die Kuscheltiere, Diddl-Mäuse, Tabalugas und Lätzchen-Teddys umso unaufhaltsamer ausbreiten, je stärker ihre realen Verwandten schwinden. Jedes erste Bilderbuch ist ein Tierbuch – kulturübergreifend. Viele psychologischen Tests für Kinder arbeiten mit Tiersymbolen, um die Wahrnehmungsfähigkeiten zu testen. Und tatsächlich würden sich die meisten zwölf Monate alten Krabbler auf einem Spielplatz begeistert aus ihren Buggys stürzen, um einen vorbeitrabenden Hund nur zu berühren. Kinder reagieren magnetisch auf Tiere. Sie fliegen auf sie wie Motten aufs Licht. Warum? Auch das hat noch kaum eine Theorie untersucht. Aber das ist ein Skandal! Mitten in unserer Vorstellung von der frühkindlichen Entwicklung prangt ein riesiger weißer Fleck. Seine Gegenwart hat freilich damit zu tun, dass wir alles, was nicht sprechen kann, gnadenlos unterschätzen und unterbewerten. Immer noch.

Gleichwohl hat die Entwicklungspsychologie mittlerweile viele der seltsamen Verhaltensweisen unserer Kleinsten entschlüsselt. Sie hat dabei den Nutzen auch scheinbar sinnloser Handlungen herausgefunden. Die Botschaft ist: Fast jedes Verhalten folgt einem geheimen Zweck. Besonders solches, das Eltern regelmäßig zur Weißglut bringt. Ein wissenschaftlich gebildeter Papa hebt darum den fallengelassenen Löffel notfalls auch hundertmal auf, weil er weiß, dass seine Kleine nur so die Verbindung von Ursache und Wirkung erfährt. Alles kindliche Verhalten steht unter dem Stern der Neugierde, so die generelle Vermutung von Entwicklungspsychologen. Alles Tun schließt weiteres, klügeres Tun auf. Kinder sind pädagogische Naturtalente, die wissen, was sie brauchen, um die Welt verstehen zu lernen. Jeder Krabbel-Spaziergang unter dem Esstisch wird für sie zu einer Expedition, jedes Spiel ist der Keim einer neuen Erfahrung. Überall in der Welt begegnen sie ihrer Zukunft.

Wenn das so ist, muss allerdings auch die kindliche Tierbesessenheit einen Sinn haben. Sie muss ein tiefes Bedürfnis erfüllen. Und wir Eltern täten gut daran, auch dieses Suchbild mit Inhalt zu versorgen und den Kindern so viel Tier wie möglich zu erlauben. Was aber ist es, das Kinder in den anderen Wesen finden?

Der Humanökologe Shepard meint, Sechsjährige seien geistig und seelisch immer noch Kinder prähistorischer Jäger. Das allerdings nicht, weil deren Bedürfnisse genetisch in unseren Gehirnen verdrahtet und wir darum mental unentrinnbar an die Natur gekettet wären, wie es der Soziobiologe Wilson annimmt. Vielmehr existieren wir selbst als ein Wesen aus Fleisch und Blut, das sich nur verstehen kann, wenn es seine Denkkategorien aus der Zugehörigkeit zu einem gigantischen und unabsehbar verwobenen Netz der Anderen erfährt. Sie sind wie wir und dennoch grundverschieden. Tieren zu begegnen wäre dann so etwas, wie laufen zu lernen: Nämlich das zu tun, wofür der Körper gemacht ist. Tieren mit den Augen, mit den Händen, mit dem Herzen zu folgen erlaubt uns, wir selbst werden zu können. Eine solche Entwicklung lässt sich nicht als Exekution eines genetischen Programms verstehen. Sie ist vielmehr das Begehren eines Körpers, der nicht anders sein kann, weil all seine Logik aus der Art, wie er gebaut ist, folgt: aus Fleisch und Blut.

Schon die Sprache benötigt den Rückhalt im Körper, damit wir das ganze Spektrum unserer Kategorien ausbilden können: oben und unten, Glück und Trauer, Verbundenheit und Trennung. Die Einsicht von Lakoff und Johnson, die ich im vorigen Kapitel geschildert habe, ist unmissverständlich: Ohne Bezug auf den Körper könnte sich unsere Sprache nicht entwickeln. Unsere Denkwege entspringen nicht der »reinen Vernunft«, sondern der Ratio des lebenden Leibes. Jede Abstraktion beginnt hier immer mit dem Konkretesten. Dabei stellt sich mehr und mehr heraus: Um diesen eigenen Leib in voller Tiefe zu erfassen, sind auch andere Körper lebenswichtig. Wir können nur in einem Netz verkörperter Wesen zu uns selbst finden. Aber erst die allerjüngsten Erfolge der Kognitionsforschung zeigen mit wissenschaftlicher Autorität, warum das werdende Gehirn für eine normale seelische Entwicklung ein Gegenüber braucht, das aus lebendem Stoff besteht, das leuchtet vor unergründlicher Fremdheit. Einen Blick aus schwarzen Augen, der mich ansieht, mich taxiert und der nichts von mir verlangt. Einen Blick von weit, weit her. Einen Blick aus der Aristokratie des Seins.

Ich kehrte um, als die Sonne hinter den Wellen der Landschaft verschwunden war. Der Wind, kaum warm zuvor, wurde nun kalt und schneidend, und die Dunkelheit fiel rasch wie eine Wolke schweren Rauches. Ich konnte auf meinen Trittspuren im knisternden Teppich der trockenen Kräuter zurückstapfen. Im Grau, das immer tiefer sank, kam es mir so vor, als wanderte ich in einer unendlichen Schneelandschaft oder durch Halden von kalter Asche.

Während ich diese Worte schreibe und beim Schreiben innehalte und aufblicke, um den Erinnerungen nach Äthiopien zurückzufolgen, huscht draußen vor meinem Fenster ein Fuchs vorbei. Er schnürt durch den buschbestandenen Rand des Berliner Windmühlenbergs. Es ist kurz nach drei Uhr nachmittags. Ich sehe seinen rötlichen Rücken, den Pelz, nässeverklebt vom Regen, der eben noch vom Himmel prasselte, und dann die unverwechselbare weiße Spitze seines dicken Schwanzes. Zielstrebig gleitet der Fuchs durch die feuchten Pflanzen hinter meinem Garten. Er hat keinen Blick übrig für mich hinter dem Fenster, hinter dem Bildschirm, obwohl er gewiss weiß, dass ich hier bin. Dieses Tier ist ein Kosmos für sich. Es ist geradezu eine Persönlichkeit, an die ich kaum heranreiche. In ihrem Verhalten ist alles notwendig.

Bevor ich in meinen ländlichen Berliner Stadtteil zog und seither oft den Fuchs in meinem Garten gesehen habe, war mir nicht klar, wie geradezu schlangenhaft elegant dieses Tier ist. Es gleitet unter Zäunen hindurch oder setzt mit unerwarteter Grazie über sie hinweg. Der Fuchs ist immer noch unheimlich in seiner hybriden Natur, die Eigenschaften vom Hund und von der Katze mischt. Und sein Charakter ist noch in anderer Hinsicht unfassbar, doppeldeutig. Der Fuchs pirscht sowohl am Tag als auch in der Nacht, er wird gejagt und doch nicht gegessen, und er bewohnt die Grenzbereiche: Waldränder, Friedhöfe, die nächtlichen Straßen der Metropole. Als ich ihn jetzt für wenige Augenblicke sehe, in geradezu arroganter Eile, da begreife ich: Er gehört nur sich ganz allein. Er verkörpert wie kaum sonst ein Wesen in unserer Umwelt die erhabene Unabhängigkeit des Raubtiers auch in uns. Wir ähneln ihm – oder vielmehr: Viele unserer Wünsche streben nach seiner geheimnisvollen Weise, sich die Welt verfügbar zu machen. Darum verbürgt sein kurzes, rätselhaftes Auftauchen, was uns am wertvollsten ist: die Freiheit.

Als ich in unserem Camp ankam, war Getachu wieder da. Er hatte auf dem Feuer Nudeln gekocht und eine Pastasauce zubereitet, an der man den italienischen Einfluss auf Abessinien schmeckte. Ich aß an einem Plastiktisch, den Getachu zusammengesteckt hatte, abseits von ihm und seiner Tochter und den zerschlissenen Helfern, die sich in ihren dünnen Blazern und zerfransten Decken an den sprühenden Flammen wärmten, ihre Körper eine dunkle Wand, aus der nur die Augen leuchteten.

Getachu hatte nichts erreicht. In Mehal Meda streikte das Telefon. Ein Schweißgerät, mit dem man das Stahlgehäuse um die Achse wieder notdürftig hätte flicken können, gab es auch nicht. Am folgenden Tag wollte er versuchen, eine Fahrgelegenheit auf der Straße zurück nach Debre Sina zu finden, die letzte größere Stadt, durch die wir gekommen waren. Der Ort hatte kaum anders gewirkt als ein ausgedehnter Slum aus aneinandergereihten niedrigen Hütten, die mit Wellblech gedeckt waren. Hier gab es schon kaum Autos mehr, die Gassen quollen vor Pferderikschas über, vor deren kreiselnden und eiernden Rädern die Zugtiere fast zusammenbrachen. Esel ächzten unter hohen Lasten auf hölzernen Traggestellen. Einer war unter seiner Fuhre Steine umgekippt, weil ihn spielende Kinder mit einem Autoreifen in voller Fahrt getroffen hatten. Als das Tier sich nach mehreren Anläufen wieder auf die Füße wand, konnte ich seinen blutigen Rücken sehen. »Sie beladen sie wie Isuzu-Kleinlaster«, sagte Getachu.

Wir hatten in Debre Sina in einem kleinen Hotel übernachtet, dessen niedrige Zimmer sich um einen Innenhof gruppierten. Über dem Wellblechhaufen der Stadt kreisten hunderte schwarzer Vögel im scharfen Wind, ein Ascheregen großer gezackter Flocken. Es waren Milane auf der Suche nach Müll, die am Himmel ihr zielloses Ballett aufführten; Runen einer namenlosen Freude. Als es dunkel war, gingen wir über den kaum beleuchteten Platz vor dem Hotel, um in einem der kleinen Kioske Wasser zu kaufen. Über den zersplitterten Schuttbelag am Boden ergoss sich ein fahler Mond, dieses Nachtgestirn Afrikas. Später, im Zimmer auf der schäbigen Decke, überwältigte mich ein ungeahntes Gefühl von Geborgenheit.

Am Morgen hatten wir von Debre Sina aus telefoniert. Zum Telecom-Center mussten wir über den Markt gehen. Ein paar Zottelfelle von frisch geschlachteten Schafen lagen im Staub wie achtlos hingeworfene Jacken. Auf dem Dach der Telefonzentrale balzten zwei Perlhalstauben in bewusstloser Eleganz. Einige Scheiben waren eingeschlagen und durch Bretter ersetzt. Zum Warten reichte mir die Dame hinter dem Schalter einen Zettel aus holzigem Papier, ein unverständliches Formular mit den Schnörkelzeichen des Amharischen, die mir wie biblische Handschrift vorkamen. Auf dem schmutzigen Boden lagen die Leichen riesiger brauner Falter, deren Flügel leuchtend weiße Augen trugen. Sie wirkten wie achtlos fortgeworfene Einladungen zu einem unbekannten rauschenden Fest.

Ich spürte die Blicke der Männer im Rücken und aß nur wenig. Vor meinem Campingtisch breiteten sich die fahlen Schafgarbe-Matten aus wie eine wellige Haut. Der Mond stieg über den Hügel im Osten hinaus, groß wie eine bleiche Sonne, und übergoss die Ebene mit einem Mosaik aus silbernem Licht und samtigem Schatten. Sein Schein erhellte den ganzen Himmel und ließ die Stratokumulus-Schicht fluoreszieren, als wäre sie aus Perlmutt. Die Wolken glitten über den Nachthimmel dahin, Eisberge auf einem schwarzen Meer.

Getachu hatte viel zu viel gekocht, und ich hatte meine Portion kaum angerührt. Als ich aufstand, stürzten sich die Männer auf den Topf mit Nudeln. Meine Beine waren eingeschlafen und schmerzten von der Kälte. Auf dem Weg zum Zelt begegnete ich Demessi, einem der Männer, die unser Lager bewachten. Er hockte auf dem Boden, den Rücken an ein paar Steine gelehnt, und nickte mir zu. Ich sah kaum mehr als das Leuchten seiner Augen und die Lichtreflexe, die der Lauf der alten Mauserflinte zurückwarf, die neben ihm lehnte.

In der Nacht kam die Höhenkrankheit zurück. Ich konnte kaum schlafen. Immer wieder wachte ich auf und hatte das Gefühl, dass es schon längst Morgen sein müsse – und doch war der Zeiger meiner Uhr erst ein paar Minuten weitergerückt. Es klingelte in meinen Ohren, ich hatte Durst, ich musste Wasser lassen und mir war zum Speien übel. Ich öffnete den Reißverschluss des Zelts – sein Ratschen verursachte eine kleine Explosion im schwarzen Schweigen – und kroch ins Freie. Das harte Gras war voller Tau, der die Knie meiner Hose sofort durchnässte. Ich ging ein Stück durch den knirschenden Pflanzenwuchs und stand dann allein zwischen den Bergen. Der Mond leuchtete fern über dem anderen Kamm und machte aus den Hügeln eine Gegenlandschaft in Schwarzweiß, das Negativ-Abbild einer Landschaft. Ich vernahm nur den Wind, diesen Zuträger der Stille. Nichts war sonst zu hören, als würde die Lautlosigkeit mich körperlich berühren. Es war ein Angriff, eine Übernahme, die ich staunend geschehen ließ: Ich war eingehüllt in klirrende Stille. Ich blickte nach oben. Die Sterne waren so zahlreich geworden, dass sie den Himmel verschleierten. Ich war plötzlich sicher, dass man in dieser Landschaft mit einem Glücksfunken im Herzen sterben würde.

8 DENKEN LERNEN: DEN ANDEREN SPIEGELN

Tiere, sagst Du. Was meinst Du?
Du meinst alles Lebendige, das Du liebst, weil Du es nicht verstehst.
Elias Canetti, »Über Tiere«

Am Morgen weckte mich die Stimme von Demessi, der ein paar Brocken Englisch sprach. »Emergency! Aspirin!«, sagte es dumpf vor dem Zeltausgang. Meine Nase war kalt. Ich richtete mich mit dem knisternden Schlafsack empor und zog den Verschluss nach unten. Auf der Zeltbahn glitzerten Eiskristalle. Demessi deutete auf das Zelt von Getachu. Der Eingang war verschlossen. Davor lag eine Mineralwasserflasche, zu einem Viertel gefüllt mit bräunlichem Urin. Aster war schon auf und hatte das Feuer angefacht. Ich riss die Nylonbahn vor Getachus Schlafstatt auf. Drinnen lag der Fahrer apathisch in seine Decke gewickelt. Die seiner Tochter hatte er noch darüber gedeckt. Er schien mich nicht zu sehen. »Was ist los?«, fragte ich. Er drehte sich um und sah wirklich ziemlich krank aus. Schleppend sagte er, das kenne er schon, diese Gelenkschmerzen, das sei Malaria. Er habe letztes Mal nicht genug Lariam genommen. Das komme von den Safaris ins tropische Tiefland. Der Schüttelfrost warf seine Zähne gegeneinander. Getachu schloss die Augen und tauchte wieder ab in eine Welt, in die ich ihm nicht folgen konnte.

Malaria. Ich saß im Zelt und studierte die Beipackzettel der mitgebrachten Medikamente; den medizinischen Ratgeber, den mir mein Hausarzt gegeben hatte. Also Lariam. Aber half das noch, wenn Getachu aus Geldmangel immer zu wenig geschluckt hatte und der Erreger vielleicht längst resistent war? Und was war mit den berüchtigten Nebenwirkungen? Mir fielen die Geschichten ein, die mir ein Kollege erzählt hatte, von den psychotischen Schüben, die ihn unter Lariam immer heimsuchten. Getachu sagte, er vertrage es gut. Aber hatte er wirklich Malaria? Eigentlich mussten wir in die Klinik, nach Mehal Meda, in das ärmste Barackennest Äthiopiens. Getachu wollte nicht. Er glaubte, dass sie da keinen Test machen könnten und keine Medikamente hätten und dass sie ihn überhaupt höchstwahrscheinlich umbringen würden. Ich dachte das auch, obwohl mir die Entscheidung schwerfiel. Aber letzten Endes hatten wir sowieso kein Auto, um Getachu nach Mehal Meda zu bringen. Ich drückte ein paar Tabletten aus der Alufolie. Nun hatte ich für mich kein Lariam mehr.

Getachus Tochter kochte ungerührt weiter Kaffee. Später, während seiner Agonie, lag sie vor dem Zelt und sang, leise, fremd und süß, und es klang wie der gute Geist des Camps. Getachu krümmte sich in seinem Schlafsack, als würde er sterben.

Ich trank von Asters bitterem Kaffee, aß etwas Brot und ging los. Demessi begleitete mich. Die Schnalle am Lederriemen seiner Flinte klapperte gegen den Lauf. Ich wollte versuchen, über die Hochebene bis zur Kante des Rift Valleys zu kommen. Wir konnten kaum miteinander reden. Ich hatte Demessi mein Ziel auf der Karte gezeigt, aber ich wusste nicht, ob er mich verstanden hatte. Ich wusste nicht, ob ich heute spurlos in diesen Bergen verschwinden würde. Oder ob mein Verschwinden bereits begonnen hatte.

Die Morgensonne vertrieb schnell die Eiseskälte. Als wir den Hügelkamm überschritten, waren wir auf einmal mitten in einer Herde Paviane. Sie schnalzten und schmatzten hinter den Dornen der abessinischen Rosen, die hier in einzelnen Büschen den Hang übersäten. Als wir weitergingen, kreischten die Affen los wie aufgescheuchte Hühner und galoppierten ein Stück vor uns den Hang hinauf. Das seidige Fell der Männchen glänzte im Morgenlicht. Wie sauber sie waren! Als Kind hatte ich vor den Zementklüften von Hagenbecks Tierpark gelernt, dass es kaum etwas Schmutzigeres gibt als Paviane. Und hier: Ihr Pelz glitzerte vor Reinheit.

Wir gingen weiter durch den knisternden Schafgarbehügel. Einen Meter entfernt zerschnitt der Flügel eines Mauerseglers die Luft, als wäre sie eine zum Zerreißen gespannte Stoffbahn. Über die gescheckten Hänge flohen Lichtflecken und hinterließen eine Spur von Wärme. Hart am Rand der Steinklippen begegneten wir einem einzelnen Mann, der langsam bergab stieg. Gelb leuchtete das stumpfe Gras, grau und weiß die Steine unter ihrer Flechtenlast. In schmutzigen Bärten flatterte das Moos von den einzelnen Stämmen der Baumheide, vom Wind gezaust wie die zerfetzten Kleider der Hirten. Der Wanderer kletterte hinab ins Tal, das hunderte von

Höhenmetern unter uns lag. Wir hielten ihn an. Demessi versuchte zu übersetzen. Der Mann war unterwegs, um dort unten bei der Ernte Arbeit zu finden. Seine Kinder verhungerten. Als wir mit ihm sprachen, zog er mit einer mechanischen Bewegung immer wieder die durchlöcherte Decke über der Brust zusammen. Seine Rippen klafften hervor. Seine Beine waren dünn wie die eines Mädchens. Ich gab ihm einen viel zu kleinen Geldschein. Der Mann fiel mir zu Füßen, umklammerte meine Knöchel und presste die Stirn ins Gras. Ich konnte ihn nur mit Mühe wieder zum Aufstehen bewegen. Dann zog der Verhungernde seinen Umhang zurecht, warf sich eine Falte der Decke über den Kopf und ging. Der Saumpfad war in der steilen Bergflanke kaum zu sehen. Die Spur wand sich in Schleifen einen langen Absturz hinab. In den Kurven reckten Lobelien ihre ananasartigen Büschel empor. Langsam versickerten die Schritte des Wanderers im zerklüfteten Hang.

Demessi sah den Wolf zuerst, und das auch nur, weil das Tier zu winseln und zu fiepen begann. Sein Körper war schwer zu erkennen. Er kauerte in einem trockenen Bachlauf. Das rötliche Fell ließ sich von der Farbe der Erde kaum unterscheiden. Den Kopf erhoben, den Oberkörper aufgerichtet und auf die langen schönen Vorderläufe gestützt, jaulte der Wolf mit weit geöffneter Schnauze in den Himmel. Die Töne überraschten mich. Wie verspielt, wie hundeartig klangen sie! Zudem kam das Winseln, Jaulen, Quietschen und Kläffen hier oben zeitversetzt und seltsam bezuglos zu den Maulbewegungen an. Ich starrte auf den Wolf. Eine halbe Stunde hatte ich von hier oben auf der Anhöhe mit dem Fernglas den Hang abgesucht und nichts gesehen. Dabei war das Tier die ganze Zeit da gewesen, ohne sich zu regen, ein Teil der Berge, die wir ahnungslos durchschritten. Demessis Gesicht nahm bald wieder den abwesenden Eindruck an, den es auch am Abend auf der Wache gehabt hatte. Das Tier unterbrach sein Belfern, sah eine Weile zu uns hinauf und wendete den Kopf ab, als wir uns nicht rührten. Dann sprang es auf und schnürte davon.

Als wir gerade losgehen wollten, kläffte wieder etwas – diesmal von der gegenüberliegenden Seite des Hügels herab. Als ich mit dem Fernglas suchte, sah ich ein anderes Tier dort oben im Gras liegen. Dann tauchte das erste an jener Stelle auf. Sie begrüßten einander wie junge Hunde, wedelten mit dem Schwanz, balgten ein wenig. Die helle Zeichnung unter ihren Schnauzen blitzte in der Sonne. Der größere, jener, der im Gras gelegen hatte, streckte sich und drückte seine Hinterläufe gähnend durch. Er witterte in die Runde, machte dann einen spielerischen Ausfallschritt auf den anderen zu, der zurücksprang. Es folgte eine halbe Stunde voller welpenhaftem Spiel. Wie viel Selbstverständlichkeit in jeder ihrer Gesten! Sie zeigten in jeder Bewegung, dass alles hier ihr Gras war. Ihr Imperium. Sie konnten sich in seiner raschelnden Pracht wälzen, wann immer sie wünschten. Sie waren die Herren dieser Berge. Wie viel Genuss, wie viel Begeisterung lag in diesen schönen Tieren! Die Wölfe fiepten und jieperten und tanzten in einem Ballett der Lebensfreude.

Was Babys denken

Lebensfreude? Sollten wir bei Tieren einen solchen Begriff nicht mit größter Vorsicht verwenden? Vielleicht lieber gar nicht? Oder liegt gerade in seiner Verwendung der Schlüssel zu ihrem Verhalten und dessen Bedeutung für uns? Wie schnell sich die Vorstellungen der Wissenschaftler darüber wandeln, welche kognitiven Fähigkeiten man einer Art zuschreiben darf, zeigt der Fall von Homo sapiens. Noch vor wenigen Jahren behandelten Entwicklungspsychologen Neugeborene, Säuglinge und Kleinkinder bis zu einem bestimmten Alter kaum anders als Tiere. Die gültige Lehre lautete: Solange das Sprachvermögen nicht ausgebildet sei, könne ein Kind kein Bild von der Welt haben. Auch kenne es seine eigenen Gefühle nicht und erlebe darum bloß so etwas wie ungestalte Affekte. Bewusstsein gar, das Juwel humaner Selbstkrönung, gestanden die meisten Biologen und Psychologen einem Kind erst zu, sobald es »Ich« sagen konnte, also zwischen anderthalb und zwei Jahren.

Ohne den Besitz der Worte und der entsprechenden geistigen Vorstellungen könne ein Säugling überhaupt nicht zwischen sich und der Umwelt unterscheiden. Sein Ego, von mächtigen Affekten regiert, sei auf die ganze Welt hinausgebläht. Auch die eigene Mutter erlebe ein kleines Kind zunächst als eine solche Ausstülpung seiner selbst. Sie sei gewissermaßen ein gigantischer Körperanhang, an dem zu lutschen dem Baby Lust verschaffe. Gerade die Psychoanalyse geht bis heute von einer solchen »primären Symbiose« aus. Weil diese irgendwann zerreißen muss, sind wir alle vom Urtrauma der Vereinsamung geprägt, heißt es. So wird die ganze Gesellschaft zu einem Gefängnis, aus dem wir uns nicht befreien könnten.

Die Geschichte von der symbiotischen Einheit des Kindes mit der Mutter ist so tief in unsere Alltagspsychologie eingesickert, dass niemand mehr fragt: Stimmt sie überhaupt? Oder haben wir die Trennung, die unsere moderne Tragik angeblich ausmacht, selbst erfunden? Die gewagten Vermutungen, die viele Jahre lang bestimmt haben, wie der moderne Mensch sich selbst verstand, hätten vermutlich anders ausgesehen, wenn die Wissenschaftler ihre Welt nicht säuberlich in zwei Bereiche aufgeteilt hätten. Heute noch stehen auf der einen Seite die rationalen Akteure, die der Sprache fähig sind, den ohnmächtigen Reflexmaschinen gegenüber, die zu unbewussten Reaktionen verdammt sind. Und Säuglinge wurden noch vor wenigen Jahrzehnten ohne Narkose operiert, weil Ärzte glaubten, Babys empfänden keinen Schmerz.

Während Psychoanalytiker immer noch symbiotische Traumata bekämpfen, haben Kognitionsforscher in jüngerer Zeit einige hochinteressante Entdeckungen gemacht. Die US-Wissenschaftler Andrew Meltzoff und Keith Moore stellten Mitte der 1990er Jahre fest, dass schon Neugeborene wenige Minuten nach der Entbindung den Ausdruck menschlicher Gesichter imitieren können (übrigens nicht nur den der Mutter). Noch vom Fruchtwasser feuchte Babys streckten fröhlich die Zunge heraus, wenn ihnen Forscher die eigene zeigten. Auf andere Grimassen hin grinsten die Babys und rümpften die Nase mit einer Bereitwilligkeit, als bereite ihnen nach den Geburtsstrapazen genau diese Tätigkeit das denkbar größte Vergnügen.

Ihre Beobachtungen stellten die Forscher freilich vor ein schwieriges Dilemma. Wie kann der Säugling sein Imitationsverhalten steuern? Er hat sich doch noch nie im Spiegel gesehen. Wie kann er wissen, dass auch er ein Gesicht hat, genauso eines wie diese Kugel mit den drei Löchern und dem Höcker in der Mitte, die sich vor seinen Augen lustig verzieht? Wie kann ein Baby verstehen, dass das, was es »innen« fühlt, ein Außen hat, das genauso beschaffen ist wie das, was es da gerade fasziniert anstarrt? Dabei war Meltzoff und Moore ziemlich schnell klargeworden, dass es sich bei diesen Nachahmungen nicht um Reflexe handeln konnte. Das Verhalten von Babys war viel flexibler, als es eine angeborene Reaktion je sein könnte – etwa die, dass frisch geschlüpfte Küken ihren Rachen aufsperren, sobald der Altvogel das Nest mit Nahrung anfliegt. Dafür waren in den Experimenten die Grimassen einfach nicht stereotyp genug. Die Säuglinge genossen es, alles Mögliche nachzustellen. Die Kinder konnten ihr Verhalten allerdings auch nicht gelernt haben. Sie waren ja gerade erst ein paar Minuten auf der Welt. Was sie taten, kam aus ihnen selbst – aber nicht in Form einer angeborenen Reaktion, sondern als eigenständige Aktivität. Wann hatten sie diese Fähigkeit erworben? Mit der Geburt, schlagartig? Das war unwahrscheinlich. Also noch im Mutterleib. Aber in welchem Stadium der Embryonalentwicklung? Mit sieben Monaten? Mit fünf? Mit sechs Wochen, als die ersten menschlichen Gliedmaßen knospten? Schon davor, während sie noch als seltsames Raumschiff aus Zellen durch den roten Kosmos des Mutterleibs schwebten?

Die Lösung des Rätsels erscheint einfacher und zugleich seltsamer, als Psychologie und Biologie lange wahrhaben wollten. Es ist schlicht so: Kinder wissen, dass die Empfindungen, die sie innen haben, nach außen ein Körper sind, nicht anders als jener vor ihnen. Schon Neugeborene erleben ihre Mutter somit als ein Gegenüber. Säuglinge wissen offenbar auch, dass der mütterliche Körper mit genau der gleichen Innerlichkeit begabt ist, die sie selbst fühlen. Neugeborene verstehen vielleicht sonst nichts, aber eine Sache wissen sie mit einer Klarheit, um die wir sie beneiden können: dass sie Lebewesen sind, deren Gefühle eine mit den Fingern betastbare, mit den Blicken wahrzunehmende sichtbare Außenseite haben. Oder, noch allgemeiner ausgedrückt: Sie wissen, dass sie Materie sind, die zu Gefühlen fähig ist.

Wenn bei Babys nicht einmal der Anfang ihrer Imitationsfähigkeit festgelegt werden kann, scheint diese eine der ersten Eigenschaften des werdenden Menschen zu sein. In letzter Konsequenz bedeutet diese Fähigkeit, dass Kinder von Anfang an intuitiv erfassen, was es heißt, Subjekt zu sein. Das Kind spult also kein vorgefertigtes genetisches Programm ab, in das die Verhaltensmuster des Alltags als psychologische Module eingeprägt sind. Dennoch nehmen viele die Erkenntnisse aus der Neugeborenenforschung noch nicht wirklich zur Kenntnis. So sagt etwa der Kognitionsforscher Jerry Fodor mit der Chuzpe eines smarten Computernerds: »Wenn ich Homo sapiens hätte entwerfen müssen, hätte ich ihm ein Grundwissen der Alltagspsychologie als angeboren mitgegeben. Die empirischen Beweise, die dafür sprechen, dass Gott es genau so gemacht hat, sind in der Tat ganz hübsch.«[19]

Aber die Indizien, die dagegen sprechen, sind inzwischen auch ganz ansehnlich. Denn eine solche angeborene Kenntnis ist sehr unwahrscheinlich. Nur die Ausgangsbedingungen, aus denen sich eine Körperstruktur organisiert, sind vererbt. Am ersten Anfang steht staunendes Erleben – das Erleben eines Wesens, auf der Welt zu sein. Was es ist – und was andere sind –, erfährt ein Kind erst im Spiegel des Gegenübers. Es begreift sich selbst als Subjekt im Körper eines anderen. Weil es das kann, begreift es auch andere solche verkörperten Subjekte.

Wenn etwa jemand mit den Augen zwinkert, versteht der Säugling aus sich selbst heraus, dass dieses eine Bewegung ist, die zu einem bestimmten Gefühl gehört – dem Erlebnis, die Augen zu öffnen und wieder zu schließen. Forscher haben Babys dazu gebracht, nicht nur die Zunge vorzuschieben, sondern auch den Mund zu spitzen, die Lippen zu schürzen oder sie leicht zu öffnen – alles durch Imitation in den ersten Stunden nach der Geburt. Aber was sagt dem Säugling, was zusammengehört? Was genau ist diese innere Einheit? Wie fühlt es sich an, ein Säugling zu sein? Im Zentrum der Kognitionswissenschaft steht heute das Erleben eines Wesens, das die meisten Forscher vor wenigen Dekaden für nicht viel wacher als eine Kröte hielten. Was uns die Neugeborenen zeigen, bringt uns dem innersten Mysterium näher – der Frage: Was ist ein Subjekt in seinem Kern?

Ein Sinn für alle Sinne

Meltzoff erklärt den Imitationsinstinkt der Kleinen damit, dass sie ihren Körper auf eine »supramodale« oder »synästhetische« Weise spüren. Damit meint der

Forscher, dass alle Sinneseindrücke irgendwie ein und dieselbe Sprache sprechen, bevor sie nach der jeweiligen Zugehörigkeit sortiert werden. Das betrifft die verschiedenen Kanäle, mit denen wir die Welt »außen« erleben, wie Sehen, Hören, Riechen, Schmecken. Aber auch unsere eigenen Gesten und Bewegungen nehmen wir »innen« zunächst synästhetisch wahr. Der Klang der Stimme, der Tonus der Haut, die Bewegungen der Glieder – all diese Erregungsmuster laufen auf der Ebene der kindlichen Subjektivität aufs Gleiche hinaus.

Doch nicht nur die Inputs von Auge, Ohr, Haut und Gaumen sind laut Meltzoff für einen Säugling gleichwertig. Die Identität der Sinne ist viel radikaler. Auch die Erfahrungen, die es an den Gesten eines anderen Menschen ablesen kann, erregen ein Neugeborenes auf dieselbe Weise wie seine eigenen. Anders lässt sich das Imitationsgenie der Babys nicht erklären. Dabei betont Meltzoff, dass die einzelnen Kanäle der Sinne und die Bereiche von selbst und fremd nicht erst im Nachhinein zu einem ganzheitlichen Erlebnis verknotet werden. Vielmehr sind sie von Anfang an das Gleiche. »Wir können bildhaft sagen, dass die Wahrnehmung von anderen und die Eigenwahrnehmung von der Geburt an die gleiche Sprache sprechen; es gibt keinen Bedarf, sie später zu ›assoziieren‹«[20], meint Meltzoff.

Und eben hier taucht wieder die »Lingua franca« der Leiblichkeit auf. Sie überbrückt nicht nur die verschiedenen Dimensionen, in denen ein einzelnes Subjekt sich erlebt. Sie ist auch die verbindende Substanz zwischen den Subjekten. In ihr drückt sich das Erlebnis der eigenen – inneren und äußeren – sowie der fremden Zustände gleichermaßen aus. In der Währung subjektiv gespürter Bedeutung sind innen und außen, selbst und fremd, Gesten und Worte dasselbe. Sie sind es von Anfang an, schon beim Baby, wohl auch beim Fötus und vermutlich genauso bei jedem lebenden Subjekt. Welchem Idiom aber folgt diese »Lingua franca«? Welche Sprache ist allgemeiner als die der einzelnen Sinne, umfassender als die meiner und deiner Nöte? Welche Sprache versteht es, zugleich innen und außen auszudrücken?

Das Antlitz, das ein Säugling vor sich sieht, zeigt sich ihm weniger als kontrolliertes Gesicht, sondern vielmehr als verkörpertes Gefühl. Es zeigt einen Wert in seiner Absolutheit – und es kann diese Absolutheit nur als Körper zeigen. Das Gleiche gilt umgekehrt: Jede Geste enthüllt sich dem Neugeborenen in seinem eigenen Gefühl. Es ist für die Welt durchlässig. Wer wollte sich da noch wundern, wenn man kleine Kinder nur finster anzuschauen braucht, damit sie zu weinen beginnen? Sie sind schließlich soeben dem Bösen selbst begegnet.

»Interbeing« – Wir fühlen in den Anderen

Manchen Entwicklungspsychologen ist schnell klargeworden, dass es sich bei den Imitationskünsten der Kleinkinder nicht um Spiel, sondern um eine lebenswichtige Aktivität handelt. Meltzoff und Moore vermuten, dass das werdende Selbst zwingend auf jene Dinge in der Außenwelt angewiesen ist, die so sind wie es selbst. Nur so vermag es überhaupt seine verschiedenen Sinneskanäle zu entwickeln. Das Kind benötigt also nicht nur deshalb ein Gegenüber, damit es die psychischen Kategorien des Denkens und der eigenen emotionalen Identität entfalten kann, sondern damit es die unterschiedlichen Sinne mit ihren normalen Zuständigkeiten überhaupt erst zu entwickeln vermag.

Dass die Sinne tatsächlich gelernt werden müssen und nicht fest im Gehirn verdrahtet sind, zeigen die Fälle von Kindern, die blind oder taub zur Welt kommen. Sie wachsen oft gesund heran, obwohl die Behinderung es ihnen erschwert, am Imitations- und Kommunikationsspiel teilzunehmen. Diese plastische Entwicklung gelingt, weil die Funktionen eines Sinns leicht von einem anderen übernommen werden können – Gesichter lassen sich auch ertasten, Buchstaben in Blindenschrift mit den Fingern lesen.

»Imitation und das Verständnis dessen, was in den Köpfen der Anderen vorgeht, sind unablösbar aneinandergekettet«[21], behauptet Andrew Meltzoff mit seiner »Like-me-Hypothese«. Um sich in andere hineinzuversetzen, muss ein Säugling sein wie sie: nämlich ein mit Gefühlen begabter Körper. Und nur, wenn ihm ein solches empathisches Verhalten glückt, kann er sein, was er selbst ist. Dass ein Säugling andere Menschen imitiert, heißt damit auch, dass er sie immer schon von unbelebten Gegenständen unterscheiden kann. Nur Lebewesen (Menschen, aber eben auch Tiere) können sein »wie ich«.

Heute wissen Kognitionsforscher: Menschen können sich nur gesund entwickeln, wenn sie ihren Körper frei ausbilden und benutzen dürfen. Aber sie können eben auch nur dann zu normalen Individuen heranreifen, wenn sie in der Umgebung von anderen Körpern aufwachsen, die ihnen mit Gefühlen begegnen. Um das herauszufinden, haben Forscher in der langen Geschichte abgrundtiefen Leids, das sie der Kreatur auf ihrer Suche nach Gewissheit bis heute zufügen, auch getestet, wie sehr Tiere degenerieren, wenn sie an dem normalen Wechselspiel aus visueller und motorischer Erkundung der Welt gehindert werden. Die Versuche zeigen: Lernen junge Kätzchen oder junge Äffchen nicht frühzeitig, sich in der Welt zurechtzufinden – etwa weil sie im Dunkeln gehalten oder mit einer Körperhälfte auf Rollschemeln festgehalten wurden –, dann ist es ab einem bestimmten Alter dafür zu spät. Die Welt, die diese Elendsgestalten um sich herum geschaffen haben, ist bloß noch eine spukhafte Karikatur der Wirklichkeit.

Für den Kognitionsforscher und Philosophen Evan Thompson von der Universität Toronto zeigen diese Experimente: »Für Neugeborene ist die Erfahrung, dass sie ein Ich haben, an die Gegenwart von anderen Menschen gekoppelt.«[22] Bewusstsein forme sich wie in einem Pingpongspiel aus der Kommunikation zwischen dem eigenen Selbst und dem der anderen Menschen. Bewusstsein ist darum immer auf die Präsenz eines Gegenübers angewiesen. Es ist weniger subjektiv als intersubjektiv, wie Thompson glaubt. Der Schlüssel für eine gesunde Entwicklung läge damit in der Empathie: in der Möglichkeit, eigene Gefühle zu erfahren, indem man sie an anderen erkennt, von denen man weiß, dass sie ebenfalls fühlen. Werden zu können hieße, geliebt werden zu dürfen – als eine biologische Notwendigkeit.

Darum – nicht aufgrund einer vorgezeichneten symbiotischen Einheit mit der Mutter – bleibt der werdende Mensch sein Leben lang auf eine Form von Symbiose angewiesen. Nur indem ich mich in bestehenden Strukturen widerspiegele, gewinne ich für mich selbst Struktur. Das Neugeborene erlebt sich getrennt, und zugleich wird es nur im Wechselspiel mit anderen zu einem Selbst – indem es die Trennung überwindet. Der Säugling muss sich im Gesicht der Mutter (oder des Vaters oder einer anderen zentralen Bezugsperson) spiegeln, um sich selbst erkennen zu können. Ihr Blick macht ihn zu dem, der er sein wird – und je nachdem, wie empathisch, einfühlsam und liebevoll der Blick ausfällt, wird der neue Mensch ein anderer. Hirn-Experimente mit Affen zeigten, dass das Ausmaß der elterlichen Fürsorge den anatomischen Aufbau des Denkorgans in entscheidender Weise beeinflusst. Gefühle, die ein Kind bis zu einem bestimmten Lebensalter nicht erlebt, weil sie ihm von seinem Gegenüber nicht entgegengebracht werden, löschen sich aus der Architektur des Gehirns und sind dann für ein ganzes Leben unheilbar verloren.

Für Thompson ist diese seltsame Verkettung von Eigenem und Fremdem im frühkindlichen Aufbau des Bewusstseins ein Faktor, den die Hirnforschung bisher viel zu wenig zur Kenntnis genommen hat. Lange Zeit ging sie davon aus, dass wir von einer objektiv vorhandenen Außenwelt umgeben seien, die wir erkennen könnten, indem wir ihre »Informationen« wahrnähmen. Aber wer nimmt wahr? Mittlerweile ahnen viele Wissenschaftler, dass nicht einmal die eigene Identität sicher ist, sondern immer wieder gewonnen werden muss – und dass diese stetige Selbstvergewisserung, die das eigene Bild in den Augen des Anderen sucht, vielleicht gerade den Kern des Bewusstseins ausmachen könnte.

Evan Thompson ist überzeugt, dass sich Subjektivität – unser Erlebnis von uns selbst, von innen heraus – prinzipiell nur im Wechselspiel mit einer anderen Subjektivität denken lässt, die der eigenen eine Grenze setzt und sie so widerspiegelt. Das Fremde ist immer Bestandteil des Eigenen, soll dieses erkennbar sein – sonst löst es sich auf in die ganze Welt. Diese Überlegung erinnert an die Erkenntnis, dass ja auch der Organismus selbst – und damit der Kern von Subjektivität und Gefühl – ein Wechselspiel zwischen selbst und fremd ist, bei dem ein Zentrum des Interesses die Materie für seine Zwecke einspannt, aber sie nicht beherrscht, weil sie im Ein- und Ausatmen, in der Aufnahme von Nahrung und der Ausscheidung von Exkreten immer wieder wechselt. Auch hier ist das Fremde notwendig, damit das Identische sich erhalten kann. Darum muss die Mutter möglicherweise den heruntergefallenen Schnuller immer wieder aufheben – nicht, weil dem Kind die Kausalität so viel Spaß macht, sondern weil die Welt sich erst abhebt, wenn ein anderer sie wahrnimmt und dabei erwischt wird.

Das werdende Ich kennt sich vor allem von innen, als Welt des Gefühls. Es kann aber zu seinen Affekten nur dann eine objektive Haltung einnehmen – und so eine geschlossene, reife Ich-Identität entwickeln –, wenn es die Emotionen, gleichsam objektiviert, vor sich sieht. Das freilich ist nur möglich an einem anderen Körper, der ja ein wirkliches, also objektives Ding im Raum ist. Damit das Kind an diesem Körper seine Gefühle wahrnehmen kann, muss dieser jedoch einem Lebewesen gehören: Keine anderen Körper sonst erleben und zeigen Gefühle.

Spiegelneuronen: Reflektierter Weltinnenraum

Mittlerweile haben Forscher auch einige der neurologischen Mechanismen entschlüsselt, mit denen das Selbst in den Anderen eindringt. Ende der 1990er Jahre identifizierte der Italiener Giacomo Rizzolati Nervenzellen im Großhirn von Affen, die nicht nur ihre Impulse feuerten, wenn das Tier selbst eine Bewegung machte, sondern auch dann, wenn das Tier einen Artgenossen bei der gleichen Bewegung beobachtete. Der Körper des Anderen wird also im eigenen Körper abgebildet. Auch der Mensch hat diese sogenannten Spiegelneuronen. Sie stellen gleichsam einen Schaltkreis des Mitgefühls dar. Schon hier ist die Grenze zwischen zwei Individuen brüchig geworden: Wenn ich die Erlebnisse eines anderen nur dadurch teilen kann, dass ich sie selbst in meinem Körper fühle, haben wir gewissermaßen die Leiber getauscht – oder wir bewohnen alle letztlich einen gemeinsamen Körper, der in viele Individuen hinein ausläuft.

Ob Spiegelneuronen angeboren sind oder sich während des frühesten Imitationsverhaltens entwickeln, wissen die Kognitionsforscher noch nicht. Sie haben aber weitere, stammesgeschichtlich »tiefer« als die menschliche Großhirnrinde liegende Zentren gefunden, an denen das Hirn eine Reihe emotionaler Impulse verarbeitet. Panksepp ist der Meinung, dass etwa die mittig über dem Hirnstamm angeordnete periaquäduktale graue Substanz eine entscheidende Rolle spielt: Hier treffen wertende Impulse auf sensorische Information und werden mit Rückmeldungen aus dem motorischen Nervensystem verschaltet. Wenn mitfühlendes Verhalten tatsächlich so tief in die Anatomie des Gehirns eingebettet ist, spricht das dafür, dass beileibe nicht nur Menschen auf die Widerspiegelung im Gegenüber angewiesen sind, um ein zusammenhängendes Verhalten und ein einheitliches Bild von sich selbst aufzubauen – nicht einmal nur Menschenaffen und höhere Säuger.

Die Wirkung der Spiegelneuronen zeigt: In gewissem Sinn sind wir der Andere. Derart verschaltet, bilden verschiedene Organismen real eine Einheit. Wenn sich mein Körper bewegt, bewegt sich deiner mit. Alle Wesen zusammen sind aufeinander angewiesen, um ihre Wahrnehmungsfähigkeit ausschöpfen zu können. Je dichter das Ökosystem, desto weiter die Möglichkeiten, zu spüren, zu erkennen. Der undurchdringlichste Urwald, das komplexeste Netz verwobenen Lebens offenbart die tiefste Erkenntnis. Wenn alle in ihrer Wahrnehmung aufeinander angewiesen sind, dann bilden alle Wesen zusammen tatsächlich das, was der französische Existenzialist Maurice Merleau-Ponty das »Fleisch der Welt« genannt hat: ein dichtes Gewebe aus dem, was wahrgenommen wird, und denen, die es wahrnehmen; eine Überkreuzung der Blicke, die erst in ihrem Kreuzungspunkt die Welt erschafft. Heute können diese poetischen Ideen Merleau-Pontys die Wirklichkeit der Kognitionsforschung beschreiben.

Erst deren neue Sichtweise erlöst die Philosophen von einem jahrtausendealten Stachel im Fleisch. Sie vermochten nicht zu erklären, wie ein Mensch wissen kann, was ein anderer denkt, obgleich er nur dessen Körper von außen sieht. Freilich ist das ein Problem, das sich seit jeher nur dem logischen Denken stellt, nicht dem fühlenden. Für dieses galt schon immer intuitiv, was nun die Neurowissenschaften an Säuglingen zu begreifen beginnen. In der Logik des Herzens ließ sich das Wechselspiel zweier Phantasien noch niemals zerreißen, wie der französische Dichter Paul Valéry verstand: »Du nimmst mein Bild, meine Erscheinung, ich nehme die deine. Du bist nicht ich, da du mich siehst, und ich mich nicht sehe. Was mir fehlt, ist jenes ich, das du siehst. Und was dir fehlt, bist du, den ich sehe.«[23] Jeder lebende Körper ist immer diese Überkreuzung der Perspektiven; er ist zugleich außen und innen. Wir selber können mit unserem Körper jederzeit den Beweis führen, dass wir immer ich und der Andere zugleich sind. Berühren Sie mit den Fingern der rechten Hand, den Rücken Ihrer linken, und Sie können es spüren: Ihre rechten Finger berühren, und ihre linke Hand wird berührt.

Die »Lingua franca«, von der Kognitionsforscher sprechen, ist somit ein Esperanto des Körpers, nicht des Bewusstseins. Vermutlich verstehen diese Sprache alle, die leben. Wir können uns nur über unseren verletzlichen Körper austauschen. Und weil wir unseren Körper nicht vollkommen besitzen – denn wir wohnen in ihm –, müssen wir uns über die Anderen verstehen. Fast staunend konstatiert Meltzoff: »Die Fähigkeit von Säuglingen, körperliche Signale von anderen anhand ihrer eigenen Körpergesten zu interpretieren, gibt ihnen ein Werkzeug in die Hand, um fremde Seelen lesen zu können.«[24] Haben wir das nicht irgendwie schon immer geahnt, verehrte Eltern unter den Lesern? Was wir aber zunehmend vergessen, ist die zweite Hälfte dieser Wahrheit: Dass wir unsere eigene Seele nur erfassen können, wenn wir deren innere Spannung an einem anderen Leib abgebildet sehen.

In den Tieren werden Platons Ideen zu Fleisch und Blut

Denn Leib: Das sind nicht nur die anderen Menschen. Das sind vor allem die namenlosen Scharen der lebenden Körper in der Natur. Wenn wir in der kindlichen Entwicklung unsere Gefühle nur kennenlernen können, indem wir sie gleichsam veräußerlicht an Wesen erblicken, die wir lieben und an denen wir hängen, dann gewinnt die Rolle der Tiere eine enorme Wichtigkeit. Denn auch sie zeigen Gefühle – zwar nicht die menschlichen, aber doch die allgemeinen Gefühle, am Leben zu sein, sich amLeben zu freuen, an ihm zu leiden. Was es heißt, ein Lebewesen zu sein, lässt sich überhaupt viel eher in den Tieren erfahren als in den Menschen. Tiere gehen so viel direkter in der Existenz auf als wir. Sie sind in jedem Augenblick ganz ihr Gefühl. Vielleicht leben sie stets in einem Reich der Synästhesie, in dem primäre Erfahrung und Bedeutung noch nicht getrennt sind?

Menschen können ihre Emotionalität möglicherweise nur dann ganz entfalten, wenn sie die allgemeinsten emotionalen Archetypen vor sich sehen. Tiere geben dem Lebenswunsch eine Gestalt. Die Klarheit unserer Denkkategorien ist nur möglich, weil es dort draußen diese Form von Absolutheit gibt, die uns enthält, weil wir aus ihr hervorgegangen sind, und die uns anleitet, wie wir uns zu unserer Existenz verhalten sollen. Der Philosoph Platon hatte behauptet, es gebe für jeden noch so abstrakten Begriff ein *eidos*, ein Urbild in einem Reich der Ideen. Natürlich hat Platon sich geirrt. Sein Ideenreich ist nicht jenseits, in einer idealen Welt. Es liegt hier, in den Gestalten der Tiere. Sie sind seine Wächter, machtlos und zu jedem Opfer bereit.

Tiere sind für ein Kind somit auf eine ähnliche Weise notwendig, wie es die Gegenwart seiner Eltern ist. Aber die anderen Wesen sind in der heutigen Wirklichkeit ja so viel weniger präsent. Stattdessen ist die Welt voller Maschinen. Dass auch diese auf viele Kinder eine geradezu magnetische Sogwirkung haben, liegt daran, dass sie ebenfalls unseren Körper spiegeln und ihn in die Welt hinaus verlängern. Damit erlauben sie bestimmte Wahrnehmungsformen, die einst nur an Tieren möglich waren. Maschinen vereinfachen freilich die Lektion, weil sie beherrschbar sind. Sie ähneln uns zweifellos – so dass sich die Biologie verleiten ließ, den Automaten als die wissenschaftlich gehaltvollste Analogie zu einem Lebewesen zu empfehlen. Aber eine solche Sicht verfehlt nicht nur ihren Gegenstand, der Vergleich täuscht uns auch in gefährlicher Weise über uns selbst. Statt der Demut des Ursprungs schenken Maschinen uns die Trunkenheit der Macht.

Warum hat noch kein Forscher den Versuch ersonnen, ein Kind einmal gänzlich ohne Tiere aufwachsen zu lassen? Menschliche Intelligenz ist an die Gegenwart der Tiere gebunden. Sie sind es, die uns die Mittel geben, an denen unsere Kognitionsfähigkeiten, unsere Weltfähigkeit sich schärfen. Sie sind die Vehikel unserer Identität und unseres Bewusstseins, weil wir erst an ihrer Gegenwart begreifen, dass Merkmale und Wesenszüge objektive Eigenschaften von Dingen sind und nicht bloße Projektionen, bloße Launen.

Tiere sind die Bürgen dafür, dass es Schicksal gibt: eine Kraft, die wir nicht technisch beeinflussen können. Erst in ihren verletzlichen Körpern finden wir unser menschliches Maß, einen Hafen für unsere eigene Zerbrechlichkeit. Ohne sie müssten wir an maßloser Selbstüberschätzung zugrunde gehen. Kein Sterblicher ist für den phaetonischen Höhenflug geschaffen, zu dem uns die technische Macht schon seit langen Jahrhunderten verleitet. In den schwachen Körpern der Anderen steht diese Mahnung mit lebender Schrift geschrieben.

Tiere sind wie wir, und sie sind nicht wie wir. Darum können wir in ihnen reifen und Abstand zu uns selbst gewinnen. In der Gegenwart des Tiers, sei es uns so nah verwandt wie ein Schimpanse oder so fern wie eine Kaulquappe, finden wir, was uns bekannt ist. Aber es ist stets mit etwas Fremdem verflochten, das aus einem Abgrund von Neuheit strahlt. Denn gerade unsere würdigsten Eigenschaften liegen in den Tieren geborgen: die Spannkraft des Tigers, die Majestät des Löwen, die Stärke des Bisons, die unheimliche Schläue des Fuchses, die Weitsicht der Eule. All das sind natürlich keine seelischen Eigenschaften bestimmter Arten, sondern Gesten des Lebens: Aspekte unserer eigenen Möglichkeiten, die wir in vollendeter Form nur in den Tieren erkennen können. Das ganze emotionale Spektrum einer Existenz aus Fleisch und Blut, ihr Aufstreben, ihre Verzweiflung, sie liegen in den Tieren beschlossen, und nur in den Tieren. Die Tiere verwandeln den Weltinnenraum unserer Empfindungen in sichtbares Leben. Sie sind die Embleme der Subjektivität. Tiere zu erleben heißt, die Bedingungen zu lernen, unter denen diese Subjektivität möglich ist.

Es ist die für uns letztlich unergründliche Mischung aus eigenen und gänzlich neuen Eigenschaften, welche die anderen Wesen für uns so wertvoll macht. Aber gerade sie zeigt, dass unser Gefühl zu ihnen im Grunde etwas ganz Einfaches ist, etwas, das wir alle ganz ohne philosophisches Räsonieren verstehen können. Denn die Verflechtung aus Eigenem und gänzlich Neuem, das Erlebnis, sich in einem Anderen wiederzufinden und dabei doch zugleich vollkommen unbekannte Horizonte und ungeahnte eigene Qualitäten zu entdecken, ist für uns nichts Neues, im Gegenteil. Dieses Gefühl, das zugleich eine bestimmte Handlungspraxis fordert, nämlich den Edelmut als Haltung gegenüber dem Sein, es hat einen alten Namen. Es heißt Liebe.

Liebe ist die einzige denkbare Beziehung, in der Egoismus und Altruismus miteinander ins Gleichgewicht kommen, weil das eine nur durch das andere möglich wird. Dem geliebten Wesen wünscht man Leben, ganz gleich, wo es sich befindet, ganz gleich, ob man es jemals wiedersehen wird oder nie. Es ist die Liebe zu ihm, die uns größer macht, die uns stärkt, die uns erst wir selbst sein lässt. In der Welt der Lebewesen, aus der wir als eine Art unter vielen hervorgegangen sind, ist es die Möglichkeit dieser Liebe, die uns erst Menschlichkeit gibt. Das Schwinden der Tiere ist für uns darum nicht nur ein äußerlicher Verlust – wie wenn wir etwa täglich eines unserer Möbelstücke abgeben müssten. Mit den Tieren nehmen wir vielmehr Abschied von Möglichkeiten, zu fühlen. Wenn es keine Tiere mehr gibt, können wir nicht mehr wir selbst sein. Das heißt aber: Wir können überhaupt nicht mehr sein.

»Romantischer Pessimismus«, dürften manche auf einen solchen Satz entgegnen. Doch meine Fahrt durch Äthiopien lehrte mich etwas anderes. Die Raubtiere Abessiniens sind nicht bloß kostbare Dinge – wie Kirchen, Klöster oder Gemälde, die auch nicht zerstört werden sollten. Sie sind Teil unserer selbst, Teil unserer Seele. Der Reichtum des Lebens und materielle Reichtümer sind auf untergründigen Wegen miteinander verflochten. Weil nur solche Ökosysteme heil sind, durch deren Steppen und Wälder die über Jahrmillionen entstandenen einsamen Könige der Nahrungsketten streifen, ist ein solches Raubtier Inbegriff unfassbarer Komplexität. Wir reichen an diese nicht heran, sie aber hält und ernährt uns mit ihren Produkten. Die Schönheit und Spannkraft des Wolfs ist die Macht und Güte eines blühenden Systems von Leben – eines Systems, das all unsere menschlichen »Subsysteme« erst ermöglicht. Wenn der Wolf nicht überlebt, dann auch nicht die Menschen. Äthiopien zeigte mir die bittere Wahrheit einer solchen Idee. Die Menschen verhungern schon jetzt auf einer Erde, die zu Stein geworden ist.

Am Spätnachmittag stand ich dem Wolf ein letztes Mal gegenüber. Es war ein Abschied im Abendlicht, der mir vor dem geistigen Auge brennt, als wäre es gestern gewesen. Es war eine Erfahrung, die mir für immer genügt. Ich habe alles gesehen. Der Wolf eilte den Hügel hinauf, er tauchte in langen Sprüngen durch die wogende Schafgarbe, zerteilte graziös das silberne Meer ihrer Rispen zu einem sprühenden Kielwasser, hinauf, hinauf, bis hart unterhalb des Hügelkamms. Dort blieb das Tier stehen und wendete sich zögernd um, schaute lange herüber aus seinen schwarzen Hundeaugen, mit einem Blick, der durch die Vergrößerung des Fernglases wirkte wie abgründiges Verstehen. Er stand da, als wäre er der Letzte, und als hätte er darum Mitleid mit den Menschen. Als er sich mit einem Sprung abwendete und seinen Weg fortsetzte, lief eine Welle von Lichtreflexen vor ihm her durch die Schafgarben, als wären sie ein elektrisches Feld. Oben am Kamm, bevor der Wolf ins Nachbartal hinabtauchte, setzte die schräge Sonne für eine Sekunde sein Fell in Brand.

Am nächsten Tag war Getachu wieder so gut wie gesund. Dieses Lariam wirkte Wunder. Wir beschlossen, gemeinsam ein Auto nach Debre Sina anzuhalten. Das Gepäck ließen wir im Camp. Wir gaben Demessi ein paar zerfledderte grüne Hundertbirrscheine, damit er mit seiner Mauserflinte auf die Sachen aufpasste. Am besten wäre es, wir würden einen Lastwagen finden und uns auf die Ladefläche werfen. Das gehörte hier zu den komfortablen Arten, voranzukommen. Der Wind wehte einem um die Nase, die ganze Leichtigkeit des Lebens. Die Straße war leer. Hinter der ersten Kurve lag überfahren ein toter Honigdachs, ergeben im steigenden Sonnenschein.

Gegen Mittag begegnete uns der Priester. Er ging zu Fuß wie wir. Aus der Ferne wirkte er wie ein rosenfarbener Schmetterling. Er ging in zerfetzten weißen Pluderhosen, einen rosa Rüschenumhang über sich geworfen. Das Skelett eines Seidenschirms, der fast allen Stoff verloren hatte, baumelte über seinem Arm. In der Hand aufgeschlagen trug er eine speckige Bibel aus gelblichem Pergament vor sich her. Als wir uns begegneten, lächelte er. Ich sah, dass sein Buch mit der Hand geschrieben war. Ich gab ihm einen Geldschein, und er segnete mich mit dem gewaltigen durchbrochenen Goldkreuz, das ihm um den Hals hing, voller Heiterkeit, voller Verstehen, ein Abgrund an Güte. Da ging er hin, der Engel dieser Welt, der seinen zerrissenen Spitzenumhang hinter sich herschleppte wie ein paar prächtige, aber nutzlose Flügel, der flatternd unter die Menschen gefallen war und sie mit seinem Lächeln erlöste. In der Ferne leuchteten die Splitter der Berge wie eine andere Welt, als würden wir aufgesaugt von Transzendenz.

VIERTER TEIL
LEBEN ALS KUNST

In diesem Teil geht es um Schönheit. Ich untersuche, warum das darwinistische Bild der Natur – bedingungsloser Wettbewerb, Gefühle als Illusionen – nicht mehr gerechtfertigt ist. Wenn Fühlen eine physikalische Macht darstellt und der Ausdruck dieses Fühlens eine physikalische Realität ist, die Organismen zu Handlungen bewegt, dann kann man sich Lebewesen vielleicht eher annähern, wenn man sie wie Kunstwerke versteht. Umgekehrt ist Kunst dann nicht mehr das, was uns von der restlichen Natur unterscheidet, sondern vielmehr die Stimme der Natur in uns. Ihre Botschaft lautet: Schönheit ist essenziell.

9 MELODIE DER SEELE

Vögel sind nicht wie Ideen. Sie sind Ideen.
Paul Shepard, »The Others«

Die Nachtigall versteckte sich unter ihrem Gesang wie unter einem flüssigen Kleid. Es war früher Abend, und der Gewitterschauer hatte ein paar rauschende Minuten den Wannsee zerrissen, die Büsche der Heckenkirschen im verlassenen Park des Strandbads geneigt und geschüttelt und war in plötzlicher Stille weitergewandert. Dann begann das Flöten, dem Plätschern des ablaufenden Wassers nach wie eine fließende Antwort, glatt und perlend, ganz in der Nähe und dann wieder fern verhallend. Töne, große violette Tropfen in gläserner Rundung stiegen aus dem Rieseln empor. Stürze und Aufschwünge, Triller und Splitter, Kaskaden im Crescendo und dunkel polierte Ströme. Sie kamen von überall, sie rollten auf ihren Bahnen, stiegen zum Himmel hinauf und füllten dabei den Raum in leise wachsender Flut.

Die Nachtigall war nicht zu sehen. Sie hätte überall sein können, so gleichmäßig floss ihre Stimme in die Landschaft. Es war, als würde ihr Gesang das Medium verändern, in dem er ertönte, als würde er eins mit der Luft und diese in ein klingendes Gewölbe verwandeln. Näherte ich mich, verstummte das Tier, wartete ich, begann es wieder mit einem Volumen und einem Hall, wie sie doch unmöglich diesem Körper entspringen konnten, der kaum fünfzehn Gramm wiegt und nicht länger ist als ein größeres Blatt. Saß hier überhaupt ein wirklicher Vogel? Angehöriger einer biologischen Art mit ihren profanen Kennzeichen und Bedürfnissen? Die Nachtigall, so schien mir, war nichts als Stimme.

Ihre Tendenz, sich in den perlenden Wellen der Melodien aufzulösen, machte *Luscinia megarhynchos* in früheren Zeiten zur absoluten Primadonna unter den

Vögeln, zum märchenhaften Inbegriff einer zu Tränen rührenden Reinheit des Tönens. Mythos und Sage, in denen immer dieselben wenigen Tierarten die Hauptrollen spielen, schenken ihr die Rolle des Lebens selbst. Immer singt die Nachtigall, als gäbe es bei dieser Art nur ein Geschlecht, ein androgynes Wesen wie beim sagenhaften Einhorn. Das Flöten der Nachtigall ist absolute Stimme: mehr als ein Signal, mehr als das Erkennungszeichen einer Spezies. Wenn Melodie die tönende Form ist, in der Empfinden sich unwillkürlich mitteilt, dann liegt im Gesang dieses Vogels die Idee bis zum Rand gefüllten Daseins: ein phonetisches Elixier der Lebendigkeit. Nur darin, so scheint es, könnte er sich erschöpfen.

Das Wannseebad war verlassen an jenem warmen, aber regnerischen Tag im Mai. Ich hatte die S-Bahn genommen, und der Zug – einer jener alten Vorkriegstriebwagen, die damals in den 1990er Jahren noch fuhren, mit heulenden Motoren und harten Holzsitzen – hatte mich aus der versteinerten Haut der Berliner Innenstadt hinaus durch den Grunewald getragen und dann auf einem menschenleeren Bahnsteig der Haltestelle Nikolassee stehengelassen. Zurück blieb der Geruch nach Bremsstaub und dem Teer der Schwellen, die in der unvermittelt hervorgebrochenen Sonne dampften. Der Bahnsteig war verwaist, als hätte ich die Oberfläche der Erde plötzlich für mich allein. Menschenleer war auch der Pfad durch den Wald zum See, an dessen Rand die Heckenkirschen ihre duftenden weißen Blütentrauben platzen ließen, Flechten und Flieder ihre Aromen in der feuchten Luft lösten, als verflösse ihre Oberfläche unaufhaltsam mit der überall waltenden Frühlingsatmosphäre. Ich war froh, den Gleichtakt so vieler Menschen hinter mir gelassen zu haben, die Stadt, die mich mit ihren Millionen von abwehrenden Fassaden verwirrte. Der Weg durch den Grunewald erinnerte mich mit der Gewalt eines Blitzschlags daran, dass hinter meinem Rücken eine ganze Welt schwoll und atmete, die jederzeit für mich bereitlag und die kein besonderes Zutrittsrecht verlangte.

Die märkischen Wälder riechen im Frühsommer nach Trockenheit und Licht, selbst wenn es geregnet hat. Die feuchte, leicht modrige Atmosphäre, die anderswo den Waldcharakter so stark ausmacht, ist hier nur kaum merklich zu spüren, und so wanderte ich in eine unbeschwerte Heiterkeit hinein. Bald begann der Wannsee blau zwischen den Bäumen hindurchzuleuchten wie ein Meer, wie der Rand der geordneten Welt. Vielleicht war es das, was mich an diesem absolut nicht zum Baden geeigneten Tag hierhergezogen hatte. Im Übrigen bin ich sowieso wasserscheu. Ich entrichtete ein paar Mark Eintritt, bekam eine gelbe Abreißkarte und war allein in der weitläufigen Anlage, deren abgeblätterte flache Gelbklinkergebäude in ihrer neusachlichen Architektur so sehr die Atmosphäre der zwanziger Jahre konserviert haben. Der Park war leer und voller Vergangenheit, ein Vakuum, gefüllt mit

Möglichkeiten, und in diese Leere perlte die Stimme der Nachtigall wie ein Tropfen Blut in ein Glas mit transparenter Flüssigkeit. Ich fragte mich: Wie schafften es die kleinen Vögel, Spielbälle der Winde, Zielscheiben so vieler Schrotflinten, im Frühjahr immer wieder unbeschadet in unsere kalte Welt hinauf? Sie waren einfach da, so wie die zarten Bienen, die mit den ersten wärmeren Strahlen ihre Erdverstecke verließen und auf den Krokusblüten saßen, als wären sie aus dem Nichts gekommen.

Die Nachtigall sang und sang – ihre aufsteigenden Kaskaden, die in süßen Schluchzern enden, wie sie sonst keinem Vogel gelingen. Diese »Crescendo-Strophen« machen ihre Stimme so unverwechselbar – und den menschlichen Melodien, die auf Höhepunkte hinstreben, so ähnlich. Die Bremer Neurobiologin Henrike Hulsch hat jüngst nachgewiesen, dass die Speicherkapazitäten im Hirn einer Nachtigall ähnlich organisiert sind wie in unserem eigenen. Vermutlich hört sich eine Nachtigall selbst singen, entscheidet danach, wie gut ihr die Koloratur gelungen ist, und variiert sie dann entsprechend – ausdauernder freilich als jeder menschliche Musiker, manchmal einen Tag und eine ganze Nacht lang, fast unermüdlich und nur von gelegentlichem Picken nach einem Insekt unterbrochen. Die Nachtigall zeigt, wie sehr die Welt Stimme zu werden vermag.

Sprache der Natur

Was treibt den kleinen Vogel, sich so sehr zu verausgaben? Für Menschen eingeborener Völker, die letzten Erben der natursymbolischen Tiefenzeit, die unsere Kulturgeschichte eine Million Jahre lang prägte, reden die Vögel als Boten aus den Tagen der Schöpfung. Diese ist zwar vergangen, blieb aber für sie zugleich gegenwärtig als ein weltspendendes Potenzial jenseits aller Zeit. In vielen frühen Kulturen glaubten die Menschen, dass erst die Vögel den Menschen den Gesang gebracht hätten, dass erst ihre Stimme der unsrigen Ausdruck verlieh. Noch in den Metamorphosen des römischen Dichters Ovid sind es die Laute der Natur, aus deren Ordnung sich zuerst die Götter, dann die menschlichen Fähigkeiten und Leidenschaften herauslösen. In den Tieren brach sich die »orphische Stimme« der griechischen Mythologie Bahn, die Stimme des Kosmos, deren Geheimnisse ein gewöhnlicher Sterblicher nicht ohne weiteres verstehen konnte. Durch die ganze Antike zieht sich das Motiv, dass es eine Sprache gebe, die in direkter, unverstellter Weise das tiefste Innere der physischen Welt enthülle und dem Eingeweihten so die dunklen Winkel seiner eigenen Seele erhelle. Anders als in den darauffolgenden Jahrhunderten, die in unsere Epoche münden, wähnten die Menschen diese Sprache aber nicht in mathematischen

Zeichen geschrieben, sondern hielten sie für ein Gedicht, für ein Lied. Die Poesie versprach am ehesten Hoffnung darauf, der Essenz der Schöpfung habhaft zu werden, weil das Lied dem Charakter der Welt am nächsten kam. Es war wie auch diese Ausdruck – nicht eine Gleichung. Und nur im Ausdruck öffnete sich das Gefühlsgesetz des Lebens. Das hatten die Tiere den Menschen in den Tagen des ersten Beginnens singend gezeigt.

Der Dichter Orpheus war in der griechischen Sagenwelt ein solcher Eingeweihter in die Geheimnisse der Schöpferkraft. Er verstand es, die unkennbare Stimme der Dinge zu vernehmen und sie zu erwidern. Er sang so schön, dass sich Tiere, Bäume und sogar Steine von seinem Lied rühren ließen. Schließlich vermochte er selbst der Herrscherin der Unterwelt so viel Mitgefühl einzuflößen, dass sie seine überraschend gestorbene Braut Eurydike freigab. Die Rettung scheiterte jedoch, wie wir wissen, weil Eurydike der Stimme ihres Gatten nicht glaubte und einen hieb- und stichfesten Beweis verlangte: Sie wendete sich um, berührte Orpheus' Arm – und musste auf der Stelle in die Unterwelt zurückkehren. So verwehrte Eurydike dem Lied seinen Sieg über den Tod. Ihr Misstrauen verhinderte, dass der Kosmos im Strahlen vollendeter Transparenz zu leuchten begann. Darum müssen wir deren Sternenspuren weiter in den Melodien der Tiere lauschen.

Die Dichter indes schenkten der orphischen Stimme weiter Gehör. Für sie blieb die Nachtigall jene Kreatur, in deren Lied nicht nur schönerKlang nach außen drang, sondern sich auch immer ein Rest von Sinn erhielt, der Beweis, dass das Prinzip der Schönheit unlösbar an die Mechanik des Lebens gekettet war. Der Gesang der Nachtigall erhielt die Verwandlung hörbar, nach der die Sehnsucht des Lebendigen sich verzehrt. Das Gebäude der Nacht blieb Resonanzraum des Verlangens, das den innersten Kern des Lebenswunsches ausfüllt wie die Töne des kleinen Vogels die Gewölbe der Dunkelheit, »als fürchte er, dass eine Aprilnacht zu kurz sei, um seine Seele von all der Musik zu entbinden«[25], wie der Philosoph und Dichter Samuel Taylor Coleridge spürte.

Ein anderer englischer Romantiker, John Clare, sah in der Nachtigall den poetischen Urquell schlechthin, aus dem auch sein eigenes Schaffen sich letztlich speiste: das zum Klang gewordene Prinzip des Schöpferischen. In seiner Begeisterung ging Clare so weit, die Strophen des Vögelchens, das im Frühling 1832 vor dem Fenster in einem Apfelbaum seine Töne schmetterte, in die eigenen gereimten Manifeste einzuarbeiten und so ein Hybrid aus natürlichem und menschlichem Lied zu schaffen (in gewisser Weise das Gegenstück zu den Vögeln, die nützliches Menschenwerk wie etwa die Kunststoffnetze von Meisenknödeln in ihre Nester einweben):

The more I listened and the more
Each note seemed sweeter than before,
And aye so different was the strain
She'd scarce repeat the note again:
»Chew-chew chew-chew« and higher still,
»Cheer-cheer cheer-cheer« more loud and shrill,
»Cheer-up cheer-up cheer-up« – and dropped
Low »Tweet tweet jug jug jug« – and stopped
One moment just to drink the sound
Her music made, and then a round
Of stranger witching notes was heard
As if it was a stranger bird:
»Wew-wew wew-wew chur-chur chur-chur
Woo-it woo-it« could this be her?
»Tee-re tee-rew tee-rew tee-rew
Chew-rit chew-rit – and ever new – …
Words were not left to hum the spell.
Could they be birds that sung so well?
I thought, and maybe more than I,
That music's self had left the sky
To cheer me with its magic strain,
…[26]

Ein Chor von Egoisten?

Ist ein solcher poetischer Jubel nur romantische Schwärmerei, die mit der Wirklichkeit nichts zu tun hat? Eine Sentimentalität, die wir getrost auf den Requisitenhaufen der Geschichte werfen können? Oder betreffen uns doch heute noch manche Aspekte der damaligen Haltung? In einer Hinsicht ist der Impuls der Romantik nach wie vor aktuell: Er entwickelte sich als Einspruch des fühlenden Individuums gegen die mitreißende Entschlossenheit der Neuzeit, die Welt aus neutralen, wertfreien Prinzipien zu erklären. Und diese Spaltung durchzieht die Welt heute stärker denn je. Zweihundert Jahre lang standen jedes Erlebnis, jeder Moment von leidenschaftlicher Innerlichkeit stets unter dem Verdacht, »in Wahrheit nichts als« zu sein: nichts als Begleitphänomen eines letztlich blinden und richtungslosen Prozesses. Die Biologie, die Wissenschaft vom Lebendigen, wurde geradezu aus dieser Aufklärungsleidenschaft geboren. Auch wenn zu Beginn ihrer Entwicklung noch bärtige Abenteurer mit Botanisiertrommeln staunend in fremde Länder aufbrachen und zunächst kaum etwas anderes taten, als einen unerschöpflich scheinenden Reichtum zu archivieren, so war doch von Anbeginn dieser Ehrgeiz in die neue Wissenschaft eingeschrieben: Auch das Leben zu entlarven als ein »Nichts als«.

Unter diesem Blickwinkel lauert auch hinter den süßen Tönen des Frühlings eine nüchterne Wahrheit. Kürzlich besuchte mich ein Freund. Er wohnt in der Innenstadt und war über den üppigen Vogelgesang hinter meinem Haus fast ein bisschen schockiert. Für ihn hätte es ruhig etwas leiser zugehen können. »Sie rufen doch alle bloß ›meins! meins!‹«, sagte er bitter. Der biologische Darwinismus versucht nach wie vor, die Musiken der Tiere als Werbejingles in einem Konzert der Effizienz zu verstehen. Die Stimmen folgten der Strategie, mit geringem Aufwand und hohem Nutzen die Fortexistenz voranzutreiben. Nachtigallen singen, heißt es, weil sie ihr Revier abgrenzen. Koloraturen seien ihre Waffen in einem erschöpfenden Wettkampf. Der stolzeste Tenor werde vom prächtigsten Weibchen erhört. In ihrer Striktheit, nur Funktion gelten zu lassen, alle Formen als Mittel zu sehen, geht die Biologie sogar so weit, für die eklatantesten Schöpfungen die Beweislast umzukehren. 1975 erfand der israelische Forscher Amotz Zahavi das »Handicap-Prinzip«: Je stärker ein männliches Merkmal das Überleben behindere, desto attraktiver werde das betreffende Männchen für mögliche Partnerinnen. Es demonstriere, dass es trotz seines Handicaps immer noch dem Daseinskampf gewachsen sei. Nach einer solchen Lesart singen manche Nachtigallen nur darum 22 Stunden am Tag, damit sie den Weibchen beweisen, dass sie trotz dieser Plackerei nicht vom Ast plumpsen – und so schlicht die Besten sind. Coleridge würde sich im Grabe umdrehen. Wie in Zahavis Hypothese bildet fast immer der Tod den Hintergrund ultradarwinistischer Erklärungen.

Freilich hat eine geläufigere Ästhetik die Stimmen der Tiere lange nicht so vernommen. Sie sah in ihnen nicht Codes an Konkurrenten und Kopulationspartner, sondern Botschaften eines Empfindens, in denen sich deshalb etwas mitteilte, weil der Hörer es verstand: als Melodie, die primär und zuerst im Gefühl entsteht. Haben bisher Mythen und Rituale die Verbindung zwischen Musik und den Stimmen der Tiere hergestellt, so möchte ich hier diese Verwandtschaft im Licht der Erkenntnisse der neuen Biologie weiterverfolgen. Denn es besteht ja eine erstaunliche Parallele zwischen zwei Fragen, auf die unsere Epoche keine wirklichen Antworten weiß. Die erste lautet: Was ist ein Lebewesen? Die zweite: Was ist Musik? Und weiter: Warum rührt uns Musik? Warum verstehen wir sie, warum erfahren wir ihre Rhythmen und Melodien als Ausdruck unserer Empfindungen? Auch im Bereich biologischer Harmonien steht eine ganze Reihe von Fragen noch zur Lösung aus: Singen Vögel

Melodien, oder stoßen sie Rufe aus? Wie hängen Klang und Körperlichkeit zusammen? Kann Musik die orphische Stimme sein, die uns Aufschluss über die Bedingungen unserer Körperlichkeit gibt? Ist Melodie gar die »Lingua franca«, die universelle Sprache für unser Empfinden, lebendig zu sein, von der Jaak Panksepp spricht?

Verfolgen wir probehalber den Mythos im Licht einer sich wandelnden Biologie. Gehen wir davon aus, dass ein Keim von Wahrheit in dieser Intuition steckt, die bereits Kleinkinder mit breitem Lächeln in das erste Frühlingsgrün der Zweige deuten lässt, aus denen das Rotkehlchen schlägt. Für dieses Ohr, das dem Abdruck der Neuheit noch offen ist wie eine Ebene mit frischem Schnee den ersten Spuren, singen die Vögel. Diese Erkenntnis gehorcht demselben poetischen Realismus, mit dem die griechischen Seeleute im Rumpf ihrer Ruderbarken glaubten, die Lieder der Sirenen zu hören, wenn die Buckelwale das nächtliche Meer mit einer direkt aus den Planken steigenden Gegenwart fluteten.

Die Melodie kommt vor der Mitteilung

Ich ging durch die feuchten Büsche in einiger Entfernung am Wasser entlang. Andere Stimmen mischten sich in die rollenden Strophen der Nachtigall. Eine Amsel flötete ihre melancholischen Motive von der Spitze eines tropfenden Geißblattbuschs. Es ließe sich darüber streiten, ob nicht auch sie ein Anrecht auf den Titel der vollendetsten Sängerin hat. Ihre wehmütigen Melodien, die rau und dunkel schon die ersten Märzabende versüßen, haben eine so ganz andere Sogkraft als die polierten Kaskaden der Nachtigall. In gewisser Weise hat die rhapsodische Art der Amsel etwas viel Moderneres, geradezu Urbanes. Manche Forscher meinen, dass Amseln erst in den letzten Jahrzehnten in den Straßenschluchten unserer Großstädte ihre Melodik vollendet hätten – geradezu als Gegengewicht gegen die Kakophonie der Verkehrsgeräusche um sie herum. Was für ein Glück für die Stadtmenschen, dass sich gerade die Amsel zur Stimme noch des kleinsten Hinterhofs entwickelt hat. Inzwischen scheint mir, dass auch die Nachtigall in die Zivilisation zu folgen beginnt: Ihre Stimme erklingt nicht mehr nur in ausgewählten Dickichten im Berliner Tiergarten, sondern auch von Verkehrsinseln, überwachsenen Höfen, Bahndämmen, aus dem Lindenlaub stiller Kreuzberger Straßen, die so – anders als manches Dorf – in warmen Nächten ein geradezu toskanisches Flair von zugleich natürlicher und kultureller Raffinesse annehmen.

Unten in den Büschen am Ufer sang noch ein anderer Vogel. Seine Stimme ertönte erst als ein schnarrendes Kratzen, dann gefüllt mit den wehmütigen Wiederholungen der Singdrossel, nun wieder exaltiert im Schlusssolo der Mönchsgrasmücke, schließlich plätschernd, glucksend und zilpend in einem exotischen Stimmengewirr. Der Sumpfrohrsänger, so hat die unermüdliche Arbeit einer Reihe von Forschern inzwischen ergeben, vermag über achtzig verschiedene Vögel zu imitieren. Weil die Art im Winter nach Afrika wandert, mischen sich in ihren Liedern nicht nur die Stimmen der Heimat, sondern auch die ihrer tropischen Quartiere zu einem jeweils neuen Arrangement.

Warum imitiert ein Vogel andere? Singvögel müssen alle Lieder lernen – anders als ihre Rufe, die angeboren sind. Jungvögel wiederholen, was die Eltern ihnen vorsingen, entwickeln sich aber zu schlechten Interpreten, wenn sie von ihren Artgenossen weggesperrt werden. Andersherum lernen die Jungen in der geräuschvollen Welt eine ganze Reihe neuer Töne: Manche Berliner Amseln flöten heute wie Türglocken, Stare komponieren bisweilen Variationen über die Geräusche einer Baustelle – einen ornithologischen Rap auf Rüttelmaschine und Betonschneider.

Doch nicht nur Vögel passen sich dem Zivilisationslärm an. Meeresforscher haben beobachtet, dass sich die Melodien, die Orcas und Buckelwale durch die See senden, in den letzten vierzig Jahren rapide gewandelt haben: Statt der psychedelischen Bluesrhythmen der 1960er Jahre durchlaufen nun die gebrochenen Takte von Rap und Grunge die Wellen, als hätten sich die Tiere auf den angeschwollenen Lärm unter Wasser ebenso eingestellt wie die Streetkids in amerikanischen Metropolen auf das Chaos zwischen ihren Blocks. Geblieben ist den Walen freilich ihre charmante Art, einander bei jeder Botschaft mit Namen anzureden. Je nach Adressat beginnt ihr Glucksen und Quieken immer mit einer spezifischen Schallsequenz, die einem bestimmten Mitglied der Gruppe zugeordnet ist.

Das Interessante an solchen Imitationen, an der Synkopierung von neuen Geräuschen, die im biologischen Spektrum so bisher nicht vorhanden waren, ist aber nicht ihre Raffinesse, sondern das Abstraktionsvermögen, das in solchem Tun zum Ausdruck kommt. Wer ein Geräusch der Welt imitiert, also zugleich etwas abbildet oder widerspiegelt und auf eine neue, bisher nicht dagewesene Weise kombiniert, zeigt damit, dass er einen Abstand zwischen sich und dem Rest erlebt. Ein Vogel, der fremde Stimmen lernt, erweist sich darum nicht als bedingungslos in starre Abläufe eingekoppelt, glauben manche Verhaltensforscher mittlerweile. Seine Lieder zeigen, dass er in seinem Verhalten über eine gewisse Freiheit verfügt.

Nehmen wir darum mit diesen Wissenschaftlern an, die Stimme der Tiere sei ein Ausdrucksphänomen. Ihre Rufe seien Expression, nicht eines sprachlichen Bewusstseins, doch einer sensiblen Innerlichkeit, derselben, die als Grundgefühl allen Lebens auch wir teilen. Melancholie und Jubel, das wäre die Musik der Natur. Gewöhnlich erkennen wir jedoch als echte musikalische Leistung nur an, was der melodischen Produktion unserer eigenen Art nahekommt. Tiere rücken der Verwandtschaft mit uns umso ferner, je stummer sie sind. Dem greinenden, juchzenden, plappernden Affen wird ein Ausdrucksvermögen noch zögernd zugestanden, zumal er im Experiment Bilder malen lernt. Dass mehr als die Hälfte aller 8700 Vogelarten singen, nimmt man hin, ebenso, wie Wale im Wasser grunzen, jaulen und zirpen, so wie sich Bewohner fremder Planetensysteme untereinander verständigen mögen. Doch schon die Art, mit der Frösche sich melodisch abrackern, lässt sie mechanischen Schnarrinstrumenten näherstehen als lebenden Wesen. Kühe muhen, Schafe blöken, Hühner gackern, Grillen zirpen, Heuschrecken schrillen. Darunter, so scheint es, breitet sich insgesamt Stummheit aus. Dabei müssten wir nur lauschen. Auf das leise Knurren eines in der Hand gefangenen Käfers. Auf die feinen Klopfgeräusche, die eine Steinfliege mit ihrem Hinterleib hervorbringt. Auf die vierzehn verschiedenen Spielarten von Säuseln, Rascheln, Grunzen und Knacken, durch die etwa der amerikanische Zuckerkäfer auf sich aufmerksam macht.

Fast alle Tiere tönen. Insekten summen nicht nur mit ihren Flügeln, sie erzeugen alle erdenklichen Arten von Lauten, um ihr Revier zu markieren, ihre Kinder wiederzufinden, elterliche Fürsorge zu erbitten oder davor zu warnen, dass sie erbärmlich schmecken. Sie schweigen nicht, sie sprechen. Sie reden nicht nur, sie singen: Sie erheben ihre Stimme in vollendeter Nutzlosigkeit zur reinen Musik wie die Männchen mancher Grillenarten, die erst nach der Paarung – dem Totpunkt darwinistischen Zwecks – ein von Verhaltensforschern so getauftes »Triumphlied« anstimmen.

Vielleicht ist ein Grund unserer Ignoranz, dass viele Töne zu hoch oder zu tief für menschliche Ohren erklingen oder dass sie da erschallen, wo wir allzu selten lauschen. Im Meer etwa. Taucher kennen das Prickeln und Knistern, das ihre Ohren unter Wasser füllt, aber die wenigsten wissen, woher dieser Lärm kommt. Luftblasen vielleicht? Die Wellen? Nein. Es sind winzige Krebse, die da zischen und knarren, es sind die Fische, die murmeln und flüstern. Sie reiben ihre Kiefer aneinander, knirschen mit ihren Flossenstrahlen, grunzen mit der Schwimmblase. Maränen rauschen im Chor, wenn sie fressen, Welse fauchen, Karpfen quietschen, Elritzenschwärme fiepen, die Plötze gorkst, der Barsch meckert.

Alle Fische können Laute von sich geben und Töne hören. Sie sind nicht etwa aus der Geräuschwelt ausgeschlossen, sondern eingetaucht in ein Medium der Töne, viel klangvoller, als es Luft ist. Akustische Wellen rasen durchs Wasser hunderte von Kilometern weit. Wenn Buckelwale ihre Melodien wiederholen und variieren, dann ist der Schall ebenso im Meer wie in ihnen. Sie singen sich selbst. Und anders, als es die Zoologie mit ihrem Ethos des Lebenskampfes will, sind Wale viele Stunden eines Tages nicht mit Fressen beschäftigt. Sie haben frei, und dann singen sie, wiederholen ihre unirdischen Lieder in endloser Modulation. Elefanten, die durch den Busch streifen, kollern oder rumpeln vor Wohlsein. Offenbar gibt es Situationen, in denen die tierische Lautäußerung sinnlos ist wie ein Jauchzer oder ein Weinen. In denen sie einfach ist.

Auch viele Vogelarten, die bisherigen Paradebeispiele für die darwinistische Meistersinger-Hypothese vom Tenor als Einzelkämpfer, sind weniger klangliche Wettstreiter als einsame Träumer, die sich in einer Wolke von Klang verhüllen. Spezies wie die Gartengrasmücke schwatzen in einem »Artgesang«, den sie nur dann anstimmen, wenn sie allein und ungestört sind. Sie führen dann ein Selbstgespräch, zart und melodisch und von Nutzen gänzlich frei. Die Amsel, so haben Versuche gezeigt, singt am schönsten für sich allein, wenn sie gerade nicht mit ihrem Nachbarn um die Wette flötet. Ihre ausgereiftesten Sonaten ertönen im Herbst, lange nachdem die Paarungssaison vorüber ist. Im Wettgesang mit anderen hingegen wirft der Vogel seine Strophen fahrig und kratzig hin. Als mache ihm das Singen keine Freude, intoniert unser Stadt- und Gartenvogel gerade dann am schlechtesten, wenn er es am meisten brauchen könnte, wenn er nämlich dem »evolutionären Zweck« des Singens folgt. Diesen Zweck sehen Forscher nach wie vor in der Brautwerbung, der Revierabgrenzung, generell all dem, was dazu dient, die Zahl der in die nächste Runde geschickten Nachkommen zu erhöhen. Dabei haben viele Menschen, die einzelne Vogelarten wirklich lange und ausgiebig beobachten konnten, das von orthodoxen Darwinisten beschworene Duell im Duett kaum je erlebt. Stattdessen konnten sie Chören lauschen, in denen die Stimmen aller Drosselarten des Waldes zusammenflossen wie in einem gewaltigen Kanon.

Wenn sich auch die Vögel selbst eine solche orchestrale Koordination nicht bewusst vornehmen mögen: Kurz vor der blauen Stunde, als der Abend in die Dämmerung hinabkippte, erklang auch aus den Bäumen und Büschen des Wannsee-Parks ein tonales Allegro, in dem die Stimmen mehr zusammengehörten, als dass sie getrennt erschienen. Und nicht nur die Laute bildeten eine Harmonie. Auf seltsame Weise fügten sich in die Töne auch die Duftschlieren von Linden, Flieder und Traubenkirsche ein, die sich mit den Melodien im fallenden Licht mischten wie exotische Essenzen in einer dunklen Flüssigkeit. Alles schien dasselbe zu bedeuten – in einer unabsehbaren Konstanz der Formen.

Der Ruf nach dem Leben

Es gibt einen Ton, der ohne Halten, ohne Restspur von Effizienz den ganzen Abgrund animalischer Seele offenbart. Das ist der Todesschrei. Selbst fast vollkommen stimmlose Tiere kreischen plötzlich auf, wenn das Ende über sie hereinbricht. Einem stummen Hasen, dem der scharfe Schnabel der Eule in den Rücken fährt, bricht das Leben weg in gellendem Entsetzen, vor dem kein Zweifel möglich ist: dass er nicht will. Niemand, der einen solchen Todesschrei hört, kann ihn verwechseln. Er erkennt ihn, denn er weiß in der Tiefe seines Leibes, es könnte der eigene sein. Dieser makaberste Laut vermag zu zeigen, dass unser Inneres, das des menschlichen Tiers, sich nicht anders äußert als jede Kreatur. Auch aus ihr hören wir somit wie aus einem akustischen Spiegel unsere Seele. Gerade dass der letzte verzweifelte Ton dem Überleben gar nicht mehr dienen kann (denn wer sollte helfen, wenn es zu spät ist?), tritt einen weiteren Beweis an für dieses Innere. Der Ton ist Surplus, reiner Ausdruck und als solcher Handgeld der Wahrheit. Stimme erhebt sich als federleichte Spur des Empfindens, als Laut verletzlicher Sorge und wollenden Seins. In ihr kommt nicht Nutzen, sondern Sinn zur Sprache. Stimme ist – wie auch die Gestalt –mindestens ebenso Medium der Sehnsucht, wie sie Funktionsträger ist.

Warum nicht so: Jeder Ton ist Zeichen einer Empfindung und, wie schemenhaft auch immer, Ausdruck eines Selbst, das sich erhalten will, das nicht nur zu überleben, sondern sein Leben in ganzer Kraft auszukosten wünscht. Stimme mag auch oder sogar vor allem sinnvoller Kommunikationskanal sein – sie ist dennoch zugleich immer Barometer einer Emotion, wie energisch der Sprecher seine Seele auch verhüllen mag. Stimme ist nicht nur Semantik, sondern immer auch Prosodie: schmeichelnde Wärme, silbrige Schärfe, dunkle Geborgenheit oder schroffer Verrat.

Stimme ist, weil sie dem Ohr im körperlichen Anstoß des Schalls begegnet, jedes Mal wieder ein Ergreifen, ein Berühren, das direkt in den Körper fährt, so wie es aus ihm herausbricht als Echo seiner Vibration. Vielleicht kommt uns darum der Laut, den wir hören, noch ein Stück näher als ein Bild, ist darum das verwundete Tier, auch wenn es keine Miene verzieht hinter dem Bannkreis seiner schwarzen Augen, im Wehklagen ganz in uns. Es ist in uns, weil es, anders als das Bild, uns körperlich berührt. Neurologen wissen schon lange, dass Blinde sich mit den ihnen verbliebenen Sinnen mitten hinein in die tosende Welt geworfen fühlen, während Taube, auch wenn sie noch sehen können, sich von der Wirklichkeit für immer getrennt empfinden, als wären sie zu einem Leben hinter der sprichwörtlichen Wand aus Glas verdammt.

Nirgendwo sonst tritt die innere Erfahrung der Wesen deutlicher zutage als in ihren Stimmen. In jeder Äußerung schwingt der Rausch mit, zu sein, der Rausch, zu erleben. Was mich in der Stimme des Anderen packt, ist meine eigene Betroffenheit. Ton ist ein Medium im Raum, das mich anders als Licht am ganzen Körper ergreift. Organe reagieren auf Schall, indem sie ihr Pulsieren seinen vibrierenden Gezeiten anpassen. Das Herz schlägt schneller im Rhythmus. Schwächer als die Wale, die, wenn sie im Wasser singen, mit ihrem blutdurchpulsten Körper selbst Teil ihres Liedes und seiner Schwingungen werden, sind auch wir immer von den Tönen erfüllt, die wir vernehmen – und die wir erzeugen.

»Das Gegenteil von Zeit«

Eine absolute Stimme, die den Zuhörer mit der ganzen Seele ergreift, ist in der Welt der Menschen Inbegriff der Musik. Denn die moderne Kultur spricht zwar anderen Wesen das Gefühl ab, das sich hinter ihrem Klang verbergen könnte, schwelgt aber selbst in Lautäußerungen ohne jede Funktionalität. Doch wozu Musik? Dazu gibt es kaum eine zeitgenössische Theorie. Zwar verweigern wir Menschen uns nicht das Recht auf Schönheit um ihrer selbst willen, doch lehnen wir gleichwohl eine zusammenhängende Erklärung dafür ab. Die Seele ist nicht nur aus der Naturwissenschaft verschwunden, aus der Wissenschaft von den anderen Wesen. Sie führt auch in dem Bild, das wir uns von uns selbst und unseren Bedürfnissen machen, ein Schattendasein.

In den letzten vierzig Jahren waren unter allen wissenschaftlichen Vermutungen über den Sinn von Kunst die vielen Spielarten des sogenannten Strukturalismus und Poststrukturalismus tonangebend. Die meisten Geisteswissenschaftler behaupten heute, dass wir Sinn allein aus der freien Kombination von Symbolen und Zeichen erschüfen. Dieser Sinn sei zwar eng an die Trends der Kultur gekoppelt, habe aber keinerlei Bezug auf eine fleischliche Lebenswirklichkeit. So wie im Darwinismus die äußere Form eines Wesens, seine Gestik, seine Mimik, ja sogar sein inneres Erleben keinen Wert im eigenen Recht haben, sondern stets im Dienst einer Ökonomie des Überlebens stehen, fügen sich nach der Auffassung der meisten Geisteswissenschaftler die Sinnsplitter der Kultur nach einer Ökonomie der Sprache aneinander. Diese habe ebenfalls keinen Bezug zur leiblichen Existenz eines Wesens. Die Welt bleibt so in jeder Hinsicht Maschine.

Unsere Kultur hat sich ganz offensichtlich vom Leben abgewendet. Auf welche Art auch immer wir uns selbst beschreiben: Wir treffen nicht den Kern. Wir haben den Sinn verloren, der sich im lebenden Leib einstellt. Wir wissen nicht mehr, wie wir erklären sollen, dass dieser Sinn, wenn er uns als Klang einer Sonate, einer Improvisation begegnet, unser Fühlen in seinen Bann schlägt. Ich denke, dieses Zusammentreffen ist kein Zufall. Kunst und Körperlichkeit stehen in einem intimen Zusammenhang. Beide lassen sich nur zusammen verstehen. Beide verhalten sich zueinander so wie Bild und Spiegelbild – oder vielmehr: wie das Bild, das eine Person von sich selbst hat, und das Bild, das sich ein anderer von ihr macht. Erst deren Überlagerung bringt das Ganze zusammen. In beiden – Kunstwerk und Körper – konnte etwas, das mehr ist als Materie, zu einer Form gelangen, die sich mit den Sinnen erfassen lässt, und nur so vermochte es überhaupt wirklich zu werden.

Tatsächlich haben manche Philosophen Lebewesen eher mit einem Kunstwerk als mit einer Maschine verglichen. In der Frühzeit der europäischen Kultur – zu besagter Zeit also, als die Menschen in den Tierstimmen noch den Ursprung ihrer eigenen Äußerungsmöglichkeiten mithörten – bestand zwischen Kunst und Technik ohnehin eine engere Verwandtschaft. Beide Werke galten weniger als Erfindung eines bestimmten Autors, sondern vielmehr als der schöpferischen Harmonie des Kosmos entsprungen. Je stärker aber das Christentum die abendländische Kultur dominierte, desto deutlicher stand die Idee eines Weltkonstrukteurs im Vordergrund, der seine Werke rational durchplante als eine gigantische Produktionsstraße. Die Welt wurde zur Technologie – und genau das ist die Denkweise, die heute in den Beschwörungsformeln des Intelligent Design wiederauftaucht, wenn dessen Vertreter behaupten, viele Merkmale der Lebewesen (wie das Auge) seien so kompliziert, dass sie niemals von allein hätten entstehen können. Eine so gedachte Schöpfung aber ist durch und durch passiv. Ihr Schöpfer lebt, sein Werk indes ist toter Mechanismus.

Was aus der Sicht der neuen Biologie Kunstwerk und Lebewesen miteinander verbindet, ist freilich gerade die Aktivität. Beide sind immer mehr, als sie im gegebenen Moment scheinen. Sie lassen sich nicht vollständig ausloten und nicht auf einen Begriff bringen, denn sie sind nicht rational. Aber dennoch haben sowohl Kunstwerk als auch Lebewesen ihre eigene Objektivität. Ein künstlerisches Symbol drückt das Fühlen eines Lebewesens aus, das wir in seiner gesamten Tiefe nicht erklären können, und ist dabei selbst nicht restlos erklärbar. Es hilft uns verstehen und bleibt gleichwohl Geheimnis. Gerade in der Lautäußerung, in der Musik, treffen sich diese beiden Dimensionen. Stimme zeigt vollkommene Transparenz und birgt das unergründliche Rätsel.

Lange haben Komponisten, Musikkritiker und Kognitionsforscher gestritten, worin die Wirkung der Melodien auf unsere Emotionen besteht. Stellen die Abfolgen von Tönen etwas dar, etwa so, wie eine Zeichnung eine Figur abbildet? Und wenn ja, was? Oder sind die Kadenzen und Akkorde, wie es die meisten zeitgenössischen Philosophen auch von der Sprache behaupten, reines Spiel, das keinerlei Bezug zur Außenwelt nötig hat, um seinen Sinn zu finden?

Auch in der Musik hat die Epoche der Romantik ihre tiefen Spuren hinterlassen. Hier setzte sich die Auffassung durch, dass Melodien uns erregen und uns in bestimmte Stimmungen versetzen, weil die Tonfolgen Symbole für Gefühle seien – so wie die farbigen Pinselstriche auf einem Gemälde das Symbol einer Landschaft erschaffen. Kompositionen seien Ausdruck von Emotionen, die den Musiker erfüllt hätten, als er sein Musikstück schuf. Kritiker dieser sentimentalen Interpretation, wie der einflussreiche Wiener Musikschriftsteller Eduard Hanslick, führten dagegen an, dass auch ein Wutschrei Emotionen ausdrücke – freilich nicht unbedingt zur Kunst gezählt werden könne. Auch mache die Schwermut in einem Musikstück den Hörer nicht wirklich schwermütig, sondern lindere im Gegenteil oft dessen eigene Melancholie. Akzeptiert man diesen Einwand, dann ist eine Komposition also mehr als das Symptom eines Affekts. Sie ist vielmehr ein Modell dafür, wie einzelne Emotionen in andere eingebettet sind und mit ihnen in Zusammenhang stehen.

Wir erfassen in der Dynamik der Musik den Charakter eines bestimmten Gefühls emotional auf eine ähnliche Weise, wie wir visuell die Struktur des Knochengerüsts in der Röntgenaufnahme erkennen. Ein Musikstück drückt so nicht Gefühle aus, sondern Ideen von Gefühlen – nicht Glück, sondern einen Plan von Glück. Sie ist »eine Quelle der Einsicht, nicht aber ein Ansuchen um Mitgefühl«[27], wie die amerikanische Biophilosophin Susanne Langer sagt. In einer solchen Sichtweise kann Musik in der Tat mit der »Lingua franca« der Affekte konkurrieren. Musikalische Rhythmen und Kadenzen stellen möglicherweise das Schwellen und Erlahmen organischer Vorgänge dar; melodische Spannungen, Durchführungen, Crescendi und Finali die seelischen Aufschwünge und Niederlagen – und zwar in einer Tiefe, die noch vor dem bewussten Gefühl erfolgt. Musik objektiviert somit die leibliche Existenz; sie ist ein Kataster der Sehnsucht, zu sein.

Wenn aber Musik der objektive Ausdruck innerer Lebensvorgänge ist, dann stehen Melodien und Gefühle auf ein und derselben Stufe. Dann sind beide Symbole der Innerlichkeit, sind Sprache der organischen Prozesse, wie sie ein Subjekt an sich und in sich selbst erlebt. Der Gesang der Vögel ist dann zwar keine Musik in unserem Sinn – aber er drückt ebenfalls deren Logik aus: Er ist wie diese eine tonale Übersetzung der Gesetze einer Innerlichkeit. Darin – nicht in der Zusammensetzung seiner Harmonien – ist er den Liedern der Menschen verwandt. Darum können wir ihn verstehen. Wir erkennen das Lied der Nachtigall als die Erscheinungsform der Subjektivität. Es ist uns fremd, aber es unterliegt den gleichen Bedingungen wie auch unsere Seele. Der Vogel sehnt sich gegen die Sterblichkeit an, und darum hat Coleridge auf einer emotionalen Ebene vollkommen recht, wenn er beobachtet, »dass eine Aprilnacht zu kurz sei, um seine Seele von all der Musik zu befreien«. Sie ist immer zu kurz, weil die Musik das Leben selbst ist.

Der französische Musiker Olivier Messiaen hat diese Verbindung zwischen uns und den gefiederten Sängern ein Leben lang verfolgt. Er hat sich mit der Musik der Vögel auseinandergesetzt wie kaum ein Zweiter im vergangenen Jahrhundert. Ein Großteil seiner Kompositionen bezieht sich auf die Stimmen der Natur. Zu Beginn des Zweiten Weltkriegs lag Messiaen wochenlang in einem Schützengraben und wartete auf den deutschen Angriff. Tag um Tag dieser zermürbenden Zeit schmetterte über ihm eine Lerche ihr Frühlingslied in den strahlenden Himmel. Messiaen komponierte ein legendäres Musikstück, während er dort zwischen Tod und Leben gefangen war. Im berühmten »Quartett über das Ende der Zeit« gibt es einen Satz, der mit »Abgrund der Vögel« überschrieben ist. Im deutschen Stalag VIII-A, in dem der Musiker kurz darauf als Gefangener interniert wurde, gelang es Messiaen, das Stück aufführen zu lassen.

Für den Komponisten öffnet sich in den Stimmen der Vögel eine alles bejahende, eine abgründige Positivität. »Vögel sind das Gegenteil der Zeit«, schrieb er später emphatisch – sie sind das Leben, das das Jetzt will und in seiner Fülle die Gegenwart zu bannen vermag. Messiaen versuchte in seinen späteren Werken wie besessen, die Melodien der Tiere in Musik zu transkribieren. Ihm gelang der Schritt hin zur Stimme des Fühlens. Was er schuf, ist abstrakt und zugleich voll von ihrer innigen Vertrautheit. Keines seiner Stücke – etwa der Pirol aus dem »Catalogue des Oiseaux« – ähnelt dem Lied einer realen Art. So hat Messiaen zum Beispiel das Tempo rapide verlangsamt. Und doch haftet allen, selbst den dynamischsten dieser Kompositionen, eine seltsame Ruhe und unirdische Heiterkeit an. Keine andere Musik kann man so oft wiederhören, ohne ihrer überdrüssig zu werden. Keine – außer dem Lied der Nachtigall.

Die »orphische Stimme«

Das allen menschlichen Tonsetzungen doch so fremde Lied des kleinen Vogels schenkt uns freilich nicht nur Einsicht in das, was Seele – verleiblichte Subjektivität – zu bedeuten vermag. In der Stimme der Nachtigall offenbart sich das gesamte Spektrum der Conditio vitæ. Der ungeahnte Klang öffnet überhaupt erst die Möglichkeit, bestimmte Dinge zu fühlen, die wir selbst nicht erlebt haben (und vielleicht nie erleben). Die amerikanische Schriftstellerin Ivy Campbell-Fisher erinnert sich, dass sie manche Gefühle in der Musik überhaupt zum ersten Mal erfuhr. »Was ich von Trauer verstanden habe, kommt nicht aus den Augenblicken, in denen ich traurig war, sondern von den Momenten, in denen ich Trauer vor mir gesehen habe, aus den Verstrickungen mit dem Zufall befreit.«[28] Auf die Stimmen der Tiere gewendet, heißt das: Weil sich in der Ekstase der Nachtigall ihr Inneres als lebendes Subjekt zeigt, können wir unser Verständnis weiten. Wir dehnen unsere eigene Innerlichkeit aus, geborgen unter dem unsichtbaren Gewölbe, das die Strophen des kleinen Sängers unter dem Himmel ausspannen.

Was wir dort als Gefühl erfahren, sind freilich nicht menschliche Sorgen und Freuden. Das Lied der Nachtigall ist nicht Ausdruck einer musikalischen Dame, sondern der Bedingungen von Existenz. Es entspricht keinen persönlichen Verstrickungen, sondern dem Drama, am Leben zu sein. Sein Gehalt sind die Gezeiten des Organismus, das An- und Abschwellen der Lebenskraft, das Auftreiben im Frühling, das immer zu schnelle Ende.

Der Dichter Heinrich von Kleist hat in seinem berühmten Essay über das Marionettentheater zwei Formen von Objektivität beschrieben: die vollkommene Ahnungslosigkeit der Natur und die Perfektion der durchdachtesten Kunst. Kleist behauptet, dass erst die vollendete Kunst des Marionettenspiels eine Anmut hervorbringt, wie sie der unbewussten Bewegung des Leibes eigen ist. Diese Pole begegnen sich auch, wenn wir eine musikalische Komposition mit der Melodie eines Tiers vergleichen. Der Ausdruck des Körpers ist von vollkommener Objektivität, weil der Körper tatsächlich vorhanden ist – und weil der Tod, gegen den das fühlende Sehnen sich aufbäumt, sozusagen die Nulllinie jedes nur denkbaren Realismus darstellt. Ein Kunstwerk wiederum kann vollkommen sein, wenn es von den Verstrickungen persönlichen Zufalls gereinigt wurde. Beide haben damit eines gemeinsam: Sie sind notwendig.

In den Liedern der Tiere äußert sich diese Notwendigkeit als Stimme. Ihre Modulationen sind absoluter Ausdruck ihres Daseins und vollständig deckungsgleich mit diesem. Das ist das uneinholbare Stück, das uns die Tiere an Vollkommenheit voraus haben. Es ist ihre unbewusste Weisheit. Sie lehrt uns, dass etwas gewusst werden kann, auch wenn wir es nicht benennen können. Wegen dieses Vorsprungs an Notwendigkeit aber ist jeder humane Dünkel, jede Selbstfeier der Kultur über die anderen Wesen ein tragischer Irrtum.

Die Sprache der Musik rührt also möglicherweise deshalb an unsere Seele, weil die Formen unserer inneren Gezeiten ebenfalls mit dieser Notwendigkeit durchtränkt sind. Das Fühlen lebender Subjekte, das ich in den letzten Kapiteln beschrieben habe, findet offenbar in den harmonischen Zusammenhängen der Musik eine Entsprechung. Wir sollten auf die Melodien der Tiere zählen. Sie sind das zentrale Symbol für jene unsagbaren Wege des Empfindens. Sie sind Ton des Lebens selbst. Gerade das macht die Stimmen der Anderen kostbar. In ihnen wird Empfinden wissbar – nur in ihnen, den schwächsten der Geschöpfe: die Schreie der Möwen, Risse in einem sturmzerwühlten Himmel. Der Eule dunkler Ruf im nächtlichen Wald. Das zischende Schrillen der Zikaden im Ölberg. Das sind Laute, die das Selbst vermitteln als Widerschein einer Spielart von Fülle, als nicht nur Selbst, sondern auch alles andere noch.

In der Stimme der Wesen singt sich die Welt. Das orphische Lied, jene Strophen, deren Textur und Tonalität dem griechischen Mythos zufolge eine Leiter hinab in die tiefsten Geheimnisse des Kosmos senken sollten, sie sind nicht nur auf die Einbildungskraft eines Poeten angewiesen. Aber die messende, zählende Wissenschaft, welche die Welt als gigantischen Mechanismus begreift, ist allzu lange mit leeren Händen zurückgekehrt. Jetzt endlich stellt sie fest: Orpheus' Stimme ist schon immer da gewesen. Sie ertönt in den Rufen der Tiere wie eine endlose Variation über das Thema, am Leben zu sein. Ihre Wellen durcheilen unseren Körper und finden ein Echo in ihm. Wir haben daran teil.

Es ist dies die unaussprechliche Überlegenheit der Tiere: ganz zu sein in jedem ihrer Augenblicke. Darin können sie uns Leben schenken, wir aber bleiben für immer in ihrer Schuld.

10 DIE SAGENHAFTE FREIHEIT

Die Freiheit ist eine Gabe des Meeres.
Pierre Joseph Proudhon, zitiert von Albert Camus in »Tagebücher 1935–1951«

Im Anrollen und Verebben der Wellen liegen Anfang und Ende unserer Begegnung mit dem Meer. Der Saum der Brandung ist die Grenze des Ersehnten. Seine flüchtige Linie übersetzt die Botschaft ins Erträgliche, die von dort draußen kommt: vom unbegehbaren, vom unergründlichen Körper der See.

Lange hat es gedauert, bis wir endlich angekommen sind, hier, wo unsere Fußspuren zwischen den rosafarbenen Kalkschalen verrinnen, den violetten und blauen Splittern und dem verwischten Rand, den der Tang bildet. Und da sind die Wellen, freundlich verbeugen sie sich zum Willkommen und glätten dabei den Sand, unablässig polieren sie ihn mit dem verhallenden Schwung silberner und grüner Rücken, die hintereinander emportauchen, zügellos, fügsam, das schräge weiße Tageslicht leichthändig in tausend blaue und grüne Kristalle zerteilend. Und draußen, mit allen Facetten, die See.

Das Meer verstehen hieße die Welt verstehen. Seine Bewegungen sind allgegenwärtig. Lebt man eine Weile am Meer, so lernt man es kennen, ohne ihm näher bekannt zu sein. Aus weiter Ferne übt es seine lebenserhaltende Kraft aus. An der Sylter Nordseeküste legt das Wasser bei Ebbe und Flut kilometerlange Strecken zurück. Der Gezeitenunterschied ist so groß, dass Sandbänke unter dem zurückrollenden Meer auftauchen, mit krausen Algen und blauschwarzen Muscheln bewachsene Hügel, die vorher unter seiner Oberfläche verborgen lagen. Fremde Landschaften steigen aus dem Wasser empor. Mit der Ruhe einer vergangenen Welt liegen diese Formationen bei Ebbe vor den Augen des Betrachters. Staunend schreitet er durch sie hindurch, ohne das Geschehen wirklich zu begreifen, ein Gast auf Zeit. Das Wattenmeer ist eine Mischungszone, die von beiden, Land und Meer, etwas enthält. Sie erscheint als Fenster in jene andere Welt, aus der das Leben und seine Gesetze kamen.

Der Gezeitensaum ermöglicht dem Wanderer am Strand immer wieder den Blick in eine unbekannte Schatzkammer der Wesen. Verborgen in den Lücken des Sands, zusammengerollt unter den Blättern des Tangs, angespült im Takt der Wogen oder eingekauert in die Hohlräume und Kavernen der Muschelbänke, warten Organismenformen die Rückkehr des Wassers ab, deren Gestalten das alte Versprechen auf die grenzenlosen Möglichkeiten des Lebens einzulösen scheinen.

Gräbt man mit der Hand auf dem Sandboden oder schöpft einen Eimer des flachen Wassers, so zeigen sich seltsam gestaltete Wesen von nie gesehenem Körperbau: durchscheinend grüne oder rötliche Gliedertiere mit dutzenden von Beinen und leuchtenden Schuppen, glasartig transparente und im Dunkeln fluoreszierende Garnelen, die durch Gezeitentümpel schnellen, leuchtende Fächer von kreiselnden Federn, Muscheln mit einem Perlrand aus Augen an ihrem ausgestreckten Rüssel.

Das Leben überrascht am Meer mit einem maßlosen Geschenk. Es ist ein Schatz, mit vollen Händen ausgeteilt. Darum drängen uns die fremdartigen Körper dieser Organismen die Frage auf: Können allein Ökonomie und Effizienz für die Vielfalt der Geschöpfe verantwortlich sein? Gehorcht das Leben allein dem Zwang zur Funktionalität, wie es die Wissenschaft lange behauptete? Scheint es bloß maßlos, ist aber in Wirklichkeit wohlkalkuliertes Maß? Oder folgt die Biosphäre einem Drang zur schöpferischen Freiheit?

An der Wattküste kann man diesen Fragen mit den Augen folgen. Die Antworten auf sie lassen sich mit Fingern berühren, mit Mund und Nase einsaugen. Eine Insel wie Sylt ist zusammengesetzt aus hybriden Räumen. Ihre Wattküste offenbart ein Mosaik der Übergänge, der Einblicke, der still knisternden, plätschernden Verwandlungen. Im Lister Königshafen treten bei Ebbe die seltsamen Röhren mariner Würmer aus dem Meer hervor, die wie wunderbare Baumstämme die Wälder unbekannter Breitengrade bevölkern. In den flachen Watthäfen der Ostküste haben sich die Boote auf eine Seite geneigt, bis der auflaufende Meeresspiegel sie wieder emporhebt und sich die Wirklichkeit als kabbeliger Vorhang über einer nebelhaften Offenbarung verschließt. Mit unmerklicher Bewegung umspielt das Wasser die Gegenstände, die in seiner Bahn liegen, streicht an ihnen entlang und überzieht sie mit dem feinen Film seiner Anwesenheit, überspült sie und gibt sie dann wieder frei, dass Algenmatten und Wellenrippel wie Erinnerungen des Ozeans am Strand bloßliegen, bereit, aufs Neue vergessen zu werden, wenn die Flut wieder steigt.

Manche Abschnitte des Sylter Weststrands empfangen die Wellen mit der Jungfräulichkeit der frisch geborenen Erde, als noch keine Pflanze, kein Tier geschaffen war. In weitem Schwung lassen sie Ankunft und Abschied des Wassers mit sich geschehen, als wüssten sie, dass aus dieser Bewegung das Leben folgte. Die Ozeanwogen erscheinen als der Atem des Organismus Erde. Den Spielereien des Zufalls unterlief hier bei einer bestimmten Salzkonzentration eine Ungewöhnlichkeit, etwas Außerplanmäßiges, das sich seitdem mit außerordentlichem allgemeinem und wechselndem individuellem Erfolg behauptet: das Leben, das sich im Wasser mit der Unausweichlichkeit einer chemischen Kettenreaktion anstaute und dann in die blauen Räume hinaus explodierte. Wie alle Organismen tragen auch wir immer noch im salzigen Zellplasma unseren Herkunftsort mit uns. Der Ozean hat sich in uns hineingefaltet. Das Milieu der Körperflüssigkeiten ist unser »inneres Meer«.

Bei Niedrigwasser liegt im Lister Königshafen der Inhalt der See dem Land zu Füßen. Das Wasser hat sich aus der kilometerlangen Bucht zurückgezogen, geblieben ist nur der feste, von glatter Nässe gesättigte Sandboden, den Millionen kleiner Muschelschalen bedecken. Zwischen den Wellenrippeln haben sie sich konzentriert, pastellfarbene Überreste einer Unendlichkeit von Existenzen. Die mit Seepocken besetzten Buhnen ragen so lautlos in die Luft, als wären sie nicht wirklich vorhanden. Sie erscheinen als Fata Morgana auf dem Sand des Ozeanbodens, eine Halluzination abwesender Fülle. Über dem vom Wasser verlassenen Land herrscht Stille. Gesteigert wird sie noch vom unablässigen Prickeln der Schlickkrebse, hunderte pro Quadratmeter, die aus ihren Wohnröhren heraus die umliegenden Sandkörner nach essbaren Algen absuchen.

Das Schweigen wird nicht gebrochen, ist aber dennoch beredt, sichtbar als geheimnisvolle Spur auf dem vorübergehend freigegebenen Untergrund. Wenn man genauer hinblickt, hat alles eine eigene Form: die unzähligen Schnecken auf dem feuchten Sand, die langsam pulsierenden Anemonen in den kleinen Pfützen, die sich in ihr Versteck duckende Krabbe unter dem glänzend ausgebreiteten Tang, der Seeringelwurm, der mit kieferbewehrten Palpen den Schlick vor seinem Loch betastet. Überall plätschert verborgenes Sein. Der Salzgeruch desMeeresgrundes ist sein Bürge, auch wenn die Augen des Wattwanderers nichts entdecken können. Jeder Quadratmeter Sand ist hier ein Reaktor des Lebens, durchsetzt mit pulsierendem Fleisch. Die Forschung klassifiziert das Wattenmeer als einen der produktivsten Lebensräume der Erde. Dieses existenzielle Strotzen lässt sich mit allen Sinnen wahrnehmen.

Im süßen Joddunst des Schlicks mischen sich die Aromen von Schöpfung und Verfall. Hier ist der Kreis des Werdens kurzgeschlossen. Doch nicht nur für das unablässig produzierte Volumen organischer Körpermasse gilt dieses Gesetz: ebenso für die Reichhaltigkeit der Formen, die dieser Lebensraum bereithält. Das Meer ist in jeder Hinsicht ein Laboratorium der Fülle. Nicht einmal die tödliche Verschwendung scheint ihr etwas anhaben zu können. Oft türmt sich der Boden, auf dem neues Leben wächst, auf die Überreste des alten. Viele Strände bestehen nicht aus Sand, sondern aus Schill, aus den winzigen Splittern von Muscheln. Angesichts der Schichten des Seins, die sich hier überlagern und durchdringen, hat man den Eindruck: Seine unscheinbaren Bewohner werden tatsächlich wiedergeboren. Sie verwandeln sich beständig in andere lebende Formen. Ihre Individualität verschwimmt mit der von Leben überbordenden Welt, die sie umgibt. Geburt und Ende scheinen hier keine wirkliche Grenze zu bilden. Verwesung kann jederzeit in Fruchtbarkeit umschlagen, als wäre beides in Wahrheit dasselbe – das unvermeidliche Doppelgesicht eines Ganzen.

Schon das zugleich träge und hastige Greifen, mit dem eine Seepocke aus ihrem geöffneten Krebspanzer immer wieder ins Leere fasst und, für uns unsichtbar, Nahrung aus der gallertigen Fülle der See schöpft, zeigt die maßlosen Ressourcen in einem einzigen Wassertropfen. Dieser genüge bereits, so fand der französische Historiker und Philosoph Jules Michelet vor 150 Jahren, um »in seinen Transformationen das Weltall erklären«[29] zu können. Dessen Sternenstruktur blitzt in den Formen der Lebewesen, die das Wasser bevölkern, sekundenhell auf. Die Ausbrüche lebender Gestalt aus dem bloßen Funktionieren vermitteln sich uns ohne Erklärung. In ihrer Eigenart liegt eine Größe, der man das Lebendigsein sofort glaubt. Diese Formen haben keine Zweckmäßigkeit nötig, um ihre Existenz zu erklären. Unter dem Eindruck ihres sagenhaften Eigensinns erkennt man die Freiheit.

Die gängige Biologie weiß davon noch wenig. Für sie erklärt sich jede Variation durch Effizienz. Die Erscheinung, also das, was ein Lebewesen zuallererst auszeichnet und was die Realität der sichtbaren, der durch alle Sinne auf uns eindringenden Umwelt ausmacht, war für die Forscher lange Zeit bloß ein Abfallprodukt des Nutzens. Das, was dem Beobachter sofort ins Auge fällt, hat für die wissenschaftliche Erkenntnis des Lebendigen wenig Wert. Lange Zeit gingen Evolutionsforscher davon aus, allein Darwins »Selektion des Fittesten« bestimme, was auf dem Markt der Formenvielfalt Bestand habe. Noch immer gehorcht ein Großteil der Biologen ihrem Dogma von Anpassung und Auslese und versucht, jedes einzelne Merkmal, jede Schuppenfärbung, jedes Merkmal bis hin zur einzigartigen Verhaltensbizarrerie allein aus dem jeweiligen Nutzen für das Überleben zu erklären. Dabei legen die Wissenschaftler den Maßstab ökonomischen Fortschritts zugrunde: Jeder Unterschied zwischen den Wesen muss Zweck und Nutzen für ein besseres

Überleben gehabt haben, sonst hätte sich eine Investition in den Umbau niemals gelohnt.

Doch warum stülpt der Wattwurm *Amphitrite* kurze, gedrungene Fangtentakel ins salzige Wasser, während sein Vetter, der Bäumchenröhrenwurm *Lanice*, dieselbe Nahrung mit zarten Fäden fängt, die auf ein stützendes Filigran aus glitzernden Sandkörnern gebettet sind? Die Ursache der Formenvielfalt sei immer noch das größte ungelöste Rätsel der Lebenswissenschaft, stellte jüngst Edward O. Wilson, einer der bekanntesten Evolutionsbiologen, angesichts solcher offener Fragen fest. Ausgerechnet Wilson war es freilich, der in den 1970er Jahren das bisher radikalste Programm ausgerufen hatte, um Körperstrukturen und Verhaltensweisen der Lebewesen zu erklären. Wilsons »Soziobiologie« ist die Denkrichtung, die bis heute die biologischen Theorien bestimmt. Nichts, was ist, wurde geschenkt, sagt sie. Alles ist erkämpft und existiert nur, um zu siegen.

Wer die Natur derart als Überlebensmaschinerie betrachtet, wechselt allerdings von der Rolle des Liebhabers, in dessen Augen das geliebte Objekt seinen Sinn in der unwiderstehlichen Magie der Erscheinung verrät, in die Rolle des Pathologen. Dieser glaubt seinen Augen und seinen übrigen Sinnen nicht, denn ihm geht es um die Mechanik hinter dem Sichtbaren. Er zerlegt auf der Suche nach dem, was die Dinge zusammenhält, genau diese Dinge – um festzustellen, dass die Überreste nicht mehr verraten als das Prinzip, nach dem sie zerteilt wurden: eine Mechanik.

Manche Denker gehen dabei so weit, dem sichtbaren Körper seine eigenständige Realität vollkommen abzusprechen. Dem Bauplan in seinem Inneren gehe es nicht um die Realisierung als Gebäude, sondern bloß noch um die eigene Vermehrung. Der Körper sei nur das Vehikel, das die Gene sich dafür ersonnen hätten, ein Artefakt im Dienste eines fremden und namenlosen Egoismus. Die Erbanlagen manipulierten das Äußere eines Organismus darum mit den einfallsreichsten Tricks, um ihre eigene Weitergabe und Verbreitung zu steuern. Im Sieg der Lebensformen triumphiere in Wahrheit die abstrakte Information.

Weniger erzwungen als geschenkt

Natürlich hat auch der Glanz der Organismen hier zu dienen. Das schillernde Außenskelett wirbelloser Tiere wie etwa Krebse, heißt es, sei ausschließlich Nebenprodukt des Umstands, dass sie dort Abfälle des Stoffwechsels sicher ablagern könnten, und habe sonst keinerlei Sinn. Die in Braun und Gelb leuchtende Feuerpracht langer Tentakel, die eine Qualle hinter sich durchs Wasser schleppt, wird ausschließlich als Warnsignal interpretiert, damit niemand das Tier irrtümlich verspeise. Aber ein Warnsignal im Wasserdunkel? Was ist mit dem flammenden Rot der Tiefseegarnele? Längst nicht alle Charakterzüge der Arten machen es einem Biologen leicht, ihre Effizienz im Überlebensspiel zu begründen. Und gerade die ungesehensten Wesen, die Rätseltiere aus der Düsternis der ozeanischen Nacht, sind oft jene, die in den abenteuerlichsten Formen leuchten. Verschwender, die ihre kostbare Pracht nicht nur nicht nutzen, sondern im Dämmerlicht der See sinnlos zu verbrennen scheinen. Vor allen anderen erscheinen die Bewohner finsterster Räume so als die dringendste Erinnerung an eine eigenständige, der reinen Funktionalität enthobene organische Kraft, die auch ohne einen Betrachter, ohne suchenden Geschlechtspartner oder zu warnenden Feind still im Dunkel glüht. Wie die Perlmuttschicht unter dem Fleisch der Muschel, die im verschlossenen Inneren glänzt mit ihrer nicht enden wollenden Abendröte.

Dass freilich nicht jedes Merkmal seine Erklärung in einem Überlebenszweck finden muss, verdeutlichte der amerikanische Biologe und Philosoph Steven Jay Gould mit einem Beispiel aus der Architektur. Dort ist auch nicht jedes Detail nützlich – nicht einmal jedes, das für die Gestalt eines Bauwerks notwendig ist. Das erscheint auf den ersten Blick paradox. Doch oft haben bestimmte, für das statische »Überleben« des Gebäudes unabdingbare Strukturen weitere Konstruktionsmerkmale zur Folge, die ursprünglich nicht vorgesehen waren. Notwendige Bauteile ziehen wie in einer Kettenreaktion eine Reihe anderer Gestaltungsmaßnahmen nach sich. Diese sind somit zwar nicht geplant, können aber wichtiger werden als die zugrundeliegenden ursprünglichen Strukturen. Das Spitzdach etwa, dessen aufstrebender Winkel den Regen abhalten soll, ermöglicht später das lauschige Dachstübchen oder lässige Loft. Ein ähnliches Surplus erzeugen die sogenannten Gewölbezwickel einer auf Bögen gestützten Wand: Der Architekt »selektiert« Säulen- und Bogenform – die ungefähr dreieckigen Flächen zwischen den Bogenspitzen aber bleiben »übrig«. Doch gerade hier entstanden in der Kunstgeschichte oft die bedeutendsten Werke – etwa die Evangelistenmosaike im venezianischen Markusdom. Die Säulen tragen sie, treten aber hinter ihnen zurück. Ein Darwinist hätte schwere Stunden vor sich, wenn er den evolutionären Sinn der Zwickel allein erklären müsste.

Harte Evolutionsverfechter führen alles Sichtbare auf den Nutzwert zurück. Was aber, wenn gerade das ausdrucksvollste Merkmal als nutzloses Beiwerk geboren wird, als verspielte Poesie auf den vom Überlebenszwang freigelassenen weißen Seiten? Mit ihr mag wohl das Buch des Lebens zu füllen sein. Vielleicht sind viele herausragende morphologische Eigenschaften der Lebewesen solche »Zwickel« im Sinn Goulds: Das sie ermöglichende Bauprinzip folgt der Ratio des Effizienten, ihre Ausgestaltung aber dem Rausch der Freiheit. Gerade die abgründige Pracht der Meerestiere legt diesen Gedanken nahe. Vielleicht hat der Schwung des Körpers einer gelatinösen Seesternlarve keinen spezifischen Überlebenswert außer einer einzigen grundlegenden Funktion, die verlangte, ein Segel zum Schweben auszuspannen.

Betrachten wir ein anderes Beispiel. Die Tentakel, die Greifärmchen, die treibenden Schleimfäden, das ganze unüberschaubare Geflecht von Fangleinen und schwebenden Angeln, mit dem viele Meerestiere sich an den unsichtbar im Wasser gelösten Partikeln sättigen: Ist die Gestaltung dieser Apparate nicht vielleicht über den unausweichlichen Zweck hinaus, Nahrung zu erbeuten, in ihrer Ausformung grundsätzlich freigestellt? Ist nicht das Funkeln dieser Welten, mit denen sich noch die unscheinbarsten Tiere in ihr treibendes Universum hinaus ausdehnen, eine ebenso unerwartete Zugabe wie der auf den Spinnfäden im Frühlicht glitzernde Tau?

Ähnliche Überlegungen mögen auch für jene typisch menschlichen Eigenschaften gelten, deren Überlebensfunktion orthodoxe Darwinisten so schwer erklären können und die sie daher als Illusion, als »Epiphänomen«, abtun. Dabei haben wir in unserer Evolutionsgeschichte vielleicht einfach manche Fähigkeiten »mitgekauft«, weil andere sonst nicht möglich gewesen wären. Und vielleicht gerade unser Menschlichstes: Möglicherweise sind unser Selbstbewusstsein, unsere Ruhelosigkeit, unsere Fähigkeit, einen transzendenten Sinn hinter den Dingen zu sehen, weniger dem strikten Überlebensvorteil geschuldet, den solche metaphysische Rastlosigkeit bot, als vielmehr unvermeidlich an die prekäre Fallhöhe eines hochintelligenten und extrem flexiblen Wesens gekoppelt. Unsere Eigenschaften lassen sich nicht voneinander trennen und einzeln, als selbständige Module, auf ihren jeweiligen Nutzen hin untersuchen.

Für Evolutionspsychologen steht im Gegensatz dazu freilich fest: Jede unserer Seeleneigenschaften muss sich auf dem Schlachtfeld des Überlebens als dominant durchgesetzt haben. Nichts ist geschenkt. Forscher wie der US-Evolutionspsychologe Steven Pinker glauben, dass die einzelnen Bestandteile unseres Geists als getrennte Elemente von der Evolution ausgewählt wurden. Das Hirn sei ein Baukastensystem für nützliche Eigenschaften, eine Art Schweizer Taschenmesser, an dem jede Klinge eine speziell für sie vorgesehene Funktion hat. Konkrete Verhaltensweisen und die Gefühle, die sie begleiten, seien für entsprechende Zwecke von der Evolution selektiert. Rückschauend versuchen manche Denker, allen unseren Seelenlagen entsprechende Nutzwerte zuzuordnen. Liebe etwa ist ein Hormonzustand, der durch die Sirenengesänge, die er auslöst, den hohen Aufwand der Brutpflege von

Homo sapiens sichern soll. Der Gefühlsrausch der Erotik solle die Eltern so anstrengender Jungtiere wie unserer bei der Stange halten. Analog habe auch das Ende der Liebe wieder einen Vorteil: Kontrollierter Partnerwechsel sichere einen höheren Durchschlagseffekt der eigenen Keimzellen in der Population. Selbst die Moral findet in einem derartigen Rahmen ihre scheinbar restlose Auflösung. Sie beruht auf einem versteckten Kalkül, bei dem derjenige auf lange Sicht am meisten gewinnt, der anderen abgibt – wenn auch freilich nur ein bisschen.

Evolutionspsychologen weisen in diesem Baukasten der Anpassung auch unserer Sprache einen definierten Überlebenszweck zu. Deren Wörter und Begriffe seien ein effizientes Werkzeug gewesen, durch das Horden von Vormenschen sich der noch Unverständliches lallenden Konkurrenz überlegen gezeigt hätten, weil sie die Jagd besser und präziser koordinieren konnten. Wer die Beute mit Namen bezeichnet, so das Argument, vermag sie auch effizienter umzubringen. Freilich: Unter diesem Sezierblick bleibt kein Gefühl des Menschen im eigenen Recht erhalten. Das, was uns am wirklichsten erscheint, erregt hier am meisten Verdacht. Alles Erleben dient angeblich einer Funktion, ist Mittel zum Zweck. Was wir von innen fühlend als Absolutheit erfahren – unsere Freude, unseren Schmerz, tiefe Bindung, ehrliche Verpflichtung –, ist von außen betrachtet nichts als der Wachtraum einer Überlebensmaschine.

Doch könnte es nicht auch ganz anders sein? Könnte nicht etwa gerade die menschliche Sprache einer dieser »Zwickel« sein, von denen Gould gesprochen hat: ein zunächst überzähliger Rest, der in unserem größer werdenden Gehirn entstand? Ein Merkmal nicht als Nutzen, sondern als Nebenprodukt im Oberstübchen, wie der leere Speicher unter dem Dach, der eines Tages zur Denkklause umgebaut wird? Dann wäre es so: Erst als das Vermögen zur Sprache da war (vielleicht weil sich die Fähigkeiten zur koordinierten Jagd herausgebildet hatten), haben die Vormenschen es genutzt – und schließlich davon profitiert.

Eine solche Theorie des »Surplus« würde auch einem anderen Umstand besser gerecht, der uns nur allzu gut bekannt ist. Viele unserer nützlichsten Eigenschaften sind zutiefst ambivalent. Unser soziales Einfühlungsvermögen, dieses typische Primatenerbe, lässt sich zum Wohle einer Gruppe nutzen oder um sie zu zerstören. Unsere Fähigkeiten sind von der Gefährdung alles Komplexen gekennzeichnet, von der Bedrohtheit, die dem Raffinierten niemals ganz fern ist. Der evolutionäre Überschuss, der sich an überlebenswichtigen Qualitäten gleichsam parasitär festsetzt, wäre die Erklärung unserer eigenen abgründigen Ambivalenz. Denn die Räume des Möglichen, die ungenutzten Flächen, die sich mit wachsender Komplexität auftun, sind nicht per se sinnvoll – geschweige denn gut. Sie erscheinen als sekundäre

Eigenschaften anderer Merkmale, und sie können zur Größe gereichen wie auch zur Grausamkeit, zur Genialität wie zur Qual: Großhirn und Grammatik haben die Kultur getragen, aber auch die Sklaverei, haben wissenschaftliche Höhenflüge ebenso ermöglicht wie selbstzerstörerische Melancholie.

Nicht also, weil die Natur grausam und blutig ist, steht dem Menschen sein biologisches Erbe im Weg. Die Natur in uns behindert uns nicht darum, weil Natur roh und ungezähmt ist, sondern weil ihr Erbe in uns nicht im perfekten Arrangement nützlicher Eigenschaften besteht, sondern in vielen namenlosen Optionen. Es ist nicht der Affe in uns, der uns brutal macht; vielmehr ist der Affe, der wir sind, zu einem gewaltigen Spektrum von Handlungen fähig. Jeder Überschwang, jeder Freiheitsgrad mehr verspricht so auch ein größeres Potenzial des Schmerzes. In Wahrheit ist auch das wieder der Pakt mit dem Tod, den das Leben von Anfang an geschlossen hat. Es ist unsere Version der Tragik und des Rausches des Schöpferischen, das immer nur um den Preis der eigenen Zerstörung möglich wird. Kaum etwas atmet diese Erfahrung in größerer Intensität als der Saum der See mit ihrer salzduftenden Ekstase aus Geburt und Verfall, wo Massensterben und unbezähmbarer Ausdruckswille sich an einem Ort verschwistern.

Erlaubt ist, was geht

Zwingen die filigranen Wälder der Bäumchenröhrenwürmer nicht zu solchen Gedanken? Die Schneekristalle der Myriaden von Ruderfußkrebsen, die durch das Grün fluten? Die Medusen, stumme Seelen der See in ihrer blautransparenten Jungfräulichkeit, Essenz dessen, was es heißt, Wasser zu sein? Sind solche Formen nicht der Inbegriff des befreiten Lebens und somit Ausdruck gewordenes Sinnbild ihrer Herkunft? Schmuck also, der dennoch den Geist des Gebäudes, an dem er prangt, in viel höherem Maße verrät, als jeder nüchterne Grundriss es vermöchte.

Anders als vielleicht den Blumen in der Wiese lässt sich den Anthozoen, den »Blumentieren« des Meeres, kein farbenfrohes Wettrüsten um den attraktivsten Bienenfutterplatz nachsagen. Stattdessen wird ein anderes Prinzip deutlicher: Im Sein der Organismen kommt die Beschaffenheit der sie umgebenden Welt zum Ausdruck. Die Tiere erscheinen als eine wortlose Interpretation ihres Lebensraums. Sie ist nicht gewollt, nicht gezielt, aber gleichwohl geschehen, weil Leben als Zwickel des Weltgebäudes dessen Architektur veranschaulicht und ihre eigentliche Idee ausdrückt. Es zeigt etwas, das mehr ist als die Summe seiner Bauteile. Auch darin ist es dem Kunstwerk analog: gestaltetes Material, das auf einen Sinn über sich hinaus verweist. Gerade ein Kunstwerk unterläuft ja oft seinen bewussten Darstellungszweck und drückt ganz anderes aus, als der Künstler hineinlegen wollte. So wie einem späteren Beobachter vielleicht die unbewusste Motivation des Autors oder die »zeitgeschichtlichen Strömungen« als die triftigeren Gehalte erscheinen, spiegeln auch die Wesen weniger ihren einsamen Kampf gegen die Umwelt wider als vielmehr eine tiefere Identität mit ihr. Michelet, der große Aristokrat der Meeresphilosophie, sah bereits im 19. Jahrhundert, wie sehr der Fisch, mit glitschiger Flüssigkeit überzogen, dem Element gleicht, in dem er schwimmt.

In der Renaissance betrachteten Menschen die Natur als Instrument, weil sie feiner gearbeitet schien als die zierlichste Taschenuhr. In unserer Schöpferischen Ökologie ist das Wertvollste der Natur ihre Freiheit: die unendliche Potenz der Kreativität. Der Schweizer Biologe Adolf Portmann hat sogar angenommen, dass Leben nicht darum entstanden sei, damit es sich, siegend, optimiere, sondern vielmehr, um überhaupt sichtbar zu sein. Eine Form von *l'art pour l'art* – aber im kosmischen Maßstab. Ein gigantisches Spiel, um Expression zu sein, Ausdruck seiner selbst, gleichsam Destillat der Welt, die es hervorbringt.

Portmann präsentierte in seinem Buch »Die Tiergestalt« eine umfassende Sammlung tierischer Formen, die keinen Selektionsvorteil haben, sondern als Begleiterscheinung des Nützlichen zu diesem hinzugetreten waren. Das Muster im Panzer des Sepia-Tintenfisches, die leuchtende Farbe der Garnele im Dunkel der Tiefsee, die Pracht auf den samtenen Flügeldecken von Faltern, die im nächtlichen Schwarz überhaupt niemand zu Gesicht bekommt, weder Räuber noch Partner. All das ist Arabeske, Ornament, Caprice und erst damit Schöpfung: Ausdruck dafür, dass das Lebendige ungestraft tun kann, was ihm einfällt.

Dieser Überschwang der Erscheinung sperrt sich nicht nur dagegen, Mittel zum reinen Zweck des Überlebens zu sein und so letztlich Illusion. Im Gegenteil: Die scheinbar nutzlose Form erklärt etwas über die Grundstruktur, der sie entspringt. Sie ist Erläuterung, Kommentar, ein Gemälde, das einen konzentrierteren Gehalt zum Ausdruck bringt als der flüchtige Blick in die Wirklichkeit, bevor diese vom Maler interpretiert wurde. Leben steigert die Welt. Es intensiviert Schöpfung. So gibt gerade die nutzlos erscheinende Körperform der Wesen Aufschluss über ein im Lebendigen schlummerndes Potenzial. Ihre Sichtbarkeit dient nicht einem Zweck, sondern enthüllt sich als solcher.

Die Natur, so könnte man aus diesen Überlegungen folgern, hat in ihren Organismen die Organe, sich ihrer selbst innezuwerden. Das geschieht – damit hier kein Zweifel entstehe – gewiss auf dem Weg der Evolution, nämlich in einer graduellen Auseinanderentwicklung der Vielfalt. Doch zu behaupten, dass die kriegerische Brutalität des »Immer besser« einzige Triebkraft und einziger Ausdruck gewesen sein solle, das erscheint angesichts jener treibenden Welt der Seewesen naiv. War es nicht eher andersherum? So fragen aufbegehrend die bizarren Formen mariner Wirbelloser mitten in die saubere Effizienzrechnung, die alles mit sich abmacht. Ist es nicht vielmehr so, dass alles erlaubt ist, was geht, was den Gesetzen der Materie nicht widerspricht? Nur Absurdestes, wie ein Fisch ohne Kiemen, aber mit Federn, mag niemals selektiert werden können.

Sonst jedoch ist das Leben nur allzu oft der Fehler in der bioökonomischen Rechnung. Warum eine seltsame Arabeske wie das gemeine Seepferdchen mit seinem indignierten Schnäuzchen und seiner so unfischlichen Sitte, dass das männliche Rösslein die Eier seiner Braut in einem Beutel vor dem Bauch austrägt? Was muss der orthodoxe Darwinist an aufwendigen Ad-hoc-Erklärungen herbeireden, um die Existenz solcher Idiosynkrasie inmitten ganz platt funktionierender Standardfische zu rechtfertigen? Ist aber gerade das Seepferdchen nicht eine Laune, zu erklären im äußersten Fall damit, dass eben nicht alles dafür, aber genauso wenig dagegen sprach, es zu konstruieren, dass also die Schöpfung im Schutz der einst üppigwehenden Seegraswiesen eine solche Form ausprobieren durfte? Soll sie wirklich dahin genötigt worden sein? Warum hat sich überhaupt eine solche Unüberschaubarkeit der Formen entwickelt und nicht ein einziger Universalfisch?

Längst haben Komplexitätsforscher eine Vielzahl von Prozessen entdeckt, die keiner Steuerung durch die Gene unterliegen und so erst gar nicht als »fit« selektiert oder als »untauglich« verworfen werden können. Die Anordnung der Atemöffnungen auf den Oberflächen von Blättern etwa entspricht nicht einer herausmutierten größtmöglichen Effizienz, sondern organisiert sich selbst in jedem werdenden Sprössling immer neu. Ihre Form ist unbestimmt. Mit gleicher Freiheit wächst das Stachelkleid der schwebenden Garnelen, die Gestalt von Polypenstöcken, das Fleckenmuster des Katzenhais.

Der Schlüsselbegriff für diesen Prozess, der keine Richtung kennt und doch immer am Ziel ankommt, ist auch hier »Selbstorganisation«. Dass sich einzelne Abläufe zu komplexeren Strukturen zusammenschließen und auch ohne Instruktionen selbsttätig Muster bilden, haben Physiker, Chemiker und Biologen inzwischen als eine grundlegende Gesetzmäßigkeit des Kosmos erkannt. Wetterphänomene stabilisieren die Ordnungskriterien, denen sie zugleich gehorchen, chemische Reaktionen bringen durch Rückkopplung dauerhafte Zyklen hervor, und die komplizierteste Reaktion von allen, das Chemielabor der biologischen Zelle, hält eben durch die darin versammelten Millionen von Stoffen seine unerreichte Ordnung geradezu schlafwandlerisch aufrecht. All diese Kräfte tragen zur Vielfalt bei – freilich ohne jemals unerbittlich erzwungen worden zu sein. Sie sind richtungslos, spielerisch, trunken von Neuem. Ihre Gestalt wird nicht erkämpft, sie erfolgt als Geschenk. Der Kognitionswissenschaftler Francisco Varela folgert darum: »Die Evolution ähnelt einem wandernden Künstler, der auf der Welt spazieren geht und hier einen Faden, da eine Blechdose, dort ein Stück Holz aufhebt und diese derart zusammenstellt, wie ihre Struktur und Umstände es erlauben, ohne einen weiteren Grund zu haben als den, dass er sie so zusammenstellen kann.«[30]

Thermodynamik des Lebens: Vielfalt sei!

Komplexitätsforscher wie die Amerikaner David Depew und Bruce Weber nehmen an, dass die darwinistische Selektion nur einen Spezialfall eines viel umfassenderen Szenarios der Selbstorganisation darstellt. »Selbstorganisierende Systeme können überhaupt nur in begrenztem Maß durch Selektion beeinflusst werden«[31], behaupten die beiden Theoretiker. Ihre Kollegen Daniel Brooks und Edward O. Wiley begründen diese Annahmen auch physikalisch. Sie haben eine Theorie entwickelt, warum Lebewesen – einzelne Arten, aber auch ganze Ökosysteme – eine immer höhere Diversität anstreben. Denn Lebewesen erhöhen die Strukturiertheit der Welt, obwohl der berühmte Zweite Hauptsatz der Thermodynamik eigentlich voraussagt, dass das Gegenteil der Fall sein muss. Vor mehr als hundert Jahren hatte der preußische Gelehrte Rudolf Clausius jene Gleichung aufgestellt, die nachzuweisen schien, dass die Entropie – vereinfacht gesagt, die Unordnung – mit der Zeit im Universum zunehme. Wir alle sterben den Wärmetod – das war eine Prophezeiung, die das Fin de siècle des 19. Jahrhunderts mitprägte. Die Botschaft besagte im Klartext: Letztlich geht alles bergab – wie gut es auch gerade läuft. Entsprechend beschreiben spaßige Physiker heute die Hauptsätze Nummer eins bis drei der Thermodynamik so: »1. : Du kannst nicht gewinnen. 2. : Du kannst nicht unentschieden spielen. 3. : Du kannst das Spiel nicht verlassen.« Lange erschien es darum rätselhaft, dass ausgerechnet Lebewesen gewannen, das heißt sich vermehrten, immer kompliziertere Ökosysteme besiedelten und offenbar hartnäckig gegen den Strom der Physik schwammen.

Doch die amerikanischen Systemforscher Brooks und Wiley konnten zeigen, dass Clausius' Orakel nur für geschlossene Systeme gilt – wie es das Weltall im Ganzen ist. Organismen – und auch aus ihnen zusammengesetzte Gebilde wie ein Ökosystem und die Erde – sind aber durch den ständig wechselnden Stoff zur Welt hin offen. Was bei solchen Wesen analog zu Clausius' Gleichung zunimmt, ist der Gehalt an Information – die Vielfalt von Strukturen, Formen und Verhaltensweisen. Brooks und Wileys Überlegungen begründen damit eine Thermodynamik der

Vielfalt. Die Forscher selbst sprechen davon, dass durch die Akzentverschiebung, Organismen (und Biosphären) als offene Systeme zu betrachten, der düstere Zweite Hauptsatz zum »Gesetz der Naturgeschichte« mutiert. Physikalische Prozesse und Steigerung des Lebens gehen für dieses Hand in Hand.

Der Komplexitätsforscher Stuart Kauffman schlägt sogar vor, einen Vierten Hauptsatz aufzustellen, den er spaßeshalber so formuliert: »4. : Das Spiel wird immer komplizierter, und ständig tauchen neue Regeln auf.«[32] Das neue Gesetz beschreibt also das Maß, in dem die Welt strukturiert ist. In den Worten der Schöpferischen Ökologie gesagt: Bedeutung nimmt zu. Manche Forscher vermuten sogar, dass die Organismen mit ihrem Stoffwechsel und ihrem Bedürfnis, andere Strukturen zu verschlingen, um sich selbst zu erhalten, ein Faktor sind, der die Entwicklung hin zum vollkommenen thermodynamischen Gleichgewicht erst ermögliche. Das würde bedeuten, dass Lebewesen nicht etwa die Gesetze der Physik in Frage stellen, wie es lange Zeit die Ansicht der Forscher war. Bakterien und Pilze, Pflanzen und Tiere sind vielmehr geradezu ein Faktor, ohne den das Bild der Physik in unserem Kosmos nicht komplett wäre.

Eine Konsequenz aus dieser Sichtweise wäre, dass die Entstehung komplexer Strukturen und die Zunahme von Diversität in unserem Weltall extrem wahrscheinlich sind und nicht etwa ein Wunder. Der US-Physiker Erich Schneider meint entsprechend: Wie viele spektakuläre und schwer berechenbare physikalische Phänomene – Turbulenzen an zwei unterschiedlichen Luftschichten etwa oder Wasserströmungen – ist auch Leben ein Phänomen, das sich an einem Konzentrationsgefälle ausbreitet. Und an diesem Gefälle – zwischen Ordnung und Chaos – benehme es sich nicht grundsätzlich anders als alle anderen physikalischen Systeme, die eine solche Grenze provoziert: Ähnlich jenen bildet das Leben komplexe, sich selbst organisierende Muster. Und in Wahrheit ist deren Schönheit nichts als eine zwangsläufige, dem System eigene Struktur, die nahtlos in die theoretische Welt des Zweiten Hauptsatzes passt. Die sich selbst steigernde Fülle der Biosphäre ist der Weg, auf dem sich das endgültige Gleichgewicht, der »Wärmetod«, am besten erreichen lässt. Auf die gleiche Weise helfen etwa bei der Mischung zweier Farben hochgeordnete Wirbel und Konvektionszellen, die Pigmente gleichmäßig zu verteilen. Die entstehenden labilen und raffiniert organisierten Strukturen sind erstaunlicherweise der einfachste Weg, zum Ziel zu kommen. Kompliziertheiten entpuppen sich als ein notwendiger Umweg zum ruhenden Punkt: eine Kapriole, die sich lohnt. Oder ist der Weg das Ziel? Denn der scheinbare Umweg bringt zusätzlich zu der Tatsache, dass er ein System beschleunigt und stabilisiert, noch etwas anderes ins Spiel. Er ist reflexiv: eine Variation des alten Grundthemas, die dieses noch einmal neu interpretiert, ein Spiegelkabinett der Formen. Die Physiker haben nur lange nicht wahrgenommen, dass der Umsatz von Energie und das Auftauchen von Bedeutung in unserem Universum keine voneinander unabhängigen Tendenzen sind.

Biologisches Werden: Eine Drift, die der Zufall lenkt

Diese Überlegungen zeigen, dass das Phänomen des Lebens in einen Zusammenhang eingebettet ist, der darwinistische Selektion zwar umfasst, aber nicht auf sie zurückzuführen ist. Gewiss spielt Konkurrenz, Druck von außen eine Rolle für die Fließrichtung in der Drift des Werdens. Doch der Zufall tut ebenso mit und offenbart, wo er kann, eine Tendenz zum Überschwang, zum Wahnwitz, die in ihrer Bizarrerie gänzlich unökonomisch erscheint, so völlig entfernt von der kapitalistischen Grundhaltung des modernen Darwinismus. Nur Raum muss da sein, Raum und Zeit: die Weite der See und ihr maßloser Rhythmus. Nur Ruhe, die Ruhe der Jahrtausende, damit die Preziosen poliert werden, die Hundertkaräter des Werdens, wie jene Spechtart auf einer kleinen Insel vor Neuseeland: Dort hackte das robuste Männchen mit kräftigem Schnabel die Stämme auf, aber erst das Weibchen konnte mit seinem ganz andersartigen, zur Pinzette gearbeiteten Mundwerkzeug die Maden aus dem Holz fischen, um den Gatten nach getaner Arbeit zu füttern. Beide hatten, auseinandergerissen, keine Chance mehr, als der Mensch das Eiland globalisierte.

Evolutionsforscher haben längst begriffen, wie selten das von Darwin aufgestellte Selektionsprinzip in der Wirklichkeit tatsächlich greift. In der Natur herrscht eben doch nicht immer die Situation, wie sie der Philosoph Thomas Malthus, der Darwin so inspirierte, in der englischen Gesellschaft beobachtete: ein grausames Überangebot an verletzlichen, verarmenden, ausgestoßenen Individuen, die wie die Fliegen an mangelnder Hygiene sterben, und ein dramatisches Unterangebot der wichtigsten Ressourcen für alle – Nahrung, Wohnung, Hoffnung. Der Überlebenskampf, den die Biologen in die Natur hinaustragen, herrscht im Zweifel in ihrer eigenen Gesellschaft.

In der biologischen Wirklichkeit jedoch führen fast immer nur Zufälle, die von außen eine Population erschüttern, zu entscheidenden Änderungen. Selbst Darwins beliebtestes Beispiel, die Galapagos-Finken, sprechen nicht für die Gültigkeit der Selektion, sondern geradezu für ihr Gegenteil. Dort, wo sich eine ursprünglich über das Meer verdriftete Finkenart in kürzester Zeit in verschiedene Rollen aufspaltete, mal den dicken Schnabel des Spechts nachahmte, mal den dünnen des Insektenfressers, herrschte gerade kein Konkurrenzdruck, sondern jungfräuliches Neuland, das von keinem Singvogel überflogen worden war. Die ersten Finken waren auf dem Archipel allein. Die Welt lag ihnen zu Füßen.

Auch der sogenannte Gründereffekt beeinflusst die Bildung neuer Arten. Vom »Gründereffekt« sprechen Forscher immer dann, wenn wenige Tiere von einer größeren Population abgeschnitten werden. Besonders auf Inseln macht dann das Erscheinungsbild einer Spezies Sprünge, als begänne mit dem winzigen Fleck Land eine neue Erdgeschichte. »Endemismen« entstehen, Gefüge von Lebensformen, deren Sonderbarkeit nur an einem einzigen Ort in der Welt vorkommt. Um rasch Neues aufschießen zu lassen, wissen Forscher heute, muss manchmal die Vermischung der Bestände geradezu unterbunden werden, darf der gnadenlose Wettbewerb der Vielen gar nicht herrschen.

Aber eine solche Neugründung braucht nicht unbedingt durch Schiffbruch auf einer einsamen Insel zustande zu kommen. Sie kann die verschiedensten Ursachen haben: Ein Erdrutsch könnte etwa eine Bucht vom Meer abschneiden, ein Tal von einem anderen trennen. Oder eine zufällige Mutation mag bewirken, dass sich Geschlechtsorgane oder Keimzellen verändern und sich der betroffene Teil einer Population mit dem Rest nicht mehr fruchtbar fortpflanzen kann. Bei den wenigen Abgeschnittenen können dann schon kleine Abweichungen in den Erbanlagen große Wirkung zeigen – schlicht deshalb, weil solche Gene gegenüber dem früher dominanten Standardtyp plötzlich in der Überzahl sind.

Das Potenzial solcher kleinen Fehler tragen wir alle mit uns herum. Wir alle können unter den richtigen Umständen zu Gründern werden. Die Gene sind prinzipiell bereit, ans Licht geholt zu werden. Aber nicht, um die Rechnung zu verderben, sondern um sie erst aufgehen zu lassen. Es gibt somit einen natürlichen Mechanismus, der aus einem Hintergrundrauschen plötzliche Neuheit herausschlägt – und das ganz ohne den Leistungsdruck der Selektionstheorie. Im Gegenteil: Der Gründereffekt setzt auf schlummernde Potenziale, nicht auf die Übererfüllung der Norm.

Welche objektive Rolle sollte die unerbittliche Selektion überhaupt einnehmen? Was wäre der Referenzrahmen, an dem sich Anpassung zu bewähren hätte? Welche Art von Dasein unter den dutzenden Millionen von Lebensentwürfen der Arten sollte den Maßstab abgeben? Zwar sprechen Ökologen oft von »Nischen«, wenn sie den Aktionsbereich der Spezies beschreiben wollen. Doch dieser Begriff, der an eine fertig eingerichtete Kammer denken lässt, führt in die Irre. Nischen sind keine definierten Räume in einer festen Wand, für die passende Bewohner gesucht werden. Im Ökosystem existieren keine vorgegebenen Arbeitsplatzbeschreibungen, für die entsprechend angepasste Facharbeiter angeworben werden müssen. Wie eine Nische aussieht, hängt nämlich davon ab, wie ein Organismus sie gestaltet – und welche Rolle diesem die anderen Arten gestatten.

Es gibt in der Natur also keine objektive Umwelt. Es gibt nur eine Unzahl von Lebewesen, die dem Bedürfnis folgen, weiterzuexistieren. Die Arten passen sich dabei nicht nur an Vorgegebenes an, sondern sie erschaffen Neuheit. »Habitate stehen nicht unverrückbar fest«, meint der amerikanische Evolutionsforscher Michael Rosenzweig, »sie werden in Koevolution der Arten erst hervorgebracht.«[33] Ist die Zeit lang genug, so glaubt Rosenzweig, kann daher auch die biologische Vielfalt unendlich zunehmen. So gesehen, leben wir immer noch in der Kindheit der Welt.

Wesen erschaffen ihre Umwelt

Erinnern wir uns an die Eichhörnchen, die in meinem Garten Kiefern säten. Oder denken wir an die Biber als Ingenieure neuer Gewässer. Lebewesen sind seit jeher eine geologische Macht. Es sind die Organismen selbst, die beständig neue Existenzmöglichkeiten für andere herstellen. Blaualgen etwa, die vor Milliarden Jahren die Urmeere besiedelten, brachten durch ihre Sauerstoffproduktion erst die Welt der Luft atmenden Wesen hervor. Gerade das Meer ist ein Paradebeispiel für Ökosysteme, die sich nicht aufteilen lassen in Bühne und Schauspieler. Weil im leeren Raum des Wassers die einzig verfügbaren Oberflächen die Körper anderer Wesen sind, verdrängen Tiere, die sich irgendwo ansiedeln, nicht andere Arten, sondern ziehen deren Vielfalt an wie eine Laterne die nächtlichen Insekten. Korallen in den tropischen Meeren oder die Muschelbänke der Gezeitenzone in der Nordsee sind darum Lebensräume, deren Möglichkeiten sich mit jedem hinzukommenden Bewohner vervielfachen, nicht reduzieren. Jeder Mitspieler im Reigen des Lebens erhöht die Zahl der möglichen Spielzüge. So tat sich in der Jahrmillionen währenden Geschichte der Küstenriffe eine immer höhere Komplexität auf, schichteten sich immer neue Gefüge von Interaktion übereinander, brachen immer mehr Nischen für neue Lebensentwürfe hervor. Und wie beim tropischen Regenwald können Forscher mit ihren darwinistischen Modellen auch angesichts der Lebensoasen an den Ozeanküsten noch immer nicht wirklich erklären, wie deren Vielfalt zustande kommt.

Eines zeigt sich freilich: Die Beziehungen noch zwischen den kleinsten Bewohnern dieser Schatzkammer des Seins beruhen nicht auf statistischer Gleichförmigkeit, sondern sind hochselektiv und speziell. Im freien Wasser vor den Küsten haben sich etwa ganz bestimmte Arten von Pflanzenfressern – mikroskopische Ruderfußkrebse, kleine Garnelen – darauf spezialisiert, ein jeweils enges Spektrum weniger Nahrungstypen zu verspeisen.

So dezimieren sie ihre Beute zwar – sind aber zugleich von ihr abhängig. Ist eine solche Koevolution noch ein Wettrüsten? »Algen entwickelten im Lauf der Zeit immer bessere Panzer, Pflanzenfresser immer raffiniertere Kauapparate, um sie zu knacken«[34], sagt der Meeresbiologe Victor Smetáček vom Alfred-Wegener-Institut in Bremerhaven. Am Ende sind die Partner in diesem Rennen auf Gedeih und Verderb aneinandergekoppelt. Zu sehr haben sie sich auf die jeweiligen Eigenschaften eingestellt. Bestimmte Krebse können nur bestimmte Algen fressen – wenn diese absterben, verschwinden auch ihre Jäger. Im Wasser herrscht somit ein Kampf ums Dasein, in dem sich oft nur gemeinsam gewinnen, gemeinsam verlieren lässt. Fast scheint es, als wären Jäger und Gejagte zwei Facetten einer gemeinsamen Gestalt. Erst wenn ein Forscher das Geflecht des Lebens zerreißt und sich auf eine Art allein konzentriert, beginnt diese, die Züge von Räuber oder Beute, von Egoist oder willigem Opfer anzunehmen. Je weniger Arten, desto einseitiger werden die Verhältnisse.

Daher gilt: Ein Verlust auch nur eines der silbernen Fäden, aus denen das Netz des Lebens sich webt, ist immer eine Verengung der Freiheit. Eine Welt ohne Seepferdchen oder Wattwürmer oder Blindschleichen wäre eine Welt, in der wir selbst um eine Reihe von Möglichkeiten ärmer wären, eine Welt, der wieder einige Freiheitsgrade fehlen würden. Sind diese nicht sogar nötig, um die in unserer eigenen Existenz als leiblichem Wesen schlummernden Potenziale ans Licht zu heben? Warum erstarren auch Großstadtkinder in der dritten Generation im Angesicht eines Fisches, eines Hundes, eines Löwen? Warum, wenn nicht deshalb, weil sie im noch lockeren Gewebe ihrer Seele infiltriert sind von Tierheit, weil die Grazilität, die nach außen strahlende Lebensfreude des fremden Wesens, ein Ausdruck ihrer eigenenMöglichkeiten ist: nämlich Form gewordene Seele, Innen im Außen, und so erst zu erfassen?

Die See öffnet uns den Blick. Ihre Farben, ihre unerwartete Transparenz auf den Boden einer verborgenen Welt ist ein Zauberspiegel, in dem die Imagination hinter die Kulissen gleiten kann, auch hinter unser von der irdischen Existenz verengtes Ich. Der zutage tretende Meeresboden ist das Unbewusste organischen Seins, und staunend erkennen wir seine Schönheit. Violett und blau reflektiert die feine Wasserschicht auf dem makellosen Strand den Himmel und die Dünen. Wolken und die Schaumkronen der anlaufenden Wellen verschwimmen zu einer Landschaft, die sich ganz offenbart: Die Welt hat sich in die eigene Seele verwandelt. Unser Weg folgt dem glänzenden Spülsaum der Brandung.

FÜNFTER TEIL

SYMBIOSEN

Auf den folgenden Seiten beschreibe ich, in welchem Ausmaß wir ein Teil der Biosphäre sind und warum wir uns nur so – als einzelnen Akteur in einem großen Netzwerk – verstehen können. Wir leben sowohl materiell als auch mental in Symbiose mit einem unüberschaubar großen Ökosystem, das sich beständig neu hervorbringt. Die anderen Wesen, die es bevölkern, sind damit nicht nur Spiegel unserer Möglichkeiten und für unsere Gefühlsentwicklung notwendige Partner: Sie sind auf reale, körperliche Weise ein Teil von uns. Wir sind unentwirrbar mit der Welt verbunden. Kein Mensch ist ohne seine Symbionten denkbar. Er ist ein Subjekt, das in Wahrheit einem ganzen Biotop gleicht, durch das die Ströme der Welt hindurchlaufen – ohne eine steuernde Instanz, die das Ruder in der Hand hält. Auch unser Ich ist kein festes Zentrum. Es entsteht erst in der Begegnung mit der Welt – und löst sich wieder in ihr auf.

11 DER KÖRPER DER SEE

Wasser trägt uns. Wasser wiegt uns. Wasser lässt uns einschlafen.
Wasser gibt uns unsere Mutter zurück.
Gaston Bachelard, »L'Eau et les rêves«

Von der Mole aus sah das Boot winzig aus. Kaum größer als ein Spielzeug, das Kinder im Nichtschwimmerbecken unter sich versenken. Sein roter Kunststoffrumpf ruckte unregelmäßig am Strick, mit dem es an einem der verwitterten Ringe in der Kaimauer festgezurrt war. Rhythmisch schwappte eine Pfütze trübes Wasser auf dem Kunststoffboden hin und her. Oben, am Ende der rostigen Sprossen, stand der Mann, der mir schon in den letzten Tagen am Strand aufgefallen war. Er kam mir vor wie der Inbegriff jener deutschen Aussteiger auf den Kanaren, deren Lebenswunsch vom Nichtstun sich gnadenlos erfüllt hatte: das Gesicht tief gebräunt, die Haare zu Dreadlocks verbacken, stets in Shorts und Badelatschen. Ich hatte jedenfalls nicht erwartet, dass ausgerechnet er mich an diesem stürmischen Tag mit der »Calliope« auf den Atlantik ausschiffen würde.

Er sagte übrigens nicht besonders altgriechisch »Kalli-Joppe«. Mit einer Betonung wie Lederjoppe. Aber der Kahn, den ich gestern blind im Büro für eine Whalewatching-Tour vor der Kanarischen Insel La Gomera gebucht hatte, passte viel besser zu dieser Aussprache. »Ich bin der Christian«, begrüßte mich der Mann schleppend. Sein Fuß im Adidas-Latschen war mit einer schmuddeligen Binde verbunden. Wir warteten noch auf Passagiere. Ich kletterte schon ins Boot und ließ mich von der Dünung wiegen, die im Hafen von Vueltas ausrollte. Der Himmel war grau, und anders als an den vorigen Tagen, während denen dieser Küstenabschnitt im Windschatten des heulenden Passats gelegen hatte, blies der Wind diesmal frontal in die Bucht und ließ Wimpel und Tauwerk der Segeljachten auf der Reede nervös klimpern.

»Könnte sich mal einer an die Pumpe setzen?«, sagte Christian, als die Calliope die ersten großen Wellen in der Hafenausfahrt von Vueltas nahm und dabei stark überholte. Wasser prasselte klatschend ins Boot. Ich ließ mich nicht zweimal bitten und begann, den rostigen Schwengel hin- und herzubewegen, der unter den Bodenplanken des Kahns verschwand. Zwei der anderen Mitfahrer johlten vor Vergnügen, immer wenn das Boot auf eine Welle prallte. Einer, offenbar ein Bekannter von Christian, hockte mit einem zerrissenen T-Shirt und einer Anderthalb-Liter-Bierflasche im Bug. Neben ihm hielt eine Frau im fließenden Gewand ihr Gesicht mit geschlossenen Augen in die Gischt. Auf der Bank in der Mitte saß noch ein vierter Passagier, ein pensionierter Polizeikommissar, der sich ebenso wie ich ziemlich schnell eine Schwimmweste anzog, als wir den Hafen hinter uns ließen und auf die endlose Reihe grauer Wasserwände zuhielten: auf den offenen Atlantik.

Kaum irgendwo an einer europäischen Küste lassen sich so leicht so viele verschiedene Wale beobachten wie vor den Kanaren. Die Ufer dieser Vulkaneilande stürzen brüsk hinab auf den mehrere tausend Meter tiefen Boden des Ozeans, und so tauchen vor ihren felsigen Bergen auch solche Arten auf, die sonst kaum jemals in der Nähe des Landes gesichtet werden, ja sogar solche, die selten irgendwo jemand zu Gesicht bekommt. Gerade ein paar Tage zuvor hatten Beobachter einen Blauwal gesichtet – einen jener wenigen hundert letzten Erben des Titels, »das größte aller Tiere« zu sein. Die Kanaren sind ein vorgeschobener Beobachtungsposten. An ihnen laufen die Routen vorbei, auf denen manche Spezies im Laufe eines Jahres von der Nord- zur Südhalbkugel und wieder zurück wandern. Als ich mich zu der Reise entschloss, wusste ich also, dass ich gewiss verschiedene Arten von Delphinen sehen würde, dazu bestimmt auch ein paar der Pilotwale, die vor Teneriffa ihre feste Heimat haben, und möglicherweise auch einen der ganz großen.

Freilich haben auf mich die Meeressäuger nicht eine so magische Wirkung wie auf manche Menschen. Ich suchte nicht jene mystische Erweckung, die auf La Gomera ausliegende Flyer versprachen, etwa »DelphinLösungen – Integration von Delphintherapie, NLP, schamanischer, spiritueller und Ritual-Arbeit sowie delphinisch-systemischer Aufstellungen«. Mir ging es darum, den Zusammenhang alles Lebendigen zu erfassen. Ich wollte das Lebensnetz wissenschaftlich verstehen, aber ohne dass die Wissenschaft, die ich suchte, eine Auslöschung meiner eigenen Empfindungen verlangte. Ich fühlte, dass eine Welterklärung, die einen zentralen Teil von Erfahrung als Illusion abtut, nicht ausreichen kann. Wale erschienen mir wie eine Ausdrucksform der See, eine der Weisen, wie sich der aquatische Charakter des

Planeten manifestiert. Ich wusste, dass ich irgendwann zu den Walen reisen musste, wollte ich verstehen, was die anderen Lebensformen mit mir verbindet. Ich folgte im Kielwasser der Idee einer umfassenden Symbiose.

So wenig, wie der Nützlichkeitsgedanke allein die Vielfalt der Formen und der Erfahrungen erklären kann, so wenig genügt es nämlich, auf eine einzelne Art zu blicken. Immer geht es um das ganze Gewebe. Greift man einen Faden darin heraus, hebt sich das gesamte verflochtene Muster. Das Meer überbringt uns diese Botschaft vielleicht in ihrer reinsten Form, weil wir es von außen als einen geschlossenen Körper wahrnehmen. Das Meer. Und doch ist dieser eine Körper in Wahrheit ein fließendes Gemisch unzählbarer einzelner Gestalten. Wenn ein Wal die Oberfläche durchbricht, um Luft zu holen, so vollzieht sich für einige Sekundenbruchteile vor unseren Augen der Übergang zwischen dem Ganzen und dem Einzelnen. Das Wasser teilt sich, gibt vorübergehend ein Individuum frei und nimmt es dann wieder in sich auf. Wenn der Wal seine Gischtfontäne ausbläst, wölbt sich das Meer wie eine schäumende Welle nach oben – und im nächsten Augenblick verwandelt sich diese Welle in einen massigen Leib. Das Formlose wird Form – oder vielmehr: Es erweist sich, dass die formlose Menge der See auf dieselbe Weise aus den einzelnen Wesen zusammengesetzt ist wie eine Lösung aus einzelnen Molekülen. Nähme man alle Moleküle aus der Lösung heraus, wäre kein Tropfen davon mehr vorhanden.

Der Ozean lehrt mich immer wieder: Um ein Wesen zu verstehen, sind alle wichtig. Die Biosphäre unseres blauen Planeten ist ein einziges symbiotisches System. Für sie sind Individuen, was der Schaum auf den Wogen für den Ozean ist. Symbiose, das will ich auf den folgenden Seiten beschreiben, ist ein Phänomen, das bereits von den einfachsten Funktionen der Zelle an alle Organismen kennzeichnet. Schon wenn man die Zusammenarbeit der Moleküle in einer Zelle begreifen will, steht die Idee der Symbiose im Zentrum. Ökosysteme lassen sich statt als allgemeinen Wettstreit ebenso gut als allgemeine Abhängigkeit lesen. Symbiose ist überall – und sie ist überall sichtbar. Auch ihre unfassbar komplizierte Vernetzung zeichnet sich in den Körpern der Lebewesen ab.

In diesem Kapitel und den folgenden möchte ich schildern, wie sehr eine symbiotische Sichtweise das Bild der Schöpferischen Ökologie bestimmt. Die Reisen, die ich in dem hier beginnenden Kapitel unternehme, führen diesmal sehr weit – bis zu dem Punkt der Wissenschaft, wo wir uns fragen müssen, inwieweit es überhaupt Einzelwesen gibt oder ob die Biosphäre sich nicht viel eher als ein Gewebe von Intersubjekten beschreiben lässt, zu dem jeder Einzelne von uns gehört. Ich nähere mich also auf den folgenden Seiten einer Sicht, die das im dritten Teil Erreichte noch einmal überschreitet: Für uns sind die anderen Organismen nicht bloß nötig, um uns selbst als ein lebendes Subjekt zu verstehen. Sie sind erforderlich, damit wir überhaupt existieren können. Womöglich sind alle Subjekte untereinander viel weniger abgegrenzt, als wir bisher gedacht haben. Das Subjekt selbst könnte sich als eine Stufe in unserem Verständnis der Natur erweisen, der das Ganze noch verschlossen bleibt. Die Welt ist ein großes Gefüge, an dem wir alle teilhaben.

Ein solcher Blickpunkt mag zunächst abstrakt erscheinen – er ist es aber nicht. Im Gegenteil. Es ist erstaunlicherweise die Idee einer radikalen Symbiose, welche manche offenen Fragen der biologischen Welt in vielen Details erklären könnte – von der Artbildung bis zum Zusammenhalt von Ökosystemen, von der Einheit unseres Körpers bis zur Konstanz der Gedanken. Dieser Abschnitt ist darum weniger dem Individuum gewidmet und den Gesetzen, die es bestimmen, als dem Ganzen, das es hervortreibt wie eine Blüte.

Schon auf der Überfahrt von Teneriffa war unser Boot einer Schule Pilotwalen begegnet, deren massige Körper in tänzerischer Leichtigkeit aus dem Wasser flogen. Die Wale erschienen mir als perfektes Produkt der Materie, in der sie schwammen. Jeder ihrer Leiber war Muskel im Gewebe eines unendlich ausgedehnten Körpers.

Jetzt, zwei Tage später, gab sich dieser Körper freilich sehr unruhig. Ich war mir nicht sicher, ob unser Boot bei solchem Seegang überhaupt den Hafen hätte verlassen dürfen. Christian kniete vor dem mittschiffs angeschraubten Pult mit der blinden Benzinuhr, dem Funkgerät und dem Gashebel, an dem er sich festhielt, wenn es wieder heftig ruckte. Die Ruderpinne musste er mit dem Fuß in einem steilen Winkel festklemmen, um Kurs zu halten. »Ihre Schraube hat ein bisschen Drall«, sagte er schulterzuckend. Er hatte seinen »Sportbootführerschein Küste« drei Monate zuvor in Bremerhaven gemacht. Windstöße ließen die grauen Wangen der Wogen erschauern. Die Seen kamen von der Seite, und bevor sich das kleine Gefährt auf ihre Kämme geschraubt hatte, neigte sich sein Dollbord, bis die Außenkante das Wasser berührte.

Es knackte im Lautsprecher. Die Besatzung eines der anderen Whale-watching-Boote, einer Segeljacht, hatte weiter draußen die Blasfontäne eines Großwals ausgemacht. Christian bestätigte per Funk und presste dann die Pinne härter mit dem Fuß. Die Calliope drehte noch ein wenig weiter in den Wind hinein, der uns jetzt direkt ins Gesicht stand. »Bist du sicher, dass wir da weiter rausfahren sollten?«, fragte ich den frischgebackenen Skipper. »Kein Problem«, sagte er und konnte nicht weitersprechen, weil ihm eine Salzwasserfontäne den Mund verschloss. Der Kommissar wirkte grün im Gesicht und starrte an den Horizont, dessen Linie immer wieder hinter anmarschierenden Wellenkämmen verschwand. Der Biertrinker im

Bug war schon so nass, als hätte er gebadet. Ein Gelbschnabelsturmtaucher wurde vom Wind vorbeigerissen.

Es schien alles so selbstverständlich zu sein. Die Wogenkämme überrollten die Bordwand und umspülten meine am Dollbord festgeklammerten Finger, und die kleinen weißen Blasen, die das Wasser dabei warf, sahen aus wie immer – wie wenn ich die Hände spielerisch in die Brandung eines x-beliebigen Strands tauchte, wie beim Fingerwaschen im Badezimmer – so, als wäre ich gar nicht auf dem Meer, sondern daheim. Aber zugleich gehörte ich ganz offenbar schon fast vollständig der See, gehörte in ihre salzige Unendlichkeit, die mir mit jedem Windstoß ins Gesicht fuhr, die mich als eine absolute Landschaft aus grauen Bergen, grauen Wolken, grauen Vögeln umgab. Ich spürte, wie etwas in mir sich löste, wie ein Teil von mir mit jedem Wellenstoß verzweifelter seinen Klammergriff um das glitschige Plastik verstärkte, eine andere Seite aber mit jedem Ruck ein wenig weiter losließ, als wäre auch das alles ein Stück meiner Heimat und diese Qual nur eines ihrer bisher unbekannten Geheimnisse.

Dann kamen die Delphine. Wir bemerkten sie erst, als sie direkt neben dem Boot auftauchten. Die Wellenkämme hatten ihr Kommen verdeckt, hatten mit stumpfer Schieferfarbe das glatte Grau ihrer Leiber verborgen. Wir sahen sie, als sie aus einer Woge schnellten, erst drei, dann vier in perfekter Synchronisation, meterhoch über unseren Köpfen. Ihre starren spindelförmigen Körper teilten das nervöse graue Wasser, ließen einen Nebel von Tropfen fliegen und schnitten dann wieder hinein, als böte die See ihnen keinerlei Widerstand, als füge sie sich jeder ihrer Bewegungen. Erst backbords tauchten die Delphine auf, dann auf der anderen Seite des Bootes, ihre Sprünge jedes Mal von dem dumpfen Schnaufen begleitet, mit dem sie die verbrauchte Luft auspusten wie ein Schwimmer im Wettkampf. Es waren viele Tiere. Christian ließ den Motor langsamer tuckern, die Seen hoben unser unbeholfenes Fahrzeug brüsk an, als genössen sie, dass dessen Eigenbewegung erstorben sei, und warfen es hin und her. »Habt ihr was gesehen?«, pfiff es aus dem Funkgerät. »Wir haben Delphine«, sagte Christian, und eine Ladung Wasser klatschte in seinen über das Radio gebeugten Nacken. Wenn wir oben auf einem Wellenkamm schwankten, konnten wir im unruhigen Tal unter uns sehen, dass dutzende von Tieren den Rumpf umschwammen. Immer wieder sprangen sie zu zweit oder zu dritt empor, als ob sie an unsichtbaren Rädern befestigt wären, die sie exakt zum gleichen Zeitpunkt aus der Wand einer Woge treten ließen und in identischen Bögen in den Kamm der folgenden bohrten. Oder als wären sie selbst untrennbarer Teil einer Welle. Sie erschienen wie Ozean, der lebendig geworden ist.

Ich war schon einmal so sehr inmitten von unbegreiflichem anderem Leben gewesen, »auf dem hohen Meer, bedroht, im Herzen eines königlichen Glücks«[35] (Albert Camus). Es war in der Ligurischen See, wo ich auf einer Segeljacht des privaten Mailänder Walforschungsinstituts Tethys kreuzte, um die Routen der Finnwale zu erforschen. Mit an Bord des in den 1970er Jahren auf einer Bremer Werft vom Stapel gelaufenen Zwölf-Meter-Boots waren ein paar Studenten aus Perugia und Assisi. Abends schaltete der Skipper den stampfenden Diesel aus und ließ das Fahrzeug in der Dünung treiben. Wir saßen eng aneinandergequetscht auf der halbrunden Holzbank im Heck, aßen selbstgeröstete Bruschetta, tranken Supermarkt-Frascati und versuchten im Schein einer elektrischen Lampe zu angeln. Der Lichtkegel schnitt ein pyramidenförmiges Fenster ins Wasser, das an den Rändern in türkisfarbene Unbestimmtheit auslief. Durch den hellen Schein schwirrten unzählige winzige Schatten wie Insekten um eine Straßenlaterne im Hochsommer. Die See war bis zum Bersten mit Plankton gefüllt, mit kleinen Krebsen, Medusen, Salpen, Pfeilwürmern und jungen Fischchen. Wir angelten mit Licht, und wir fischten Leben. Das Meer schwärmte, es nahm im transparenten Gefäß, das die Lampe ins Wasser hineinschnitt, eine Gestalt an, die ich zuvor nie gesehen, sondern nur geahnt hatte. Es war, als würde der Leuchtkegel eine chemische Reaktion anstoßen, ähnlich einem Indikatorreagenz, das in einem Becher mit klarer Flüssigkeit einen unsichtbaren Stoff nachweist, indem es ihn in einen kräftigen Farbton verwandelt. Das Wasser war Leben, so ergab unser alchemistischer Versuch.

Die Wellen gluckten unter dem plumpen Rumpf des Segelbootes hindurch, gekräuselt durchzogen sie den Lichtkegel, dessen Oberfläche uns Beobachtern mal näher, mal ferner war. Dahinter dehnte sich Schwärze, aus der die großen Bewegungen anrollten wie unbewusste Regungen eines unendlichen Leibes, denen wir auf Gedeih und Verderb ausgeliefert waren. Das Boot schwebte durch ein Nichts, schwingend aufgehängt an einem winzigen türkisfarbenen Lichtfaden. Es erstaunte mich immer wieder, wie sehr es mir auf einem Schiff auf hoher See vorkam, zu fliegen: Teil einer rollenden und wiegenden Bewegung zu sein, die keinen Boden kennt. Bei Tage hatten wir im vollkommenen Blau des hohen Ozeans gebadet, und bereits dort hatte mich dieser Eindruck überwältigt. Im Wasser schweben ist das eigentliche Fliegen, weil der Abgrund trägt.

Später, wenn unsere Gespräche erstarben, erhob das Meer seine Stimme. Leise klatschten am Bug die Wellen, die das Boot in seine rhythmische, kreiselnde Trance wiegten. An- und wieder abschwellend, sirrte der Wind in den Drähten und Tauen. Ein Fisch platschte durch die Oberfläche, als er in die Wolken aus Wesen im türkisfarbenen Widerschein der Lampe hineinstieß. Und dann war da noch ein anderer

Ton, manchmal nah, dann wieder ferner, unregelmäßig, wiederkehrend im Abstand von Minuten: ein dumpfes Schnaufen, ein sonores Prusten, ähnlich wie das schwere Atmen einer Kuh, ein monströser, unaquatischer Laut, irgendwie bekannt, fast ein bisschen menschlich, als keuche da im Dunkeln des sich wiegenden Wassers der Meergott selbst.

Die Wale bliesen. Ihr Atem durchteilte die Dunkelheit der Ligurischen See. Es war kaum möglich, die Richtung auszumachen, aus der ihre Geräusche zu uns wehten. Sie schienen überall zu sein, als tanzten ihre verborgenen Körper um das Boot in einem unsichtbaren Kegel aus Schall. Finnwale sind die zweitgrößten unter den Meeressäugern und ähneln in den meisten Eigenschaften den gigantischen Blauwalen, die allerdings noch ein paar Meter länger sind. Erst in den letzten Jahren ist klar geworden, dass im Mittelmeer eine eigenständige Population lebt, mindestens 4000 Tiere, die im Spätwinter dicht unter die grotesk verbauten Küstenhänge der Riviera kommen, um sich zu vermehren und Plankton zu fressen. Am Nachmittag hatten wir stundenlang einen jungen Finnwal umkreist, um mit einer hohlen Lanze eine Gewebeprobe aus seinem dicken Blubber zu stechen – hier lagern sich die Schadstoffe an, die Wale mit dem Plankton in großen Mengen aus dem Wasser filtern. Bevor Simone, dem Fahrtleiter, ein Schuss glückte, war der Wal immer wieder getaucht, und wir hatten uns beim Warten träge auf einer Fläche aus flüssigem Silber gewiegt, zärtlich geschmiedet ans Erz der Elemente.

Christian gab die Suche nach dem per Funk gemeldeten Wal auf, als ich und der pensionierte Polizist nicht mehr konnten. Ich gebe es zu. Weiter draußen gewannen die Wogen zusehends an Gewalt. In ihren Tälern schien der Horizont schon so endgültig verschwunden, als ob er nie mehr auftauchen sollte. Der Wind frischte weiter auf und blies uns Sprühwasser von weit her mit harten Böen ins Gesicht. Mir kam es vor, als könnte schon der nächste Ruck das Boot zum Kentern bringen, als gewähre uns die Zeit einen gnädigen, aber immer kürzeren Aufschub, bis das geschehen würde, was physikalisch unausweichlich war. Ich gestehe, ich genoss das Gefühl von Verlorensein nicht länger. Das Gefühl, meinem eigenen Element so scheinbar unwiderruflich entrückt zu sein, der Erde, der »unendlich fügsamen«[36] (Herman Melville), versetzte mich in Panik.

Widerstrebend kehrte Christian um. Der Biertrinker und die Frau protestierten. Der Skipper musste ihnen versprechen, sie gleich wieder ins Tosen hinauszubugsieren. Erst als wir den Windschatten des Küstenvorgebirges erreichten, milderten sich die Schläge. Die Sonne brach aus den Schlieren hervor und ließ den trübsinnig grauen Ozean schlagartig ein energisches Blau annehmen, als wäre eine gewaltige Lichtquelle in seinem Inneren aufgeflammt. Die Wellen liefen nun von hinten an. Ich stellte fest, dass sie Stockwerke hatten. Kleinere Windseen waren den atlantischen Langläufern aufgelagert. Das Boot fuhr fließende Treppen von Wasser hinauf und hinab, glitt über Kaskaden aus Blau. Sie rollten kaum merklich an wie langgestreckte Berge, deren Gesamthöhe gewiss der eines Hauses entsprach. Wir näherten uns dem Land in einem Flug über 1500 Meter bewegtes blaues Glas. Die Vögel zogen ihre Bögen so sicher an meinem Kopf vorbei, als wären sie mit der Luft eine feste Verbindung eingegangen.

Am Ende der Fahrt mit der Calliope begegnete uns noch einmal eine Schule Delphine. Es kam mir vor, als ob nichts Menschliches je die unendliche Leichtigkeit ersetzen konnte, mit der ein solcher Schwarm aus dem blauen Wasser des Atlantiks schießt. Jedes Tier beschrieb eine perfekte Sinuskurve, bevor es wieder mit dem aquamarinen Gefäß der See verschmolz. Die Delphine schlossen auf, ließen sich von der Bugwelle tragen und glitten mit dem Boot durchs Wasser, scheinbar ohne einen Muskel zu rühren, Urbilder der Mühelosigkeit, die auch mir geschenkt war.

Christian und die beiden anderen, die noch einmal hinausfuhren, sind übrigens wirklich wiedergekommen. Spät am Nachmittag, nachdem die Calliope stundenlang und zum Schluss mit fast leerem Tank gegen einen nun ablandigen Wind angekämpft hatte. Die drei waren vollkommen durchnässt, als hätten sie das Boot ein paarmal nach dem Kentern aufrichten müssen. In der Hafenbar, beim Bier auf den überstandenen Schreck, zogen sie aus ihren Taschen tropfende Geldscheine und klamme Ausweise. Einen Wal hatten sie nicht gesehen.

Der Geist der Schwärme

Am Nachmittag zuvor war ich schnorcheln gegangen. Schon nah am Ufer sackte der Boden steil ab, und immer wenn ich von den filigranen Ärmchen der Seepocken aufsah, von all den winzigen Lebensdetails, die unterhalb der Brandungszone im Mineralwassersprudel brechender Wellen schwankten, stand vor meinen Augen schon die große Leere der See.

Als ich erneut aufschaute, hatte sich das Meer zum offenen Ozean hin verdunkelt. Eine kompakte Wand näherte sich mir, die nach und nach in glitzernde Bruchstücke zersplitterte, kleine und immer kleinere. Zunächst schwer und undurchdringlich, bewegte sich diese Wolke bald mit der flackernden Leichtigkeit eines Gedankens. Sie erschien mal dunkel und bedrohlich, dann wieder flüchtig wie Rauch, der unter dem Wasser wogte. Dutzende, hunderte von Wesen schickten ihre starren Blicke durch mich hindurch, als wäre ich selbst ein transparenter Tropfen. Es waren Barrakudas. Ihre Augen schienen auf eine unsichtbare Ferne geheftet. Und doch waren alle Bewegungen so vollkommen synchron mit denen der Nachbarn, dass sie sich bewegten wie ein einziger Leib.

Im Flirren des Schwarms schien mir, dass ich entlang einer lebenden Substanz schwebte. Sie zerfloss, fand sich wieder und sprenkelte meinen Körper mit glitzernden Reflexen. Es schien mir, als hätte sich das Wasser selbst in ein Wesen verwandelt, als enthüllte es auf einmal seine wahre Natur, beseelte Materie zu sein. Der Schwarm war ein einziger Silberleib und doch viele Leiber; eine Gestalt aus unzähligen Gestalten, die mich einsaugte und verzaubert zurückließ. Ich schwebte vor einer Kathedrale des Lebens.

Noch bis vor wenigen Jahren galt die Zahl der Lebewesen im Meer als unerschöpflich. Sie waren einfach da. Ihr Auftauchen wie aus dem Nichts glich einem namenlosen Geschenk. Die Natur verschwendete sich mit der Schrankenlosigkeit eines Wunders – so sehr, dass überhaupt erst die reale Gegenwart von Abermengen glitzernder Leiber den Gehalt dieses abstrakten Begriffs verbürgte. Noch ist es an manchen Orten zu erleben, das unermessliche Glitzern der Wände aus lebendem Fleisch. Jedes Jahr im Frühsommer etwa ziehen kilometerlange Teppiche von Sardinen die südafrikanische Küste empor. Hunderte von Millionen türmen sich zu wandernden Gebirgen im Wasser, deren dunkle Grate fließend hinabstürzen in silbernen Canyons und wieder aufwallen zu Gipfeln voller Biegsamkeit und Muskelkraft.

Fische, die Schwärme bilden, so glauben Biologen, gewinnen eine Reihe von Vorteilen: Weil ihre Leiber im Erzblock der großen Gruppe verschwimmen, führen sie ihre Feinde in die Irre. Diese schnappen wahllos und oft vergeblich ins Silberblau, anstatt gezielt ein schutzloses Einzeltier zu attackieren. Trotzdem folgen Räuber erfolgreich den Legionen ihrer Opfer. Schwärme bilden sich so aus anderen Schwärmen: Die Sardinen vor Südafrika grasen von den Herden des Planktons und ziehen ihrerseits im Kielwasser Kohorten von Haien mit sich, ein Gewimmel von Seevögeln, die sich mit spitzem Schnabel in diese Fleischauslage fallen lassen, Delphinrudel und – Geschwader, Flotten, Armadas von Fischdampfern.

Es ist eine Frage der Zeit, bis auch im Meer das Gedränge der Leere weicht. Wir arbeiten an der Abschaffung des Wunders. Unter den gleichmütigen Wellen verwandelt sich die See in ein unbewohntes Mausoleum. Auf den meisten großen Fischgründen schmelzen die Fangzahlen dahin, und immer öfter bleiben die Netze leer. Die Sardinen vor der amerikanischen Pazifikküste etwa, deren Verarbeitung bis in die 1950er Jahre ganze Hafenstädte am Leben hielt, sind verschollen. Der Kabeljau, der in meinen Kindertagen selbst in Alete-Babygläschen gestopft wurde, ist erschöpft.

Noch bis vor wenigen Jahrzehnten sprachen Fischer vor Norwegen und Neufundland beim Kabeljau gar nicht von Schwärmen, sondern von – Bergen. Millionen der manchmal drei Zentner schweren Dorsche türmten sich in der Wassersäule bis zu vierhundert Meter hoch übereinander. Monate über Monate strömten immer neue Schichten von Leben aus der offenen See in die küstennahen Gewässer vor Norwegen. Damals muss die Ankunft eines solchen Gebirges aus Energie und Zielstrebigkeit ein atemberaubender Anblick gewesen sein; eines jener Ereignisse, die für einen kurzen Moment Raum und Zeit außer Kraft setzen und ihre eigenen Kategorien gebären.

Gleichwohl ist ein Schwarm keine namenlose Masse – im Gegenteil. Er ist eine Welt von Individuen. Männchen und Weibchen finden sich in diesem Gebrodel erst, wenn sie einander sorgfältig aus der unübersehbaren Schar der möglichen Partner erwählt haben. Ihre Paarung kann einen ganzen Tag dauern und ähnelt einem koketten und raffinierten Tanz. Erst wenn er sich erfüllt hat, schlüpft der männliche Kabeljau über den Rücken seines Weibchens und befruchtet die bis zu fünf Millionen Eier, die es auf den Meeresboden legt. Die untergegangenen Gebirge des Dorsches – sie waren ein einziger unfassbar großer Hochzeitsausflug.

Für eine symbolische Ökologie der Fülle

Obwohl moderne Technik erst in den letzten Jahren viele solcher Schwärme bis auf wenige Einzelgänger dezimierte, setzte doch die große Plünderung schon vor Jahrhunderten ein. Wissenschaftler mussten erst entdecken, wie sehr selbst die vermeintliche Fülle, die zu Beginn unserer technischen Ära noch vorhanden war, bereits eine Schwundstufe darstellte. Sie war nur noch ein Abglanz jener Dichte, in der das Leben der See einst jedes Volumen, jede Oberfläche mit lebendem Schmelz benetzt hatte. So haben die spanischen Eroberer einst dutzende, hunderte von Küstenabschnitten in der Karibik – etwa die »Dry Tortugas« – nach Seeschildkröten benannt. Wo heute nur noch einzelne Tiere zum Eierlegen an Land schwimmen, muss einst ein unvorstellbares Gewimmel geherrscht haben. Manche Arten sammelten sich früher an Stränden zu gewaltigen »Arribadas«: Wenn dort 50 000 Tiere auf einer Meile Sand ihre Gelege vergruben, konnten Beobachter buchstäblich nicht mehr auf den Boden treten. Schiffsbesatzungen veranstalteten in solchen Archipelen regelmäßig Schlachtfeste, um ihre Vorräte aus der scheinbar unerschöpflichen Masse aufzufüllen – bis diese doch versiegt war.

Die großen Schwärme sind nicht mehr. Aber die Leere, die durch die blauen Weiten der Ozeane hallt, ist mehr als ein zusammengebrochener Fischmarkt, mehr auch als der Verlust fremder Einzigartigkeit: Es ist eine Leere in uns, ein Vakuum der Seele. Mit der Fülle des Lebens verlieren wir etwas von unserer eigenen inneren Substanz. Wir verlieren jene Dimension, die immer jenseits des Kalküls steht, außerhalb aller Erwägungen von Nützlichkeit.

Der Geist einer Schöpferischen Ökologie ist der Geist der Schwärme. Sie sieht die Fülle, die sich von selbst einstellt, die sich auftürmt zu einem silbrigen Gebirge aus Wesen, zu einem Raum, randvoll gepackt mit Sein. Im ersten Kapitel habe ich drei »Gesetze der Sehnsucht« formuliert. Sie bezogen sich auf den Organismus. Immer stärker haben wir im Verlauf des Buchs gesehen, dass der Organismus nicht allein bestehen kann und dass sich unsere Idee von Individualität nicht als die letzte Wahrheit zum Verständnis eines Lebewesens erweist. Entpuppt sie sich am Ende als Illusion? Das Erlebnis der Schwärme zeigt zumindest, dass der Blickwinkel sehr viel weiter gefasst werden muss. Um den Einzelnen zu verstehen, gilt es, seine Umgebung zu berücksichtigen. Darum können wir die ersten Axiome nun auf Ökosysteme – oder sogar auf das ganze Netz des Lebens – ausweiten. Die folgende Aufstellung der »Lehrsätze« einer Schöpferischen Ökologie könnte eine erste Näherung sein:

1. Verschwendung dient ebenso wie Effizienz den Zielen der Natur.
2. Seele ist nicht nur drinnen, sondern auch draußen.
3. Wir selbst sind ein Schwarm, und wir bilden Schwärme.
4. »Geist« ist verteilt auf die Körper lebender Wesen.
5. Die Individuen sind nicht getrennt, sondern bilden ein großes Gewebe.

Was hätte die Schöpferische Ökologie zum Schwarm zu sagen, so wie er mir auf den Kanarischen Inseln begegnete – in den Silberleibern der Barrakudas, im quirligen Tanz der Delphine? Vielleicht das: Im Schwarm zeigt sich die Lebensäußerung als Tanz. Ein Schwarm hat keine Intelligenz: Er ist Intelligenz. Das Verhalten der Einzelnen in der Gruppe folgt denkbar einfachen Regeln. Forscher können mit einer Kombination der drei Maximen »Bleib nah bei deinem Nachbarn. Tue dasselbe, was dein Nachbar tut. Vermeide Zusammenstöße« auch auf dem Computer so etwas wie Schwärme simulieren. In einem Schwarm entsteht somit aus dem Zusammenhalt einfacher Elemente ein großes Ganzes. Dieses Ganze freilich offenbart mehr als die simplen Regeln, die es hervorbringen. Insofern ist jeder Schwarm ein ins Große gesteigertes Pendant unserer selbst. Der Schwarm denkt nicht – er ist Gedanke.

Denn nur deshalb, weil die Akteure nicht »intelligent« sind im Sinn unserer menschlichen Intelligenz, weil sie nicht wie wir aus denkenden, wissenden und entscheidenden Individuen bestehen, sondern aus biologischen Magneten, die nach existenziellen Gesetzen von ihrer Umgebung angezogen und wieder abgestoßen werden, können die Wesen eines Schwarms etwas ausdrücken, was über ihre eigene Beschränktheit hinausgeht. Sie können es allerdings nur zeigen – und nicht erklären. Auch umgekehrt wird eine Erklärung der reinen Schwarmmechanik das, was die Gestalt des Schwarms selbst bloß zeigt, immer verfehlen müssen: Schwärme sind gedichtetes Gefühl. Der Schwarm ist – und in diesem Sein sind Ausdruck und Lebenskraft in einer einzigen Geste vereint. Die Individuen des Schwarms spiegeln Leben wider – aber nicht, weil die einzelnen Mitglieder dessen Gesetze begriffen, sondern weil sie Bedürfnisse haben, ohne deren Erfüllung sie zugrunde gingen. Die Sardinen wären außerhalb ihrer Silberwolke verloren, den schwebenden Räubern zum Fraß ausgeliefert, die immer noch die Leere der Ozeane durchpflügen. Forscher sprechen bei Völkern sozialer Insekten wie Ameisen oder Bienen von Superorganismen: Viele ihrer Verhaltensweisen sind besser zu verstehen, wenn man den Staat wie ein einzelnes Wesen auffasst, seine Mitglieder als dessen Zellen.

Biologen begreifen inzwischen unseren Körper selbst als Schwarm. Wir bestehen aus Milliarden einzelner Individuen, die – etwa im Reagenzglas – auch allein leben können. Sie müssen, um als Leib zu funktionieren, ihr Verhalten aufeinander abstimmen. Auch unsere Zellen gehorchen dabei keiner übergeordneten Instanz: Das Gehirn steuert nicht, sondern ist selbst mit den feinsten Verästelungen seiner Nerven, mit den in allen Sekreten schwebenden Boten des Neuro-Immunsystems über den schwärmenden Körper ausgebreitet. In vielen Aspekten gleichen darum Lebewesen Ökosystemen, die durch eine Reihe von Zuständen driften und in denen sich Veränderungen eher ereignen, als dass sie vorgenommen werden. Gedanken, Gefühle, Erinnerungen und Pläne stecken darum nicht »im Gehirn« wie Karteikarten in einem Kasten. Gefühle und Gedanken sind gebunden an den Körper und an die in ihm schwärmenden Zellen – die wie die funkelnden Sardinen sterben können oder gedeihen. Sie lassen sich in ihrem Medium treiben und bringen nach simplen, aber existenziellen Regeln des Miteinanders einen Körper hervor, ein Selbst, unsere erlebte Innerlichkeit.

Unsere Gefühle sind für uns »innen« – aber auch ihnen eignet die Gestalt eines Schwarms. Sie sind Ausdruck eines Lebensprozesses, und als dieser Ausdruck sind sie von der Umgebung nicht abzutrennen. Darum scheidet sie nichts Prinzipielles von den in der Luft und im Wasser verkörperten Gefühlen, die nicht aus lebenden Zellen, sondern aus lebenden Tieren bestehen. Wir sehen Lebensgestalten, die aus einfachen organischen Gesetzen entstehen: fortdauern zu wollen, nahe beim anderen zu sein und doch nicht so nah, um mit ihm zu kollidieren. Es sind dies die

Gesetze schöpferischer Gestalten, die Grundprinzipien, die man selbst einem Computer beibringen kann. Es sind die Grundgestalten einer Poetik lebender Dinge.

Schwärme zeigen, was in uns ist, in einer Tiefe des Fleisches, zu der kein Wort zu dringen vermag. Sie zeigen, was unaussprechlich ist. Weil es unaussprechlich ist, bleibt es gebunden an die lebende Form – und in ihr unendlich verletzlich. Denn es ist immer noch so, wie der amerikanische Tiefseepionier und Naturforscher William Beebe erkannte: »Die Schönheit und der Genius eines Kunstwerks können aufs Neue entworfen werden, auch wenn ihr erster materieller Ausdruck zerstört wurde; eine verschwundene Harmonie vermag den Komponisten wieder zu inspirieren; aber wenn das letzte Individuum einer lebenden Art nicht mehr atmet, müssen ein neuer Himmel und eine neue Erde erscheinen, bevor ein Gleiches wieder erstehen kann.«[37]

12 NICHT EINER, SONDERN ALLES

Kein Lebendiges ist ein Eins.
Immer ist's ein Vieles.
Johann Wolfgang von Goethe, »Epirrhema«

Kaum irgendwo anders lässt sich diese siamesische Verflechtung alles Lebendigen mit den Händen so sehr spüren wie auf dem Meer. Wer seine Hand vom Dollbord eines kleinen Boots ins blaue Wasser des Ozeans baumeln lässt, kann zwischen den Fingern den grundlegenden Lehrsatz der Ökologie geradezu ertasten. Dieser besagt: »Alles hängt mit allem zusammen.« Das Meer ist weich, fast ein bisschen schleimig. Beim Trocknen bildet es einen Belag auf der Haut. Seewasser ist mehr als eine Ansammlung von H_2O-Molekülen, das lässt sich spüren. Seewasser ähnelt in seiner Konsistenz einer Körperflüssigkeit. Wer seine Hand damit benetzt, berührt ein lebendiges Universum.

Menschen am Meer hatten früher Namen für diesen Gehalt. Britische Fischer nannten ihn schlicht *»feed«* – Nahrung. Sie wussten, der Schleim war nötig, um ihnen einen guten Fang zu schenken – je trüber das Wasser, desto mehr Heringe schwammen darin. Der französische Historiker Jules Michelet nahm zu Beginn des 19. Jahrhunderts an, das Meer enthalte eine nahrhafte Ursubstanz, eine Art Äther des Lebens.

Ein paar Jahre darauf kam der Biologe Johannes Müller in Helgoland auf die Idee, Seewasser zu filtern – durch ein Netz, dessen Maschen feiner waren als die eines Damenstrumpfs aus Seide. Die im Stoff zurückbleibenden Schlieren spülte Müller vorsichtig in ein gläsernes Becken. Dann schaute er durchs Mikroskop und sah – Leben. Unerhörtes Leben in einer Formenfülle, die ihm den Atem stocken ließ. Im

Lichtkreis des Okulars schwebten winzige grüne Zellen, manche mit filigranen Schalen, andere mit wie geschmiedet wirkenden Panzern. Durchscheinende Krebschen schlugen mit federartigen Körperfortsätzen, Schnecken wie aus flüssigem Glas schwebten an langen Flügeln, schlanke Würmer schossen wie Pfeile durchs Licht. Andere Arten konnte Müller nur bestaunen, aber nicht bestimmen. Mit seinem einfachen Seidennetz war der Biologe durch eine magische Pforte in die Welt des Planktons eingetreten.

Plankton, griechisch »das Treibende«, so nannte Müllers Schüler Victor Hensen Ende des 19. Jahrhunderts all die Tiere und Pflanzen im Meer, die von Wind, Wellen und Gezeiten verdriftet werden – weil sie zu klein sind, dagegen anzukämpfen, oder weil sich ihre Lebensweise träge darauf verlässt, dass ihnen die Beute vor das Maul schwimmt. Es ist eine Lebensgemeinschaft, die der menschlichen Welt auf diesem Planeten vielleicht am fernsten steht – rastlos getrieben von den Strömungen, eingetaucht in das Dämmerlicht endloser Hallen von Wasser, in eine Welt ohne greifbare Merkmale, wo nichts Festes Halt und Orientierung gibt und die einzigen Oberflächen die Körper anderer Wesen sind.

Plankton ist überall – schaukelnd an der Oberschicht und versunken im stillen Dunkel der Tiefe. Als wäre es ein gigantischer Organismus, ist das Seewasser durchsetzt mit lebenden Zellen. Einen einzigen Milliliter können 200 000 winzigste Algen bevölkern. 10^{20} Sterne gibt es im Universum, aber im Ozean leben viele Milliarden mal so viele Planktonzellen, schätzt Victor Smetáček vom Alfred-Wegener-Institut. Etwa die nur 0,8 Mikrometer durchmessenden Zellen der Alge *Proclorococcus*, vermutlich die häufigsten Organismen der Welt. Die unzähligen Proclorococcus-Zellen sind damit so etwas wie die Chloroplasten der Erde.

Das Meer saugt die Energie der Sonne auf und verwandelt sie in unzählbare winzige Schicksale. Quallen mit transparenten Segeln aus Aquamarin driften über die Wogen der Ozeane und ziehen ihre giftigen Tentakel wie tödliche Netze hinter sich her; winzige Krebse in tausenderlei Formen schlagen mit ihren gefiederten Gliedern unablässig gegen den Sog der Tiefe an, Schwärme aus glasig durchscheinenden Garnelen und Kalmaren bilden in der Finsternis für das Echolot der Schiffe undurchdringliche Schwärme, unter denen sich sogar U-Boote tarnen können. 3000 Meter tief ist die See im Schnitt und überall durchschwebt von Organismen. Die Meere enthalten 99 Prozent des belebten Raums der Erde. Er gehört dem Plankton.

Früher hatten Forscher, die mit Tauchbooten zum Meeresgrund gesunken sind, den Abstieg als Reise durch eine schwarze Nacht in Erinnerung – als Sinkflug durch einen entleerten Raum, wie eine Bewusstseinspause. Erst als die Wissenschaftler auf die Idee kamen, während des Transfers die Scheinwerfer anzuschalten, ging ihnen staunend auf, dass sie durch Wolken von Wesen fielen.

Viele Organismen blieben zudem lange unbekannt, weil die gewöhnlichen Fangmethoden sie zerstören. Besonders zerbrechliche Tiere verklumpen in den Maschen der Planktonnetze zu einem unförmigen Schmier, den niemand so recht als Überbleibsel von Lebewesen erkannte. Dazu gehören Quallen, aber auch Salpen, tonnenförmige Wesen, die Algen mit sagenhafter Effizienz aus dem Wasser saugen und so einen enormen Einfluss darauf haben, was im Meer gedeiht. Dass wir heute mehr über diese gelatinösen Organismen wissen, ist einem plötzlichen Impuls des amerikanischen Biologen Bill Hamner zu danken. In den 1970er Jahren war er mit der Tauchermaske von einem Forschungsschiff in den hunderte Meter tiefen Golf von Kalifornien gesprungen – eigentlich aus Langeweile, weil seine Kollegen mit irgendwelchen banalen Proben beschäftigt waren und er nichts zu tun hatte. Als sich Hamners Augen an das Dämmerlicht gewöhnt hatten, begriff der Forscher, dass er nicht allein war: Überall durch die blaue Leere tanzten die durchscheinenden Körper von Salpen, Rippenquallen und Medusen – eine transparente Glasmenagerie, als hätte das Wasser selbst feste Formen angenommen.

Diesen trügerischen Wesen kann man mit Gaze nicht beikommen – um ihre Biologie zu verstehen, muss man mit ihnen schwimmen. Forscher, die sich mit Probengläsern hinabgleiten ließen, trafen auf Schnecken, die meterlange Fangnetze aus zarten Schleimfäden ins stille Blau webten – und die bei Annäherung mit transparenten Flügeln davonschwirrten wie Kolibris, die nicht gefangen werden wollen. Fassungslos sahen die Biologen zu, wie Rippenquallen, von langen Reihen irisierender Wimpern getrieben, zielgerichtet in höhere Wasserschichten aufstiegen, um ihre Beute einzukreisen. Kaum ein Biologe hätte eine solche Taktik von einem kirschgroßen Tier erwartet, das nicht einmal ein Gehirn besitzt.

Plankton ist also nicht die formlose Suppe aus Chlorophyll und Protein, für die es Biologen lange hielten – eher ein Mikrokosmos mit lauter eigenwilligen Akteuren. Nur ist alles so viel kleiner: Ein ganzes Ökosystem kann auf einen Tropfen beschränkt sein. »Der richtige Maßstab, um Phytoplankton zu studieren, ist ein Mikroliter«[38], glaubt der Biologe Farooq Azam von der amerikanischen Scripps Institution. Ein solches Volumen, nimmt Azam an, teilt sich eine große einzellige Alge mit tausenden von Bakterien. Diese ernähren sich vom Zucker, den die Alge absondert, und scheiden dabei das für die Pflanze lebenswichtige Phosphat und Nitrat aus – ein geschlossener Kreislauf, der nur CO_2 und Licht benötigt. Fast scheint es, als wäre diese symbiotische Gemeinschaft eine eigene Mini-Zelle. Was ihr zum echten Eigendasein fehlt, ist die Wand. Der Planktontropfen ist offen für den Austausch mit allen anderen Partikeln des flüssigen Universums.

Wenn aber winzige Ökosysteme sich wie Organismen begreifen lassen, muss man dann nicht die Wesen der See, die in stetigem Austausch mit ihrer Umgebung leben, weniger als Einzelwesen, sondern mehr als Bausteine eines einzigen großen Ökosystems auffassen? Im Reich des Planktons mit seinen vernetzten Abhängigkeiten verschwimmt, was ein Individuum ist. Aber darin ist diese wundersame Welt vielleicht nicht so sehr Ausnahme wie Regel: Selbst wir Menschen sind ja bereits symbiotische Systeme, die aus einer Unzahl verschiedener Zellsorten bestehen. Auch für uns ist eine Reihe von fremden Arten lebenswichtig: Bakterien im Darm etwa, ohne die wir verhungern müssten.

»Kein Lebendiges ist eins«

Alle höheren Zellen, auch unsere eigenen, sind einst durch die Verschmelzung einzelliger Organismen entstanden. Sie wurden geboren, als zelluläre Urformen andere geschluckt haben, diese aber nicht wie sonst als Nahrung verdauten, sondern als sogenannte Endosymbionten, als nützliche Arbeiter in ihrem Zellinneren versklavten. So gehen vermutlich die Mitochondrien, die Energiestationen der Zelle, auf sogenannte Proteobakterien zurück, und die photosynthetisch aktiven Chloroplasten, die in Pflanzen Licht in Lebenskraft verwandeln, wohl auf zwar zunächst verspeiste, aber nicht verdaute Blaualgen. Die geschluckten Zellen durften sich im Gegenzug an den Stoffwechselprodukten ihrer Wirte laben.

Die Endosymbionten-Theorie war eine gewagte Behauptung, als die amerikanische Evolutionsbiologin Lynn Margulis sie in den 1970er Jahren aufgriff und erstmals in der wissenschaftlichen Öffentlichkeit breiter diskutierte. Noch in meinem eigenen Grundstudium 1992 in Freiburg musste ich für die Zwischenprüfungen auch die konkurrierende »Kompartimentierungshypothese« parat haben. Diese behauptete, dass sich die Zellmembran nach innen eingefaltet und dort den Raum für spezialisierte Unterabteilungen geschaffen habe. Es war vor fünfzehn Jahren noch nicht ausgemacht, welche von beiden Erklärungen den Sieg davontragen würde. Inzwischen sind jedoch alternative Erklärungsmodelle weit abgeschlagen. Es steht fest, dass wir im innersten Funktionsbereich jeder unserer Zellen aus ineinandergeschachtelten Bakterien bestehen. Und dennoch ist diese Erkenntnis von der Biologie stillschweigend geschluckt worden. Sie hat nicht zum Überdenken solcher Konzepte geführt, die vielfach immer noch ausschließlich vom Konkurrenzdenken geprägt sind und nicht berücksichtigen, dass der Schlüssel zum Verständnis der Wesen gerade darin liegen könnte, dass diese immer zugleich »Eins und Vieles« sind.

Doch mittlerweile lassen sich die Indizien, wonach alle Mehrzeller Staaten von ineinander aufgegangenen anderen Organismen bilden, nicht mehr übersehen. Vermutlich waren längst nicht nur Chloroplasten und Mitochondrien, also die Energielieferanten höherer Zellen, einstmals Bakterien. Auch Zellkörper und Zellmotor – die sogenannte Geißel, deren undulierende Bewegung einen Einzeller vorantreibt und die sich in höheren Organismen zu einer Vielzahl von Werkzeugen umbildete – haben möglicherweise einst einzeln ihr Leben gefristet. Als Urahnen des Zellkörpers kommen die urtümlichen Archaebakterien in Frage, als universelle Vorfahren vieler anderer spezialisierter Zellstrukturen dagegen Bakterien aus der Gruppe der *Spirochaeten,* zu denen etwa der Syphilis-Erreger gehört. Diese vererbten höheren Organismen vermutlich ihr peitschenförmiges Antriebsorgan. Allein aus diesem konnte im Laufe der Stammesgeschichte eine schier unüberschaubare Vielfalt von Instrumenten geschmiedet werden – unter anderem wahrscheinlich die feinen Borsten der Hörzellen und die Zäpfchen und Stäbchen der Netzhaut. Ohne die Spirochaeten wäre unser Auge vielleicht nicht möglich gewesen. Das heißt paradoxerweise: Ohne die innige Aufnahme von fremdem Leben wäre es uns gar nicht gestattet, das Andere, die fremde Außenwelt, vor uns als abgegrenzt zu erblicken.

»Gerade der Mensch ist nicht homogen, sondern zusammengesetzt«, sagt die Erfinderin der Endosymbionten-Hypothese, Lynn Margulis. »Jeder von uns liefert eine prächtige Umwelt für Bakterien, Pilze, Rundwürmer, Milben und andere, die in und auf uns leben.«[39] Von unseren 30 000 Genen stammen vermutlich 250 direkt von bakteriellen »Vorfahren«. Und immerhin zehn Prozent des menschlichen (Trocken-)Körpergewichts machen auch heute Bakterien aus – etwa solche, ohne die wir unsere Nahrung nicht verdauen könnten und zum Tod verurteilt wären. Die Zahl der Mikrobenzellen in uns überschreitet die Menge unserer Körperzellen um das Zehnfache – und die Zahl der Gene in diesen vielen verschiedenen Bakterien übersteigt die Menge unserer Erbanlagen in noch viel größerem Maße. Erst mit Hilfe dieser Symbionten können wir lebenswichtige Nahrungsmittel überhaupt verarbeiten – wie etwa eine Vielzahl von Zuckern. Völker in Papua-Neuguinea tragen im Darm sogar, ähnlich wie manche Pflanzen und Blaualgen in ihren Geweben, symbiontische Stickstoffbakterien und können so eine jahrelange reine Pflanzendiät aushalten, ohne an Mangelkrankheiten zu sterben.

Weil die Partner einer Symbiose sich nicht völlig einander angleichen und immer noch einen Rest von Eigenständigkeit bewahren, erscheinen Organismen wiederum als Ökosysteme, die aus verschiedenen Arten gebildet und auf vielfältige und verworrene Weisen mit der Umgebung vernetzt sind. Was ein biologisches Individuum ist, lässt sich immer weniger klar abgrenzen. Bei vielen Erklärungen, wie sich Gefüge von Arten zusammensetzen und warum manche von ihnen überlebt haben und andere nicht, wird die »Symbiogenese« immer noch unterschätzt, glauben Margulis und andere Biologen. »Kein mit dem bloßen Auge sichtbarer Organismus ist aus einem einzigen Vorfahren entstanden«, sagt Margulis. Sie geht sogar noch einen Schritt weiter. »Jeder Organismus, der einer bestimmten Art zugeordnet werden kann, der also eine genetische Identität besitzt, ist aus Symbiose entstanden.«[40] Denn Bakterien selbst haben kein wirklich festgelegtes Erbgut. Sie können Gene austauschen so wie andere Zellen Nahrung: Durch winzige Schläuche schleusen sie DNA-Fragmente zwischen den Zellen hin und her – von einer »Art« zur nächsten. Darum gilt für Margulis der Kernsatz des orthodoxen Neodarwinismus – Evolution durch Mutation – überhaupt nur für die Welt der Mikrobiologie. Der Werdegang aller höheren Zellen sei nur zu beschreiben, wenn man ihre symbiotische Geburt berücksichtige. Nur durch Kooperation, durch Integration des Anderen wird die Identität erreicht, die höhere Zellen kennzeichnet. Für Lynn Margulis ist die Biosphäre damit weniger Schauplatz ständiger Konflikte als ein miteinander verwobenes Muster von Strukturen, von Bedürfnissen und Abhängigkeiten. Eine Art beutet hier zwar die andere aus, ist aber zugleich auf deren Gegenwart angewiesen: ein Nehmen, das nicht ohne Geben funktioniert.

Keine Pflanzen ohne Symbiose?

Es gibt ein ganzes Reich von Wesen, die Symbiose deutlicher als andere zu ihrem Lebensprinzip gemacht haben: die Flechten. Lange war den Naturforschern nicht klar, mit was sie es bei den auf den ersten Blick ziemlich formlosen Gebilden, die auf Steinen, Stämmen und mageren Böden wuchern, überhaupt zu tun hatten. Waren die Krusten und Lappen etwa Auswüchse anderer Pflanzen? Mineralische Ausblühungen? Abartig geformtes Moos? Erst vor wenig mehr als hundert Jahren konnten Botaniker beweisen, dass in einer Flechte ein Pilz und eine Alge zusammenleben – und erst in dieser Gemeinschaft zu Leistungen fähig werden, die ihren getrennt hausenden Artgenossen, aber auch anderen Lebewesen abgehen. Flechten sind die Extremisten unter den Wesen. Sie lassen sich jahrelang gefriertrocknen oder durch kochendes Wasser ziehen. Sie kommen in Wüsten vor und in der Gipfelregion des Himalaja – und alles nur, weil sie eine raffinierte Form der Symbiose entwickelt haben. Weil Flechten auch dort florieren, wo noch kein feuchter Humus zarten Wurzeln Halt spendet, zählen sie oft zu den Pionierlebewesen auf Vulkanhalden und Felsmeeren. Flechten waren es, die in den 1960er Jahren auf dem isländischen Vulkaneiland Surtsey zuerst Fuß fassten, nachdem die Lavainsel dampfend aus den Fluten aufgetaucht war. Einige Forscher halten es sogar für wahrscheinlich, dass nicht Gefäßpflanzen, sondern symbiotisch mit Pilzen verschwisterte Organismen in der Erdgeschichte zuerst an Land krochen: Womöglich hatten damals nur Gewächse eine Chance, die sich auf dem noch humuslosen Gestein festkrallen konnten und die, anders als die Pflanzen der Gewässer, plötzliche Trockenzeiten erfolgreich durchzustehen vermochten.

Auch heute schaffen es nur wenige Grüngewächse, ohne die Arbeitsteilung mit den unsichtbaren Geflechten im Boden auszukommen. Über 95 Prozent aller Arten sind auf die Hilfe der Pilze angewiesen. Diese bilden gemeinsam mit den Pflanzenwurzeln die Mykorrhiza aus, symbiotische Knöllchen, aus denen die Pflanze Mineralien zieht und der Pilz mit Zucker gespeist wird. Erst solche Pilze verleihen vielen Pflanzen die Kräfte zum Überleben unter harschen Bedingungen. Botaniker übertrugen kürzlich die symbiotischen Mitbewohner hitzeresistenter Gräser auf feuchtebedürftige Melonenschösslinge, und plötzlich hielten diese Spitzentemperaturen von 70 Grad Celsius aus – statt schon bei 38 Grad Celsius dahinzuwelken. Es ist also durchaus möglich, dass selbst Bäume nicht ehrfürchtige und einsame Riesen sind, sondern Ausblühungen eines Netzes von Gegenseitigkeit, Teile eines Ganzen, die ohne die Existenz aller Bestandteile gar nicht möglich wären.

Wir brauchen die Anderen: Zum Denken und zum Atmen

Angesichts der überall verbreiteten Symbiose müssten wir das Leben auf unserem Planeten in ganz anderer Weise wahrnehmen: nicht mehr in der kapitalistischen Vereinzelung der Marktteilnehmer, die alle um ihr individuelles Glück streiten und nur so zu Höchstleistungen fähig werden, sondern als ein organisches System, dessen Bestandteile so miteinander verflochten sind, dass sich weder Leistungen noch Bedürfnisse eines einzelnen Teilnehmers von denen anderer abgrenzen lassen. In einem solchen System wäre jede Entflechtung Amputation. Der Andere ist in ihm immer und unausweichlich Teil des Selbst. Er gehört zu dessen Lebensfunktion.

Wir stoßen hier erneut auf jenen Umstand, der das Wesen der neuen Biologie kennzeichnet und dem wir im Laufe dieses Buchs auf vielfältige Weise begegnet sind. Jede individuelle Souveränität ohne Bezug auf das übrige Geflecht des Lebens ist ausgeschlossen. Die Vorstellung, dass sie möglich sei, entspringt einer tiefen Illusion über das Leben. Gegenseitigkeit kennzeichnet schon den Stoffwechsel, den Urmoment biologischen Lebens. Der Stoffwechsel ist ja ein Prozess, in dem ein Individuum das, was es nicht ist, den Stoff der Welt, zu sich selbst macht. Ist eine intimere Verflechtung des Eigenen und des Anderen denkbar? Dieselbe Konstellation erweist sich auch als Grundgesetz der Wahrnehmung, welche auf das Fremde angewiesen ist, auf das Wölfische im Abgrund der schwarzen Augen, um die bodenlose Spannkraft in sich selbst zu erfassen. Das werdende Ich des kleinen Kindes ist gleich nach der Geburt von der Gnade im Blick der Eltern abhängig, um die Welt mittels der Landkarte des eigenen Körpers zu verstehen. Niemand ist allein er selbst. Allein schon darum kann der evolutionäre Egoismus nicht entscheidende Triebkraft sein. Es gibt gar nicht jenes Ego – mögen wir es nun in Art, Individuum oder Genen suchen. Es gibt nur ein Gewebe, in dem alles von allem abhängt. Wer soll dann »siegen« im Überlebenskampf?

Die Gegenseitigkeit wird damit sowohl ein Prinzip des eigenen Körpers wie auch des Zusammenspiels aller Körper. Und sie ist zugleich der Schlüssel zum Verständnis der Welt. Allein im ausdrucksvollen Körper der Anderen öffnet sich für den Säugling ein kognitiver Zugang zu seinem eigenen Leib und zu dessen Innerem, den Gefühlen. Nur gespiegelt im Anderen gewinnt das Schwellen und Tosen der Innerlichkeit überhaupt eine emotionale Form. Es scheint, als würden so die Lebewesen das Aperçu des russischen Psychologen S.L. Rubinstein einlösen, wonach Widerspiegelung eine universelle Eigenschaft der Materie sei. Symbiose ist das Prinzip des Körpers, so wie sie auch das Prinzip des Geists ist.

Alles Leben ist Geflecht. Blattadern, Baumkronen, die Kapillargefäße in der Hand des Säuglings: Wenn man genau hinschaut, dann zeigen sich fast alle Körper als Muster von Verbindung und Überlagerung, dann sind fast alle Prozesse Gewebe oder Schwarm. Würde man eine Photoplatte mit den Bewegungen der planktischen Krebse im türkisfarbenen Lampenkegel belichten, dann glichen ihre Bahnen den Wachstumspfaden, auf denen Wurzeln den Boden mit ihren Körpern durchflechten.

Nichts lässt sich getrennt betrachten. Alles gilt nur im Rahmen des Ganzen – des Systems. In solchen Überlegungen zeigt sich, dass wir Symbiose in einem umfassenderen Sinn als bisher verstehen müssen. Sie ist mehr als die Kooperation zwischen Individuen. Sie ist eine Verbundenheit unterhalb der Individuen, eine Totalität, die Individuen und deren Kooperation erst möglich macht. Sie ist die Einsicht, dass »ich« viel mehr »du« bin, als ich es mir je habe träumen lassen, weil unsere Existenz in jeder Hinsicht miteinander verflochten ist. Die allgegenwärtige Symbiose verbürgt, dass »alle Menschen Gras« sind, wie der amerikanische Dichter Walt Whitman sagte. Was an seiner poetischen Formulierung Symbol ist, das den Hörer intuitiv ergreift, zeigt sich in der Welt der Schöpferischen Ökologie als eine tiefere

Wahrheit, die alles Lebende miteinander verbindet. Durch meinen Körper, der seinen Stoff wechselt, laufen auch die Moleküle des Grases hindurch wie durch die Wiese der Wind, der ihre Halme wogen lässt. Und ich kann meinen Körper und seine Regungen, das tiefste Wurzelgeflecht seiner Innerlichkeit, nur verstehen, indem ich mich diesem Anderen in mir selbst gegenüber erlebe. Indem ich durch das Flattern der zarten Halme wate, finde ich ihre Biegsamkeit, ihre unendliche Fähigkeit zur Antwort auch in mir. Beide verbindet das Gleiche, formkonstant. Was manche Dichter in Form sprachlicher Bilder miteinander verknüpfen, ist auf der Ebene der Körper real eine Einheit. Die universelle Ähnlichkeit aufzuspüren und zu zeigen, dass alles Fleisch von einem Fleisch ist – darin liegt die Aufgabe.

Das »selbstlose Selbst«

Bei dieser Sichtweise lässt sich freilich eine entscheidende Frage nicht mehr abweisen: Was eigentlich ist noch mein Selbst, wenn auf meiner Seite nicht nur ein Mitspieler aktiv ist, sondern Milliarden? Wenn »Ich« viele ist? Ist das Ego eine Illusion, wie Buddhisten glauben? Liegt das Heil gar in seiner Überwindung? Vermutlich verspricht eine Antwort auf diese Frage auch, die Konfrontation mit der übrigen Natur abzumildern, die wir in unserem Zeitalter so forciert haben. Denn was konfrontieren wir da eigentlich womit? Vielleicht liegt die Tragik unseres augenblicklichen Kampfes gegen uns selbst in der Tat darin, dass es keine Lösung gibt, obwohl wir immer noch überzeugt sind, den Schlüssel zu ihr in den Händen zu halten. Wir sind zugleich wir selbst und die Anderen, ewig hin- und hergerissen.

Francisco Varela, der Miterfinder der Autopoiese, bezeichnet einen Organismus als »Geflecht aus vielen Selbsten«. Für Varela ist der Organismus bodenlos, gleichsam eine Spirale, deren fester Rand aus den verschiedenen Ebenen von Akteuren gebildet wird: den Zellen, den Organen, dem Leib. Doch in der Mitte des Wirbels, den das Wesen in der Materie hervorruft, ist Nichts. Für Varela ist das »eigentliche Selbst« nicht ein Etwas, das eine exakte biologische Wissenschaft noch finden könnte, genauso wenig, wie es mit einem bestimmten Aspekt des Organismus übereinstimmt, dem Erbgut etwa, das seine genetische Identität trägt. Unser Erbgut ist nicht unseres, wie wir gesehen haben – es besteht ebenso aus den Mitfahrern, die höhere Organismen im Lauf der stammesgeschichtlichen Reise aufgenommen haben, Mitochondrien und Plastiden, die ihre Gene getrennt von denen der eigentlichen Zellen vermehren. Es besteht aus Körpern, die nicht unser Körper sind, aber für uns lebenswichtige Funktionen erfüllen und in Körperhöhlen still und heimlich ihre Arbeit tun.

Folgt man Varela, dann muss man in seinen Gedanken die Konsequenz akzeptieren, dass sich unser Selbst im Anderen auflöst. In unserer Mitte, die aus Nichts entsteht wie die Leere im Inneren einer Wasserhose, fallen wir zurück an die Welt. So tief geht die Verwurzelung im Anderen, dass ein Wesen in letzter Konsequenz nicht mit sich selbst identisch ist, sondern dass sein Mark von dem gebildet wird, was es nicht ist. Zieht man all die Ebenen von Identität ab, die ein Wesen hervorbringt in seinem Kampf um mehr Leben, in seiner Sehnsucht nach Fülle, dann verschwindet die lebendige Form, und nur noch der Stoff bleibt zurück. Dann wartet in der Mitte der Sehnsucht das, was kein Bedürfnis kennt.

Wenn aber die Tiefe bodenlos ist, mit welcher Stimme sprechen wir dann? Wessen Leid ist es, das ein Wesen leidet? Und wessen Jubel, in den es einstimmt? Ist es der Lebenswunsch selbst, der sich so artikuliert? Sieht man die universelle Symbiose, liegt es nahe, den Einzelnen als Stimme des Ganzen zu verstehen, das mit unzähligen Stimmen spricht. Das biologische Individuum – diese selbstverstärkende Kräuselung der Materie – ist dann in der Konsequenz nichts anderes als das Ganze, aber es ist dieses Ganze in schärfster Fokussierung. Jedes Wesen ist ein Brennglas, in dem alle Strömungen, alle Möglichkeiten des Seins entflammen können. Ein Glutpunkt, der die Empfindung entzündet, die als Potenzial vielleicht in aller Materie schläft. Und doch durchzieht eine Tragik alles Organische, denn die letzte Ganzheit ist nur möglich um den Preis des Todes und bleibt so unerreichbar. Ihr Echo ertönt aus dem Astwerk der Linde als Stimme der einsamen Nachtigall, die singt, als wäre jegliche Nacht zu kurz, um ihr Lied ganz darin zu verausgaben. Wir sind mehr und wir sind weniger, als wir uns träumen ließen.

Krankheit: Eine ökologische Störung

Eine solche Sicht wirft ein neues Licht auf all jene Situationen, in denen der Zusammenhalt des Individuums schwindet. Unser bisheriges Bild von Krankheit besteht darin, dass pathogene Eindringlinge gegen das Bollwerk unseres Körpers anrennen und diesen bedrohen – wie ein Feind mit seinen Armeen ein gut gerüstetes Land herausfordert. Entsprechend dieser medizinischen Metaphorik schreitet der Körper zur »Immunantwort«, um die Eindringlinge zu vernichten – so wie die Supermächte im Kalten Krieg sich die »Nuklearantwort« vorbehielten. Wer sich die Volksaufklärung anschaut, die der preußische Staat zu Zeiten der Cholera trieb, bemerkt, dass der Widersacher hier an einer inneren Front mit denselben Mitteln bekämpft wurde wie in der sichtbaren Welt der sogenannte Erzfeind jenseits des Rheins.

Doch eine solche Sicht verfehlt die meisten Probleme der Medizin. Im sechsten Kapitel haben wir ja bereits gesehen, dass sich so die Heilung durch Placebos nicht erklären lässt. Dazu kommt: Nur wenige Krankheiten lassen sich eindeutig einem Erreger zuordnen. Die großen Leiden, die unsere Medizin immer noch nicht bezwungen hat, ja die sogar zunehmen, ohne dass es eine Möglichkeit zu geben scheint, wirksam dagegen vorzugehen, sind gerade solche, in denen das Verhältnis des Körpers zu sich selbst oder das Verhältnis der »Seele« zu ihrem Körper gestört ist. Sogenannte Autoimmunkrankheiten wie Asthma, Neurodermitis und überhaupt alle Allergien, aber auch multiple Sklerose, gehören dazu. Freilich fallen letztlich auch Krebs und die endlose Reihe endogener psychischer Störungen wie etwa Depressionen darunter – und nicht zuletzt vermuten Ärzte auch bei Malaisen von Herz und Kreislauf häufig seelische Mitursachen. Es ist erschütternd: Fast bei allen sogenannten Volkskrankheiten scheitert die Schulmedizin daran, einen Verursacher zu finden.

In einer symbiotischen Sichtweise sucht sie allerdings auch immer noch an der falschen Stelle. Aus der Perspektive einer neuen Biologie sind alle organischen Störungen nur als ökologische Störungen zu verstehen, als teilweiser Zusammenbruch einer Kommunikation, in der das Miteinander der verschiedenen Selbste ausgehandelt wird. Beim Krebs verfällt ja eine einzelne Zelle in einen ungebremsten Vermehrungswahn auf Kosten aller anderen. Versteht man die Symbiose – und weniger das Einzelkämpfertum – als Prinzip biologischer Wirklichkeit, dann ist Krankheit nicht der »Kampf gegen einen Eindringling«, sondern eine Störung des Gleichgewichts in einem Ökosystem. »Erreger« nutzen eine solche Schwächung, um das Miteinander aufzukündigen und über den einstigen Lebenspartner herzufallen. Manche sogenannten Keime sind ja die meiste Zeit lang harmlose Mitbewohner in unserem Körper, bevor sie diesen in einer schwachen Stunde zu fressen beginnen.

Viele Ergebnisse der Immunforschung bestätigen inzwischen eine solche ökologische Auffassung von Krankheit und Gesundheit. Denn bereits der gesunde Körper ist ein Ökosystem. Die Zahl, die Art und die Beziehungen der verschiedenen Zell-»Spezies« untereinander schwanken und wechseln und halten sich doch in einer fragilen Balance – so wie in einer Heidelandschaft mal die Hasen zahlreicher werden und dann wieder die Füchse. Das Immunsystem definiert nicht klar und eindeutig, welche Stoffe zum Körper gehören und welche nicht. In den Kaskaden von Antikörpern und Anti-Antikörpern vergewissert sich der Leib vielmehr seiner selbst. Der Körper bildet seine eigene Ökologie und handelt angesichts ihrer Bedürfnisse aus, was als schädlich und was als neutral gilt. Auch ohne dass überhaupt Kontakt mit einem »Angreifer« besteht, bildet das Immunsystem ein komplexes Geflecht von Zellen und Eiweißmolekülen. Dieses Netz ist ebenso ausgedehnt wie das Nervensystem, aber es existiert fließend, schwimmend in den Flüssigkeiten des Körpers wie in einem inneren Ozean.

Auch das Immunsystem ist somit die meiste Zeit mit seiner eigenen Organisation beschäftigt. Selbst wenn ein Antigen – ein »angreifendes Objekt« – erkannt wird, kann der Körper dieses erst »vernichten«, wenn es von einer eigenen Zelle verschluckt und dann, biochemisch vorbehandelt, wiederum auf der Oberfläche dieser Zelle anderen Exekutoren biologischer Staatsräson, den sogenannten Fresszellen, präsentiert wird. Das Immunsystem engagiert sich somit nur zu einem verschwindend geringen Prozentsatz in der Abwehr von fremden Angriffen. Es ist mit sich allein befasst und vollzieht jenen Kreisschluss, der die Identität des Organismus bewirkt. Es antwortet nicht, sondern führt in einem endlosen Gemurmel ein Selbstgespräch.

Alles Fleisch ist Sonne

Was aber unterscheidet die Immunzellen, die ihr schwimmendes Ökosystem in meiner Lymphe ausbreiten und so weniger meine Gesundheit als meine fleischliche Identität erzeugen, von dem Plankton in den Wellen der Meere, welches das planetarische Kohlenstoffgleichgewicht steuert? Was trennt die Rolle der einzelligen grünen Algen von der Funktion der photosynthetischen Kugeln im Grün der Wälder? Was unterscheidet die Minerale unserer Knochen im »inneren Ozean« unserer Gewebe von den Gebirgen aus Schneckenkalk, die den Grund der Meere füllen? Die See enthüllt sich in solchen Gedanken als der ins Übergroße ausgedehnte Raum unserer aller Körperflüssigkeit. Die Muttererde über dem Land, die schätzungsweise bis zu über 30 Prozent aus organischem Material bestehen kann, begreifen wir plötzlich als eine schwellende Haut.

Sieht man das Meer als lebendes Ganzes, dann bedeuten seine Veränderungen mehr, als nur Schwankungen bestimmter Individuen oder Arten in einem gigantischen Reagenzglas zu sein. Am Ende der Berechnung steht das lebende Ökosystem selbst. Es erschafft Organismen, deren Körper in jedem Detail Inbegriff ihrer Welt sind, Urphänomene des Schwebens in einem dimensionslosen All. Es ist unsichtbar und grenzenlos – wie die Schleimfäden der fliegenden Schnecken in ihrem Himmel aus Blau. Die filigranen und durchscheinenden Tiere sind ein Bild dieser Vernetztheit. Weil alle Organismen gemeinsam evolviert sind in einer unabsehbaren Symbiose, ist jedes Merkmal Hinweis auf ein entferntes Wesen, das wie ein Schatten hinter dem Körper des Anderen steht.

Die Formen der schwebenden Organismen bilden so ein Spiegelkabinett von Bezügen – bis zur höchsten Stufe hinauf. Der Blauwal, nur zwei Nahrungsschritte von der Energie entfernt, die Algen speist und den Krill ernährt – lässt er sich nicht am ehesten erfassen als in Kraft und Dynamik verwandeltes Sonnenlicht? Herrscht nicht die Formkonstanz auch hier, die »Lingua franca« unseres Nervensystems, jener gemeinsame Code, der alles lebende Fleisch durchzieht und den jeder versteht, der Fleisch von diesem Fleisch ist – Selbst von diesem Selbst? Der Blauwal schafft die Verbindung: Atmend, strebend, sich sehnend wie wir selbst, reicht er bis hinauf zur Sonne. Er ist ihr Auge: ein Muskel, der sich zur Erde hin öffnet.

13 DAS SILBERNE MEER

Natürliche Selektion ist eins der Werkzeuge,
mit denen Gaia, das selbstregulierende System,
sich als ein dynamisches, aber zugleich stabiles Gebilde erhält.
Lynn Margulis und Dorion Sagan, »Acquiring Genomes«

Die symbiotische Sichtweise eröffnet uns eine Heimat im Herzen der Dinge. Die neodarwinistische Auffassung, jedes Individuum sei ein Atom, das um sein Schicksal kämpfe, verdammt uns dagegen zur Einsamkeit. Wäre diese Isolation tatsächlich die erbarmungslose Wahrheit, als die sie von vielen Wissenschaftlern immer noch dargestellt wird, dann hülfe nichts, als uns zu fügen. Dann wäre es am besten, stoisch die Zähne zusammenzubeißen und die Wogen der Gefühle zu ertragen als notwendige Begleiterscheinung eines egoistischen Universums. Dann bliebe nur die Hoffnung, unser Empfinden könne dereinst vom Fleisch losgekettet werden. Wir wären nicht weiter als der spätantike Philosoph Plotin, der sich an den Glauben klammerte, für den »göttlichen Funken« unserer Subjektivität gäbe es Heimat in einem körperlosen Jenseits, in einem Reich des Geists.

Doch die neuesten Funde der Biologie machen diese Flucht nicht länger nötig. Sie sprechen eine andere Sprache. Sie zeigen, dass wir nicht weiterkommen, wenn wir biologische Systeme und ihre Bestandteile getrennt voneinander betrachten. Sie zeigen, dass Denker, wie der französische Schriftsteller und Philosoph Albert Camus, auf der richtigen Spur waren, wenn sie den spürenden, verlangenden und tragischen Körper feierten – in der »Pensée de Midi«, einer philosophischen Vision der »mediterranen« Tugenden des Maßes, ausbalanciert in der Mitte zwischen Egoismus und Unterwürfigkeit, zwischen Sinnenlust und Gedankenschwere.

Die biologische Sichtweise verändert sich freilich nicht, solange wir der herrschenden wissenschaftlichen Doktrin allein von außen ihre Kurzsichtigkeit vorwerfen. Jeder Wandel muss aus der Forschung selbst kommen. Und tatsächlich beginnen Wissenschaftler an einem Modell der Evolution zu arbeiten, das dem bekannten Baum mit seinen auseinanderstrebenden Astspitzen – den einzelnen Arten – eine neue Naturgeschichte gegenüberstellt. Diese entspricht dann mehr einem unterirdischen Wurzelgeflecht mit seinen Verwirrungen, Kurzschlüssen und Anastomosen – jenen Sprossen, die sich finden, vereinen und gemeinsam weiterwachsen.

Diesen neuartigen Aspekt der Stammesgeschichte bezeichnen Forscher als »retikulate Evolution« – die »Entwicklung im Netz«. Sie behauptet, dass sich die Spezies nicht nur im Wettrüsten voneinander trennen, sondern dass sie sich auch wieder zu neuen Einheiten verbinden und dass sie vor allem so, in der Verschmelzung unterschiedlicher Linien, neue Arten schaffen. In der retikulaten oder vernetzten Evolution sind die Grenzen zwischen den Spezies und ihren Werdegängen viel fließender, als es der Neodarwinismus annimmt. Eine solche Durchlässigkeit könnte durch etwas möglich geworden sein, was bis in die allerjüngste Zeit als absurd galt: überraschende Querbefruchtungen zwischen zwei Arten, bei denen Sperma und Eizellen aus weit entfernt liegenden Gruppen verschmolzen. Eine Reihe von Indizien sprechen dafür, dass sich Arten im Laufe ihrer Entwicklung ständig überkreuzt und so ihre Eigenschaften ausgetauscht haben. Nicht nur Einzeller, sondern auch höhere Organismen bildeten so neue Knotenpunkte, an denen aus den Linien ihres Lebens frische Genealogien keimten.

Ich durfte die Indizien der retikulaten Evolution mit eigenen Augen sehen – und auch das geschah auf dem Meer. Es war auf einer Fahrt des Forschungsschiffs »Heincke«, die in jeder Hinsicht zu einer Reise in den Schoß anderen Lebens und seiner unausgeloteten Dimensionen wurde. Die Fahrt fand im Juni statt und führte nicht weiter als in die Deutsche Bucht, ein paar Dutzend Seemeilen westlich der Nordfriesischen Inseln. Ein kalter Ostwind blies die ganzen zwei Wochen auf See den Himmel frei und ließ unser Schiff in einer langen glatten Dünung rollen. Wir waren weniger auf Jagd nach Tieren als nach chemischen Elementen. Die Ausfahrt diente dazu, die Verteilung von Nährstoffen im Küstenwasser zu messen. Um die Wahrheit zu sagen: Wir dokumentierten die schleichende Verwandlung der Nordsee in einen gut gedüngten Fischteich.

Kurz nach dem Auslaufen aus Cuxhaven machten wir noch einmal ein paar Stunden auf Helgoland Station. Ich nutzte die Gelegenheit, von der »Biologischen Anstalt« auf dieser windgezausten Insel ein langes Planktonnetz mitzunehmen, das ich später bei jeder Probenstation eine Weile neben dem Schiff herschleppen ließ. Ich stand mittschiffs an Deck und sah dem Metallring zu, der das Netz offenhielt. Es wurde von der rollenden Dünung gewiegt, gegen deren launische Besuche wir die langen Ölhosen über unsere Gummistiefel gezogen hatten. Wenn der Matrose Jürgen brummend die Maschen eingeholt hatte, spülte ich mit dem Seewasserschlauch das zwei Meter lange Gazegewebe sauber und konzentrierte den Inhalt in einem kleinen Edelstahlbecher am Steert des Netzes. Nachdem ich dann im Schiffslabor meine chemischen Nachweise fertig hatte und die Reagenzgläser wieder abgewaschen auf die nächste Probe warteten, leerte ich einen Teil meiner Beute in eine Glasschale und schob sie unter eine große Stereolupe im Schiffslabor.

Die Stunden, die dann bis zur nächsten Station folgten, werde ich immer im Gedächtnis behalten. Ebenso ihre Begleitmusik aus den in ihren Verankerungen quietschenden Geräten, den summenden Kühlschränken, dem Salzwasser- und Linolgeruch des Raumes. Die Nachtschicht teilte eine gutmütige Laborantin mit mir, die lakonisch immer das Gleiche von sich gab, wenn wieder eine große Woge das ganze Sechzig-Meter-Schiff ein Stück seitlich versetzte und sie auf ihrem Laborhocker vom Arbeitstisch weg durch den Raum rutschen ließ. »Schönes Ding!«, rief meine Kollegin dann jedes Mal gequält und zog den Hocker wieder an den Tisch. In den ersten Nächten waren wir beide für Stunden allein in den Arbeitsräumen, weil viele vor Übelkeit das Handtuch geworfen hatten. Ich erinnere mich an den Augenblick, als das Schiff nach einem Tag Anreise im Probengebiet angekommen war und zum ersten Mal quer zu den Wellen drehte. Plötzlich waren alle verschwunden, sogar die Matrosen. Ein letzter Kollege schraubte an der Analyseapparatur und kaute dabei Reisekaugummi. Als ich ihn fragte, ob das gegen Übelkeit helfe, schaute er mich gequält an. »Sage ich dir gleich«, meinte er dann und hastete durch die offene Labortür nach draußen, um sich über die Reling zu beugen.

Ich musste mich nach jeder Station, wenn ich die Sonde bedient und das Plankton eingefangen hatte und das Schiff wieder zu schlingern begann, erst eine Weile an die rhythmische Bewegung meines kleinen Meers unter dem Okular gewöhnen. Dann aber blickte ich hinab in das, was uns zur gleichen Zeit trug. Es war, als hätte sich unter meinen Augen eine Öffnung durch den Schiffsboden hindurch in den Ozean hinein aufgetan. Ich kam mir vor wie ein biologischer Midas, so, als hätte sich mir ein entscheidendes Geheimnis enthüllt: Wo auch immer man hingreift, man zieht seine Finger mit Goldstaub bedeckt zurück. Es war beruhigend auch mitten im Sturm, und die Stöße der Wogen milderten sich unter dieser Sicherheit.

Jetzt, im Frühsommer, waren es vor allem Larven, die durch die Flüssigkeit wallten. An ihnen erkannte ich, dass wir uns noch im Küstenwasser befanden. Dort ist der Meeresboden nicht weit entfernt. Durch seinen Schlamm bohrt und gräbt sich eine Vielzahl von Wesen, die sich zu Beginn jeder Vegetationsperiode explosionsartig vermehren. Ich entdeckte mit feinen Härchen bewimperte Kugeln, die das Wasser wie Keimzellen mit universellem Entwicklungspotenzial bevölkerten. Aus einigen von ihnen würden später Meereswürmer entstehen, aus anderen, die ihnen zum Verwechseln ähnlich sahen, jedoch Schnecken. Wenn ich in meinen nach Formalin riechenden englischen Bestimmungsbüchern blätterte, die in meinem Regal noch heute das Aroma jener Reise gespeichert haben, dann kam es mir so vor, als böten die sogenannten *Trochophora*-Larven, als die sich die tanzenden Kugeln entpuppten, eine universelle erste Hülle für einen ganzen Strauß weit voneinander entfernter Tierarten. Es gab noch weitere solcher Universallarven. Ganz durchscheinende waren dabei, die im Licht des Binokulars langsam pulsierten. Unter der Vergrößerung erinnerten sie entfernt an aufgeschwemmte Gummibärchen, die eine Nacht in einem wassergefüllten Glas gelegen haben. Diese Larven würden später eine Reihe von verschiedenen Seeigel- und Seestern-Arten hervorbringen. Andererseits aber, und das kam mir rätselhaft vor, als ich mit feuchten Fingern in den Seiten meiner Bücher blätterte, schlüpften einige nah verwandte Arten aus ganz anders gearteten Vorstufen, die ich nicht im Traum mit den gedunsenen Haribo-Bärchen in Verbindung gebracht hätte. Hier waren die Eltern sehr ähnlich, die Jungen aber sahen aus, als würden sie zu fremden Tierstämmen gehören. Weitere Arten verzichteten ganz auf die Wirrnisse eines Larvenstadiums und schlüpften gleich als mikroskopischer Seestern aus dem Ei.

Während sich vor meinen Augen ein winziger Ausschnitt Leben im Rhythmus des großen Atems bewegte, der die Oberfläche der Ozeane an- und abschwellen lässt, fragte ich mich, welche der beiden so unterschiedlichen Erscheinungsweisen einer Art eigentlich wirklicher sei. Die Larve oder das ausgewachsene Tier? Immerhin leben bei einer Menge Spezies die Jugendformen um ein Vielfaches länger als die Erwachsenen – wenn es auch nicht so sein muss wie bei der amerikanischen Siebzehnjahr-Zikade, deren Vorformen unter der Erde alt werden, bevor in festgelegten Abständen plötzlich Scharen paarungswilliger Erwachsener hervorplatzen. Aber auch Engerlinge leben Jahre im Boden, bevor dem Maikäfer ein paar dahinfliegende Wochen der Freiheit gegönnt sind. Die Eintagsfliege krönt die monatelange Vorbereitung ihrer Kinder, die im Wasser platt gedrückt an Steinen lauern, mit wenigen schwindenden Stunden eines zuckenden Hochzeitsflugs. Diese Liebhaber für einen Tag sind zur Nahrungsaufnahme gar nicht mehr fähig. Oder die rötlich schimmernde Garnelenart *Sergestes*, die den dunklen Äther der Tiefsee durchschwebt: Sie gibt sich nicht nur mit einer einzigen Vorform zufrieden, auch nicht mit zwei oder drei, die dem Vollbild der Art immer stärker ähneln. Nein: Ihr Werden muss sich vielmehr durch die Flaschenhälse von fünf Larven quälen, die voneinander so verschieden sind wie sonst nur weit entfernte Spezies. Immer wieder kommt es bei den dazwischen liegenden Verwandlungen zu Massensterben – so als passten die einzelnen Kleider nicht richtig übereinander und erstickten manche der Individuen, die sich verzweifelt daraus zu befreien suchen.

Gelten also die Erwachsenen nur darum als die eigentlichen Repräsentanten einer Art, weil sich in ihnen der Fortbestand der Gattung vollzieht? Der griechische Philosoph Aristoteles hätte vermutlich gesagt, dass erst im fortpflanzungsfähigen Endstadium der Zweck des Individuums zum Tragen kommt. Für die Larve, die eine Hülle nach der anderen abzustreifen hat, gilt umso mehr: »Werde, der du bist!« Dabei ist dieses wahre Wesen, das wir so sehr als Ziel verstehen, vielleicht gar nicht nur im fertigen Produkt der Verwandlung zu fassen. Vielleicht ist es die Metamorphose selbst? Auch dieser liegt ja das Prinzip zugrunde, dass sich das Fremde im Eigenen verbirgt und dieses erst ermöglicht.

Dennoch glauben Biologen in letzter Zeit eine Erklärung für die verschiedenen Lebensstufen der Wesen gefunden zu haben. Im Rahmen der orthodoxen Evolutionsbiologie nehmen die meisten Forscher an, dass sich ein in Larve und Fortpflanzungsform aufgespaltener Entwicklungsgang besonders bezahlt mache. Die Jungen fressen ihren Eltern nicht das Futter weg. Die Erwachsenen verzehren andere Kost als ihre Kinder – Raupen kauen Blätter, Falter saugen Nektar. Derart zweigeteilt, heißt es, könne ein und dieselbe Art gleich mehrere Nischen auf einmal besetzen und so mit gut gestreutem Portfolio ihr Risiko mindern. Gleichwohl bleiben viele Fragen offen: Was nützt es gerade der Garnele Sergestes, dass sie bei vier aufeinanderfolgenden Metamorphosen viermal einen Haufen Verluste einstecken muss? Zumal sich die Lebensweise der einzelnen Stadien nicht voneinander unterscheidet (alle fressen Plankton), weshalb der Nischenvorteil ausfällt. Wie rechnet sich dann aber der riesige Aufwand, der nötig ist, um bei der Metamorphose einen voll entwickelten Körper noch einmal in den plasmatischen Urzustand aufzulösen und wieder komplett neu zu erbauen? Wie schlägt die Hilflosigkeit eines frisch geschlüpften Schmetterlings im Überlebenskalkül der Art zu Buche? Warum ähneln die Larven weit entfernter Gruppen einander so stark wie die Trochophora-Larve der Meereswürmer und -schnecken, obwohl sich dadurch die Jugendstadien dieser fremden Gruppen untereinander (nicht gegenüber den Erwachsenen) gewaltige Konkurrenz machen?

Alle Schmetterlinge sind zwei Arten

Den britischen Morphologen Don I. Williamson, der am meeresbiologischen Labor der Universität Plymouth arbeitet, hat die ökonomische Erklärung für die Verschiedenheit von Larven und Erwachsenen nicht zufriedengestellt. Er hat so lange nachgedacht, bis er ein Modell fand, das auf einen Schlag alles erklärt, ohne dabei im Geringsten unplausibel zu sein und ohne sich wie das Nischenmodell der Evolutionsbiologen auf einen wackligen ideologischen Unterbau stützen zu müssen. Allerdings ist Williamsons Idee so fantastisch, dass ihn seine Kollegen zwei Jahrzehnte lang schlicht ausgelacht haben. Der Vorschlag des Briten erklärt zwar den Mechanismus noch der seltsamsten Verwandlung – aber er funktioniert nur dann, wenn wir einen der zentralen Eckpfeiler der Evolutionstheorie aufgeben.

Williamson meint: Alle Spezies, die Larven ausbilden, sind in Wahrheit nicht eine Art, sondern mehrere. Jugendstadien und erwachsene Formen vieler Gruppen stammten ursprünglich aus unterschiedlichen Gefilden des Organismenreichs, die sich zufällig miteinander gekreuzt haben. Ihre Chromosomen vermischten sich, weil Sperma der einen versehentlich die Eier einer anderen Art befruchtete. Gerade im Meer, so der Brite, ist eine solche Begegnung kein seltener Unfall, sondern fast unvermeidlich. Im Frühjahr entleeren unzählige Wesen ihre Samendrüsen und Eierstöcke einfach ins Wasser, das so zu einer dicken Suppe von Keimzellen und bald darauf von Embryonen wird. Unvorhergesehene Bastarde sind hier also keinesfalls ausgeschlossen. Der zusätzliche Vorteil, dass sich eine Art in zwei Nischen verankern konnte, hat solche Chimären vermutlich unterstützt und ihnen in der Umwelt zum Erfolg verholfen – aber er hat sie nicht entstehen lassen. Daran war der Zufall schuld – und die erstaunliche Vielseitigkeit der Entwicklungsmodule, die auch aus einem geradezu aberwitzig veränderten genetischen Input noch einen sinnvollen Körper machen können.

Erst heute – angesichts des radikalen Wandels, den unsere Auffassung von der Embryonalentwicklung durchläuft – beginnt eine solche Erklärung der Metamorphose plausibel zu erscheinen. Williamson könnte eine spektakuläre Rehabilitierung bevorstehen. In der Tat: Fügt man die Hinweise, wonach wir in einer symbiotischen Biosphäre leben, mit den neuesten Erkenntnissen darüber zusammen, dass werdende Organismen die DNA-Informationen nicht stur befolgen, sondern alle neuen Gene interpretieren und in das Ganze ihrer Entwicklung eingliedern, dann ergibt sich daraus beinahe zwangsläufig die retikulate Evolution.

Williamson ist es tatsächlich gelungen, eine Befruchtung über die Grenzen biologischer Gruppen hinweg im Labor nachzuvollziehen. Er verschmolz die Eizellen eines Seeigels mit dem Samen einer Seescheide, einer entfernten Verwandten aus jenem Tierstamm, dem auch unsere Gattung Homo angehört. Die Chimären starben nicht etwa ab – im Gegenteil: Aus den Eiern keimten zunächst freischwimmende Seeigellarven. Williamson traute seinen Augen kaum, als diese sich bald zu kleinen Seescheiden umwandelten und auf dem Grund festsetzten. Prinzipiell, so zeigt der Versuch, steht einer Querbefruchtung über die Gattungsgrenzen hinaus nichts im Wege. »Vermutlich gab es zunächst nur Arten ohne Larve. Diese wurden alle später erworben«[41], glaubt Williamson. Er hält etwa solche Seesterne, die sich direkt entwickeln, für die stammesgeschichtliche Urform aller derartigen Stachelhäuter. Deren Cousins nahmen indes verschiedene im Plankton treibende Lebensformen auf und kamen so zu ihren völlig abweichenden Jugendstadien. Ähnliche planktische Schwimmer wurden von unterschiedlichen Gruppen vermutlich immer wieder geschluckt. »Dieselbe Larvenart hat sich in verschiedene Tierklassen eingeschoben«[42], glaubt auch die Symbiose-Forscherin Lynn Margulis.

Die Vorfahren solcher Experimente aber leben vermutlich heute noch frei. So spricht vieles dafür, dass die allgegenwärtige Trochophora-Larve mit den heutigen Rädertierchen verwandt ist. Diese kommen etwa in trüben Tümpeln und fauligem Blumenwasser vor. Ihre peristaltischen Verrenkungen hat fast jeder Schüler schon einmal beim Mikroskopieren von Heuaufgüssen gesehen.

Im Tierreich gibt es eine ganze Reihe von Indizien für derart gewagte Hochzeiten. Etwa bei den Nesseltieren, zu denen Medusen, Polypen und die Korallen gehören. Anders als Meeresbiologen in früheren Jahrhunderten glaubten, entwickeln sich viele Quallen nicht direkt aus Eiern, sondern bilden in einem komplexen Zyklus zunächst winzige Polypen. Diese schnüren dann aus ihrer Mitte wiederum Medusen ab, die sich in das freie Wasser des Ozeans hinein lösen wie bunte Seifenblasen vom Strohhalm. Doch schon dem russischen Entwicklungsbiologen Metschnikow fiel Ende der 1890er Jahre bei der Entwicklung bestimmter Quallenarten eine seltsame Zwischenstufe auf: Hier waren Körpermerkmale von Polyp und Meduse ineinander verschachtelt, so dass sie ein einziges Tier bildeten. Dennoch bewegten beide Bereiche ihre Muskeln vollkommen unkoordiniert, als wäre das eine Wesen in das andere hineingestopft.

Behielte Williamson recht, müsste die Geschichte der Evolution wohl neu geschrieben werden. Der Stammbaum des Lebens hätte plötzlich nicht nur auseinanderstrebende Äste, sondern auch solche, die sich finden und gemeinsam weiterwachsen – quer durch die bisherigen Grenzen von Großgruppen hindurch. Die Kohärenz der bestehenden Genealogie zersplitterte. Wir würden scheinbar Fremde als Cousins und Cousinen erkennen. Etliche solcher Querbefruchtungen könnte es zur Zeit der »Kambrischen Explosion« gegeben haben: Vor 500 Millionen Jahren, so zeigt die Mannigfaltigkeit fossiler Formen in den Steinbrüchen des kanadischen Burgess-Schiefers, ist die gesamte Vielfalt der heutigen Tierstämme nahezu auf einen Schlag entstanden. »Die großen Entwicklungsschübe bei wirbellosen Tieren«, so glaubt Lynn Margulis, »sind durch die Weitergabe komplett neu erworbener Genome zustande gekommen.«[43]

So seien alle Insektenraupen eigentlich Abkömmlinge von Vorläufern der heutigen Stummelfüßer. Das sind weichhäutige, wurmartige Krabbeltiere mit plumpen Beinen und Spinndrüsen. Und gerade Spinndrüsen sind Organe, die heute nur die Larven der Insekten besitzen, nicht aber erwachsene Käfer und Schwärmer. Weberameisen etwa benutzen ihre Jungen als Garnspulen, um sich aus Laub ihre Nester zu nähen – darum, weil sich bei erwachsenen Tieren keine Spinndrüse evolviert hat. Das spricht für Williamsons Idee, dass die Spinndrüse der Insektenlarven keine eigene Entwicklung dieser Tiergruppe ist, sondern Erbe der Stummelfüßer. Was wäre im Sinn der Evolution daran effizient, dass die Garndrüse erwachsenen Ameisen fehlt, so dass sie ihre Kinder zum Nähen benutzen müssen? Besonders interessant ist die Situation auch bei der Gattung der Hautflügler, zu der etwa Bienen, Wespen und Ameisen gehören: Hier scheinen nur die Pflanzenwespen die Stummelfüßer-Larvenform übernommen zu haben. Ihre Jugendstadien sind Schmetterlingsraupen zum Verwechseln ähnlich. Die Erwachsenen der anderen Gruppen aber entwickeln sich aus vollkommen anders gestalteten Larven, die eher dem Madentypus gleichen.

Williamsons Idee wäre eine elegante Lösung für das alte biologische Problem, dass kaum eine Verwandtschaftsbeziehung im Reich der Wesen ganz glatt aufgeht. Oft sprechen viele Merkmale für die Zugehörigkeit zu einer Gruppe, ein paar aber auch gegen sie. In der Vergangenheit führte das zu ständigen Umgruppierungen und Umbenennungen innerhalb der Stammbäume – das Streitfeld der Taxonomen, jener von Ordnung besessenen Unterart biologischer Wissenschaftler. Mit der neuen Theorie kann man sich vorstellen, dass die Widersprüche alle gleich wahr sind, weil sie die bewegte Geschichte unterschiedlicher Kreuzungsexperimente widerspiegeln.

Dass tatsächlich die Lehrbucheinteilung vieler Artgruppen nicht mehr stimmt, haben inzwischen Gentests ergeben. Mit ihrer Hilfe lassen sich die Erbanlagen scheinbar weit entfernter Tiere vergleichen und versteckte Gemeinsamkeiten aufspüren. Und in der Tat liefern genetische Analysen frappierende Indizien für die retikulate Evolution: Bisher vorgenommene Überprüfungen rückten ausgerechnet die raupenhaften Stummelfüßer, die bisher auch genealogisch ein Nischendasein gefristet hatten, in die unmittelbare Nähe der Insekten, platzierten aber die Regenwürmer, die in jedem Zoologie-Grundkurs als deren primitive Vorläufer gelehrt werden, weit entfernt. Und – heureka! – dafür stehen jetzt plötzlich die Rädertierchen aus den Heuaufgüssen in der Nähe all jener Tierstämme, die während der Entwicklung eine Trochophora-Larve ausbilden – jene kleine bewimperte Kugel, die den Rädertierchen entfernt ähnlich sieht. Nach den genetischen Vergleichen sind die unscheinbaren Wesen aus der Heubrühe vielen der höher gehandelten Verwandten näher gerückt, von denen frühere Biologen sie aufgrund ihres Aussehens weit entfernt hatten. All das hieße aber nichts weniger, als dass möglicherweise alle Studenten, die in diesem Augenblick in den Hörsälen sitzen, eine veraltete Systematik lernen. Das Revolutionspotenzial, das in der Idee der retikulaten Evolution schlummert, ist vielleicht nur mit Carl von Linnés »Systema Naturæ« im 18. Jahrhundert zu vergleichen. Mit dieser Systematik glückte dem Schweden der überhaupt erste Versuch, die Vielfalt der Wesen zu ordnen, indem er noch vor dem Durchbruch der Evolutionstheorien dem Gedanken folgte, dass alle Arten aus anderen hervorgegangen seien.

Warum also nun die Made und der Falter? Unter dem Licht der retikulaten Evolution zeigt sich ein derart komplizierter Entwicklungsgang nicht als perfekte Anpassung, sondern eher als nützlicher Unfall. Er folgt aus dem Prinzip der Natur, Neuheit um jeden Preis zu produzieren. Das hieße, auch die Metamorphose ist kein Start von null, sondern eher die Anwendung des Prinzips, Altbewährtem einen weiteren Wirkungskreis zu verschaffen. »Die Natur arbeitet wie eine Bastlerin mit vorhandenen Materialien«, hatte schon François Jacob, der Entdecker der Genregulation bei Bakterien, vermutet. »Nicht wie ein Ingenieur, der ständig alles neu erfindet.«[44]

Neue Chromosomen mit Copy-und-paste

Genetiker diskutieren auch einen zweiten Mechanismus, der imstande wäre, schlagartig biologische Neuheit zu produzieren. Hier ändert das Erbgut urplötzlich seine Gewichtung. Bei der sogenannten karyotypischen Teilung zerbrechen die einzelnen Chromosomen in zwei Stücke. Dies geschieht, indem sich das Centromer, die Überkreuzungsstelle beim »X« eines Chromosoms, verdoppelt, ohne dass gleichzeitig der ganze Satz Erbanlagen noch einmal hergestellt wird. Aus einem X entsteht dann zweimal »v« – zunächst freilich ohne Folgen für die Zelle. Solange der Chromosomensatz nicht geteilt wird, erfüllen die Erbanlagen ihre Funktion wie vorher. Keines der Gene ist verloren, keines in der Überzahl, auch wenn sie jetzt anders als bisher verteilt sind. Erst bei der Meiose, jener Teilung, die fortpflanzungsfähige

Keimzellen hervorbringt, indem sie deren zuvor verdoppelte Chromosomenzahl halbiert, kommt die Veränderung auf einmal eklatant zum Vorschein: In manchen Keimzellen sind bestimmte Gene plötzlich viel höher dosiert als vorher, weil die Zelle vor der Reifeteilung auch die Bruchstücke einst ganzer Chromosomen nochmals verdoppelt und neu verteilt. Auf diese Weise könnten bestimmte Erbanlagen ihren Einfluss verstärken, andere aber ganz wegfallen – mit weitreichenden Konsequenzen. Denn wie sensibel ein Embryo auf Änderungen in seinem Werdegang zu reagieren vermag, zeigt sich darin, dass schon eine leichte Verzögerung allein der Entwicklungszeit einen veränderten Körper hervorbringt.

Evolutionsbiologen könnten mit Hilfe der karyotypischen Teilung elegant manche Sprünge in der Geschichte der Wirbeltiere erklären – etwa, warum auf Madagaskar neben den Lemuren mit ihren großen schwarzen Augen und häutigen Spinnenfingern auch die nahe verwandten, in bestimmten Körpermerkmalen aber doch deutlich verschiedenen Lermuriden als zweite große geschlossene Gruppe existieren. Beide haben unterschiedliche Chromosomenzahlen. Manche Forscher gehen davon aus, dass sich die Säugetiere mit ihren sehr unterschiedlichen Erbsätzen aus gemeinsamen Urformen entwickelt haben, deren Zellkern nur vierzehn sehr große Chromosomen umschloss. Auf diese Weise ließe sich möglicherweise auch verstehen, wie sich der heutige Mensch in Sprüngen aus den Schichten seiner Vorläufer herausgearbeitet hat.

Das Missing Link hat es nie gegeben

Hoffähig konnten sowohl diese Theorie als auch Williamsons wilde Idee nur werden, weil mittlerweile immer mehr über die aberwitzige Plastizität des Entwicklungsapparats bekanntgeworden ist. Nur weil der werdende Körper alle Impulse vor dem Hintergrund seiner Tendenz zu einer funktionsfähigen geschlossenen Einheit deutet – und etwa neugebildetes Knochengewebe automatisch mit Nerven, Muskulatur und Blutgefäßen versorgt –, lassen sich auch ganze Genome integrieren. Nicht jedes Gen muss auf alle anderen abgestimmt sein. Der Körper bildet von selbst eine Einheit, die ohne genaue Instruktionen auskommen kann.

Orthodoxe Darwinisten waren lange davon ausgegangen, dass sich neuartige Spezies durch eine langwierige Reihe unendlich kleiner gradueller Stufen weiterentwickeln. Freilich konnte noch nie auch nur der Ansatz einer solchen Artbildung aus einer anderen heraus beobachtet werden. Schwer wiegt auch ein weiteres Argument gegen den genetischen Gradualismus: Es ist kaum vorstellbar, dass die Zwischenstadien einer schrittweisen Evolution als Erfolgsmodelle auftraten, die bessere Überlebenschancen hatten als die Vorfahren, aus denen sie hervorgegangen sind. Wie sollte ein Mittelding zwischen Reptil und Vogel ausgesehen haben? Und womit konnte es geflogen sein? Nur Flügel tragen in der Luft, keine graduell verlängerten Klauen. Biologen haben für solche Konstrukte die Bezeichnung *»hopeful monsters«*, »hoffnungsfrohe Missgeburten«, geprägt.

Nun ist aber wahrscheinlicher, dass gewaltige Genomverschiebungen im Laufe der Evolution auf einen Schlag zuvor unbekannte Formen entstehen ließen. Für Forscher wie die israelische Entwicklungsbiologin Eva Jablonka steht fest: »Die Menagerie der Evolution antwortet viel unmittelbarer auf die Einflüsse der Umwelt, als es die Doktrin der zufälligen Mutation bis heute wahrhaben will.«[45] Die Wesen kommen der auswählenden Kraft der Selektion weit entgegen. Die aktive Selbstherstellung ihres Körpers vermag schwache genetische Impulse in neue Ganzheiten umzusetzen. Er muss nicht darauf »warten«, bis sich ein komplexes Netzwerk von Instruktionen in jeder Einzelheit auf eine neue Form geeinigt hat. Organismen sind kein Abdruck der Umwelt, die über den Zwang, dass nur das überleben könne, was am besten an sie angepasst ist, die Lebewesen vollkommen determiniert. Im Gegenteil: Auch hier spielt Autonomie eine größere Rolle als gedacht. Neuheit entspringt aus einer Art Verhandlung zwischen den Akteuren und den Anforderungen eines Lebensraums. Sie ist ein gegenseitiges Geben und Nehmen, ein wechselseitiges Hervorbringen.

Nach ein paar Tagen mussten wir unsere Probenentnahme einstellen. In der letzten Nacht hatte Jürgen, wenn er sich neben mir an der Reling festhielt, schon sybillinisch zwischen seinen dünnen Lippen hervorgemurmelt: »Bald ist hier Schluss mit der Forschung!« Er hatte recht. Der Wind drehte erst auf Süd und erstarb in der Nacht, während der uns eine gleichbleibend hohe Dünung umherwarf. Dann frischte es zunehmend von West auf. Die Brise trieb die rötlichen Ziffern auf der Digitalanzeige unseres Windmessers, der im Labor unter der Decke angeschraubt war, zu ungeahnten Rekorden. Die Heincke riss ihren Bug empor und ließ ihn donnernd in glasige Berge eines schäumenden Blaus zurückfallen, das bis zu den Fenstern der Brücke hochkochte. Der Himmel war rein gewaschen, blank poliert wie ein nasser Kiesel in der Brandung. Wir rodelten mit unserem 1000-Tonnen-Schiff blaue Berge hinab, als wäre die Heincke ein gewaltiger Schlitten. Aber bald zogen wir uns, zur Tatenlosigkeit verurteilt, in die Elbe zurück, um dort ein paar verbleibende Stationen abzuarbeiten und ansonsten zu warten.

Doch in der Nacht vor dem Sturm hatte mir das Meer noch eines jener Erlebnisse geschenkt, die ich nicht vergessen werde. Der Mond war herausgekommen und hatte die See mit so viel Licht übergossen, dass man getrost die Decksbeleuchtung hätte ausschalten können. Es war ein *mar de la plata*, ein Ozean aus gehämmertem Silber, wie die Leiber der Fische in der wirbelnden Wolke jenes Schwarms vor La Gomera. Die Welt hatte sich in ein glitzerndes Relief ihrer selbst verwandelt. Als ich auf die Rückkehr der CTD-Sonde wartete, um meine Aluminiumproben zu nehmen, sah ich, dass es wie Blasen an der Wasseroberfläche aufstieg. Das Meer gor wie einst mein kleiner Weiher, der mich die Wesen sehen gelehrt hatte. Ich schaute genauer hin. Zuerst hielt ich die Tiere, die sich dort mit schlängelnden Bewegungen durchs Wasser wanden, für Fische. Aale vielleicht, dachte ich. Dann aber sah ich, dass es Würmer waren, die dort tanzten. Hunderte, tausende, Millionen von Würmern wirbelten durch den Körper der Hochsee. Sie hatten ihre Bauten im Sandboden verlassen und trafen sich in den obersten Wasserschichten zum Hochzeitstanz. Der Mond hatte sie alle zur gleichen Zeit gelockt. Hier umschwärmten sie sich, hier würden sie ihre bis zum Platzen mit Keimzellen gefüllten Körper in die dunklen Wasser der See entleeren und dann entkräftet in den Tod sinken. Es war eine Ekstase der Farben, die für niemandes Auge bestimmt war. Sie spielte sich unbemerkt im Silberdunkel der Nacht ab. Dass ich sie entdeckt hatte, war nichts als Zufall. Ich ließ den großen Suchscheinwerfer der Brücke auf die Wasseroberfläche richten. Sein Licht flutete metertief ins Meer hinein und verlieh ihm eine ungetrübte Transparenz, die nur vom Reigen der wimmelnden Würmer gebrochen wurde. Sie bevölkerten die See wie Blutkörper einen lebenden Leib.

SECHSTER TEIL
HEILUNG

Im letzten Teil ziehe ich die moralischen Konsequenzen aus unserer Verschränkung mit der übrigen Schöpfung. Bisher hatten die meisten Versuche, Regeln für den Schutz der Natur aufzustellen, einen gemeinsamen Kern: Der Mensch ging davon aus, dass er der Natur gegenübersteht. Wenn das aber nicht mehr der Fall ist, wenn wir ein Teil der Natur sind und die Natur ein Teil von uns, dann geht es in der Ethik weder darum, ein nützliches Gut zu bewahren, noch darum, anderen selbstbewussten Subjekten ihren Platz nicht streitig zu machen. Es geht um die Rettung unserer Seele. Die Natur zu bewahren heißt, unsere Gesundheit zu wahren. In der Tat hat ja jede reale Landschaft einen Effekt auf unsere Gesundheit – sie vermag Körper und Seele krank zu machen, wenn sie zerstört ist, aber sie kann auch heilen. Die hier vorgeschlagene Ethik folgt der Einsicht, dass Leben aus sich selbst heraus Werte setzt. Es ist niemals neutral, sondern gehorcht immer der Moral, als gedeihender Körper auf der Welt zu sein.

14 DIE RÜCKKEHR DER WERTE

Trotz all seines Wissens um die Materie ist er [der moderne Mensch] in den wichtigsten und grundlegendsten Fragen der menschlichen Existenz unwissend: was der Mensch ist, wie er leben soll und wie er die in ihm schlummernden gewaltigen Kräfte freilegen und produktiv einsetzen kann.

Erich Fromm, »Psychoanalyse und Ethik«

8.42 Uhr. Wir ziehen mit dem Skalpell eine rosenfarbene Furche in die Kopfhaut des Kaninchens. Der Professor führt den Schnitt. Das glatte Gewebe öffnet sich mit einem leisen Knirschen und gibt den weißen Schädelknochen frei. »Bohrer«, sagt der Professor. Anne, seine Assistentin, reicht ihm das Gerät. Bevor der Professor das Metallkorn ansetzt, ziehe ich mit zwei kleinen Edelstahlrechen die Kopfhaut zu den Seiten weg. Es ist heiß hier unten im Keller. Die Regale an den Wänden sind mit Aktenordnern und ausrangierten Messinstrumenten vollgestopft. Anne, im T-Shirt, steht der Schweiß auf der Stirn. Sie sagt kein Wort. Der Bohrer macht ein Geräusch, als würde man eine dünne Kunststoffscheibe bearbeiten.

Das Operationsprotokoll vom 6. März 1992 verzeichnet, dass wir das Kaninchen eine knappe Stunde zuvor mit einer Dosis Ketanest betäubt und dann den Beatmungstubus in seinen Schlund eingeführt haben. Das ist der heikelste Schritt in der ganzen Prozedur gewesen. Man musste den schlaffen Hals des ohnmächtigen Tiers nach hinten knicken und dann den dünnen Gummischlauch so durch die vier engstehenden krummen Nagezähne fädeln, dass sein Ende in die Luftröhre rutschte. Wir bildeten uns viel darauf ein, dass wir die einzige neurophysiologische Arbeitsgruppe in Deutschland waren, die ein Kaninchen fachgerecht intubieren konnte – so wie das geschulte Personal der Intensivstation ein Unfallopfer. Allerdings fehlten uns Überwachungsinstrumente wie Blutdruck- und Pulsmonitor. Das letzte Mal war uns das Kaninchen schon vor der Operation gestorben. Heute hat der Professor gleich zwei aus den Tierställen der Universität kommen lassen. Sicher ist sicher. Aber bisher ist alles glattgegangen. Wir haben dem Tier nach der Intubation Curare gespritzt, damit alle seine willkürlichen Muskeln erschlaffen. Dieses Gift streichen die Indios am Amazonas auf ihre Blasrohrpfeile. Wenn wir mit der Elektrode einen Gehirnnerv treffen wollen, darf sich das Kaninchen keinen Millimeter bewegen. Dann haben wir seinen Schädel in die stereometrische Apparatur eingespannt. Von hier aus wird der Vortrieb die Elektrode in die Hirnmasse senken. Das Beatmungsgerät füllt den Raum mit seinem narkotischen Prusten.

8.58 Uhr. Der Schädelknochen ist durchtrennt. Die letzte Schicht, dünn wie weißes Papier, hat der Professor quälend langsam abtragen müssen, um nicht das Gehirn zu verletzen. Nun liegt das schwärzlich gesprenkelte Netzgeflecht der Hirnhäute am Licht. Sie glitzern vor Feuchtigkeit. Auch der Professor wischt sich den Schweiß von der Stirn. Dann blickt er forschend in unsere Gesichter. Warum sind wir angespannt? Bisher war doch alles so einfach, als hätten wir einen Lego-Bausatz auseinandergenommen. Die Beatmungsmaschine zischt mit ohrenbetäubender Monotonie. Das Kaninchen mit seinem Schlauch im Hals liegt da, als wäre es längst gestorben. Der Professor beginnt, die Elektrode, die am Vortrieb steckt wie an einem kleinen Kran aus Edelstahl, noch einmal zu justieren. Anne schaltet die Oszillographen ein. Blaues Flimmern erfüllt den Raum. Auf den Bildschirmen werden wir erkennen können, ob die feinen Drähte beim Vorrücken lebende Neuronen treffen. In einem solchen Fall würden die Monitore die typischen Entladungskurven der Nerven zeigen – je mehr davon, umso besser wäre die Elektrode platziert. Die Curare-Dosis im Blut des Kaninchens reicht noch für 47 Minuten.

Ich war es, der diesen empfindlichen Messfühler in den Monaten zuvor zusammengebaut hatte. Ich war im vierten Semester meines Biologiestudiums und arbeitete als studentische Hilfskraft. Es war die erste Operation, an der ich teilnahm, und sie sollte meine Konstruktion testen. Mehrfachelektroden für Kaninchenhirne gab es nicht im Handel. Aber die Bauteile, die wir brauchten, führte jedes Elektronik-Bastelgeschäft. Ich saß stundenlang in dem kleinen Arbeitszimmer, das ich benutzen durfte, in einem Erker unter dem Dach des Neurophysiologischen Instituts, und versuchte, eine vernünftige Konstruktion zusammenzulöten. Die Zweige der Föhren im Park draußen reichten bis herauf vor die Fenster. Die warme Luft der Freiburger Sommerabende wehte mit dem schwindenden Licht immer intensiver herein. Es roch nach Bohnerwachs und Nacht und dem verträumten Ernst der alten deutschen Universität. Ich gedieh wie ein Myzel auf dem Nährsubstrat der Naturphilosophie, dort in der Studierstube unter dem Dach.

Die dünnen Drähte, die ich in den Plastikstecker fädeln musste, brachen immer wieder ab. Es waren goldfarbene Kabel, fein wie Haare. Ich konnte sie mit dem bloßen Auge kaum erkennen. Ich musste sie unter einer Stereolupe in den 32 röhrenförmigen Polen des Steckers anlöten, so dass die Fasern am Ende alle herausstanden wie die Borsten eines winzigen Besens. Der Stecker sollte, wenn die Elektroden ihren Weg in die weiche Masse des Hirns gefunden hatten, in der Schädelöffnung mit Zahnzement festbetoniert werden. Das war das Ziel unserer Operation an diesem Februartag. Auf die andere Seite einer solchen Schnittstelle passte ein handelsüblicher Stecker, dessen Kabel die Elektrodenspitzen mit den Oszillographen verbinden würde.

Meine Arbeit ging quälend langsam voran. Beim Abisolieren brachen andauernd die winzigen Fäden. Immer, wenn ich ein paar Drähte fest hatte, löste sie die Hitze des Lötkolbens wieder ab. Während vieler Monate kam ich kaum voran. Ich ging trotzdem in meine sonnendurchwärmte Dachstube und baute ergeben weiter, als folgte mein Tun einem unverständlichen Gesetz außerhalb der Zeit. Ich webte die Goldfäden in meinen Nervenfühler und ließ seine Maschen immer wieder fallen – wie Penelope die Webarbeit, die sie tags geschafft hatte, Nacht um Nacht auflöste.

Ich dachte freilich nicht daran, damit aufzuhören. Nicht in jenem Sommer. Auch ich wollte wissen, und ich glaubte dem Professor mit den ungekämmten Haaren und der auf die Nase gerutschten Brille und der in seinen unerwartet hervorschießenden Bemerkungen aufblitzenden Intelligenz, dass ich wissen würde, wenn ich ihm folgte. Er war ein Außenseiter, der es gut meinte, so erschien es mir, und ich zog in jenem Sommer keine Verbindung zwischen dem, was ich tat, und den jammernden Hunden im Keller der medizinischen Fakultät, deren Geheul durch ein geöffnetes Oberlicht zu uns in Richtung Mensa vorbeischlendernden Studenten heraufdrang, so wie die vergeblichen Rufe mittelalterlicher Gefangener, die tief unter der Erde in einem Turmverlies verschmachteten. Ich zog keine Verbindung zu den schillernd grünen Sandlaufkäfern in meinem verwunschenen Hohlweg im Kaiserstuhl, über dessen mehligen Löss man am besten barfuß ging, bevor er an einem Frühherbstmorgen plötzlich unter einer frischen Teerdecke verschwunden war. Ich wollte wissen, was das Leben war und was seine unwiderstehliche Magie ausmachte, die der Welt ihren Schmelz verlieh. In meiner mittelalterlichen Dachstube zwischen den duftenden Föhrenspitzen schien ich auf dem richtigen Weg zu sein.

9.03 Uhr. Der Professor hat eine Lupe über dem Loch im Schädel des weißen Kaninchens justiert. Anne beginnt, den Vortrieb mit meiner Konstruktion abzusenken. Der Plastikstecker mit seiner Drahtbürste ist an ein Kabel gestöpselt. Die Monitore zittern. Der Professor, die Augen auf den Okularen der Lupe, winkt mit der Hand, wie jemand, der einen Lastwagen an die Laderampe dirigiert. Anne dreht am Vortrieb. Die Atemmaschine trabt im Stakkato voran. »Halt!«, schreit der Professor. »Halt, zurück, sofort zurück!« Anne dreht ruckartig weiter. »Zurück, sage ich!« Anne dreht. Schweißperlen auf ihrem Hals. Der Professor springt auf und hält ihre Hand fest. »Nun schaut euch das an!« Wir blicken durch die Lupe, erst Anne, dann ich. Die goldenen Drähte haben sich auf den harten Hirnhäuten in alle Richtungen auseinandergebogen. Einige sind gelöst. Und wir sind noch immer nicht drin. Der Professor lehnt an der Wand und schaut Anne giftig an. »Machen Sie das doch selbst, wenn ich es nicht kann!«, faucht sie. Die Luft ist stickig. Wir sind hektisch wie auf einem Gefechtsstand unter Beschuss. Ich drehe vorsichtig die Elektrode wieder hoch. »Lass sofort die Finger davon«, herrscht mich der Professor an. Anne will die Hirnhäute mit einem Skalpell einritzen. Der Professor ist dagegen. Er will nichts verletzen. Die verbogenen Drähte zittern über der Wunde im Kopf des Tiers. Das Beatmungsgerät keucht seinen Maschinentakt. Das Gift wird das Kaninchen noch 42 Minuten lähmen.

Niemand verbot uns, was wir taten. Im Gegenteil, die Zentraleinrichtungen der Uni Freiburg hielten tausende von Tieren vor, um allen möglichen Versuchen lebendes Fleisch nachzuliefern. Anderswo gibt es längst Firmen, die Wesen in jedem Zuschnitt züchten, die für Genetiker alle nur erzielbaren Mutanten quasi küchenfertig vorrätig haben, wie das estnische Unternehmen »Mice and More«, das Nager mit jedem gewünschten Gendefekt weltweit liefern kann. Und auch wir arbeiteten nicht nur mit Kaninchen. Nein, wir wollten höher hinaus. Ihre Schädel waren bloß das Testfeld für ehrgeizigere Vorstöße. Gut verborgen im Park hinter dem Institutsgebäude lag ein moderner Stall mit gefliestem Boden und verchromten Gitterstäben, in dem wir Meerkatzen und Schweinsaffen hielten. Das waren die eigentlichen Versuchskaninchen. Aber an ihnen sollte die Technik erst eingesetzt werden, wenn sie wirklich reibungslos funktionierte. So lange mussten wir Kaninchen sezieren und hatten Zeit, die Affen zu trainieren. Dazu war es nötig, ein Tier mit Obst in eine Transportkiste zu locken und es dann im Labor in den »Affenstuhl« zu sperren – praktisch eine Öffnung im Tisch, aus der die Meerkatze ihren Kopf nicht mehr zurückziehen konnte, nachdem ich ein Brett eingeschoben hatte. Auf einer kreiselnden Scheibe wurden ihr dann bestimmte Muster vorgeführt. Das Tier sollte etwa lernen, eine rot-gelb gestreifte Fläche zu fixieren, damit die Forscher später eine Verbindung zwischen dem Bild auf der Netzhaut und einem bestimmten Nervenmuster herstellen konnten.

Eine andere Arbeitsgruppe im selben Gebäude hielt noch ein paar Affen in engen Tischkäfigen im Keller. Weil ihre Schädel bereits geöffnet und die Elektroden – einfache allerdings – ins freiliegende Hirn eingepflanzt waren, mussten die Tiere mit Streckbändern zwischen den Gitterstäben festgehalten werden. Unsere Technik war viel moderner. Unsere Tiere würden nach der Behandlung keinen klaffenden Spalt im Kopf haben, sondern einen eleganten kleinen Stecker, der bald zwischen dem nachwachsenden Pelz verschwände. Mit dieser Vorrichtung könnten sie alt werden und dennoch immer weiter Daten liefern.

9.14 Uhr. Wir haben vergessen, das Ketanest nachzudosieren. Ich habe den Herzschlag des Kaninchens gefühlt. Er summt wie eine Libelle im Flug, rasender noch als ohnehin bei einem so kleinen Tier. Das Pfeilgift Curare lähmt nur seine Muskeln. Erst das Ketanest betäubt das Tier und raubt ihm das Schmerzempfinden. Geben wir eine zu große Menge nach, bringen wir das Kaninchen um. Geben wir nichts oder zu wenig, bohren wir bei vollem Empfinden in seinem Kopf, ohne dass das Tier nur eine Muskelfaser rühren kann. Aber schon in einer halben Stunde wird seine Kraft zurückkehren. Es wird zu strampeln beginnen und sich auf dem Operationstisch hin und her winden und versuchen, sich die Drähte aus dem blutigen Kopf zu reißen.

»Vivisektion« nannte man früher das, was an jenem Morgen innerhalb der romantischen Mauern des Instituts geschah – und auch heute, fünfzehn Jahre später, täglich hier und an tausenden anderen Orten der Welt geschieht. Die Vivisektion ist möglich, weil wir alles, was nicht in der Lage ist, unsere Sprache mit uns zu sprechen, als Sachen behandeln – die Tiere, die Pflanzen und bis vor kurzem auch Kinder, bevor sie sich artikulieren konnten.

Diese Praxis hat eine lange Geschichte. Es ist die Geschichte unseres abendländischen Weltmodells. Jahrtausendelang stand diesem ein Gott vor, der die messerscharfe, vollkommene, unbestechliche Vernunft repräsentierte und sich zugleich außerhalb der Welt befand. Nur das, was dieser Vernunft nahekam, war »nach seinem Bilde«, hatte somit Würde und war schützenswert. Der Gott der Vernunft aber ist vom Tier denkbar weit entfernt, das in jedem Augenblick vollständig in seiner Welt steckt und dessen Intelligenz sich nicht von seinem Körper ablösen lässt – und nicht von den Verbindungen, die dieser mit der restlichen Umgebung eingegangen ist. Hätten Philosophen bewusst versucht, das Gegenteil eines Tiers zu erfinden, sie wären unweigerlich beim Gott der Vernunft gelandet. Dieser ist damit freilich auch das Gegenteil des Tiers in uns selbst.

Erst in den letzten drei oder vier Jahrzehnten, in denen das ökologische Bewusstsein geboren wurde, begannen Menschen ausdrücklich nach einem Wertesystem zu suchen, das nicht nur die rationalen Subjekte – für die wir uns halten – einschließt, sondern alle Wesen. Wir sind dabei nicht sehr weit gekommen. Die »Ökologische Ethik« hat es zu ein paar Lehrstühlen gebracht, von denen manche schon in der zweiten Generation nicht mehr besetzt werden, sie hat ein paar akademische Zirkel zu heißen Debatten inspiriert, die nur Eingeweihte interessieren, aber sie hat kaum jemanden überzeugt. Im Gegenteil. Es herrscht zunehmende Ratlosigkeit. Denn längst sind wir selbst Objekt der Versuche geworden. Längst werden Embryonen in der medizinischen und genetischen Forschung benutzt. Die Avantgarde der medizinischen Genetik hat sich fest im Grenzbereich der Moral etabliert.

Embryonen sind die Grauzone, an der das »rationale Subjekt« Mensch aus dem stummen Körper des Tiers hervorgeht. Der Fötus im Mutterleib ist der Proteus, in dem die Verwandlung stattfindet, die aus einer Sache ein Subjekt zu machen scheint. Aber wie? Und wann? Mühsam ringen die Forscher darum, einen Zeitpunkt festzulegen, an dem der werdende Mensch endlich auch ein solcher ist und nicht mehr scheinbar gefühllose Kaulquappe. Geschieht diese Verwandlung in der siebten Woche? In der dreizehnten? Wenn die fötalen Fingerchen sich spreizen, wenn die Arme rudern oder doch schon, wenn das embryonale Rückenmark sich krümmt? Wann wird dem Wesen seine Seele eingehaucht? Doch der Leib gibt keine Anhaltspunkte. Er gleitet nahtlos in seine künftige Form hinein. In einer ununterbrochenen Kette gebiert das Leben neues Leben, seit der ersten Zelle schon, die auf diese Weise nach wie vor ein Teil unseres Leibes ist. Wir bleiben im Hinblick auf unseren Körper immer das Tier, dessen Welt wir ja nie verlassen haben. Wo die Grenze ist, an der sich Humanes und Kreatürliches scheiden, vermögen wir nicht zu sagen. Wir sind Subjekte, gewiss, aber der Embryo? Dieses mit der Spermazelle verschmolzene Ei, dessen Aufbau simpler als der jedes Pantoffeltierchens ist? Wir wissen keine Antwort, weil wir das Rätsel des Lebendigen immer noch ignorieren – jenen Prozess, bei dem »Atem und Bedeutung sich in einer Weise mischen, die von keinem bisher erklärt wurde und je erklärt werden wird«[46], um es mit den Worten des Literaturnobelpreisträgers J.M. Coetzee zu sagen.

Ethik: Die Werte des Fleisches

Dass diese Zone der Unsicherheit besteht, ist ein Beweis dafür, wie stark unsere Werte und die Werte, die wir der belebten Mitwelt einräumen, in der Tiefe zusammenhängen. Die Krise der natürlichen Welt und die Krise unserer Werte, der Verfall der Moral, der allenthalben beklagt wird, sind daher nicht voneinander getrennt. Und beide sind in empfindlicher Weise daran gekettet, wie wir Lebewesen verstehen und folglich wie wir uns selbst als Lebewesen verstehen. Denn dieses Verständnis trägt im Herzen bereits eine Moral. Was unser Bild vom Organismus heute prägt, ist eine Krise der Freiheit. Erst wenn wir Freiheit nicht mehr allein an die körperlose Vernunft koppeln, sondern in ihr das Prinzip erkennen, nach dem sich Materie von selbst zum Körper organisiert, werden wir verstehen, wie tief Werte mit dem Leben selbst verschwistert sind und wie wenig Zugabe einer körperlosen Rationalität.

9.23 Uhr. Anne hat sich durchgesetzt. Sie durchtrennt mit einem feinen Schnitt die Hirnhäute, die nur zögernd nachgeben, und dabei die weiche Masse unter sich eindrücken. Zuvor haben wir warten müssen, bis die erneute Dosis Ketanest zu wirken begonnen hat. Der Professor hat die Menge Betäubungsmittel geschätzt. Hoffentlich haben wir nicht zu schnell wieder begonnen. Der Herzschlag ist noch immer schnell wie ein überhitzter Motor. Er verändert sich nicht, als Anne beginnt, die kleine Drahtbürste an der Spitze des Metalls ins Hirn zu senken. Der Professor starrt auf die Monitore. Anne dreht mit Fingerspitzen an der Schraube. Dann taucht auf einem Bildschirm, gleich darauf auf einem zweiten ein regelmäßiges Muster auf. Nervenimpulse. Der Professor schlägt sich mit der Faust in die Handfläche wie ein Fußballtrainer, wenn seine Mannschaft kurz vor Spielende das entscheidende Tor schießt. Der Herzschlag des Kaninchens hört nicht auf zu rasen. Wirkt das Ketanest überhaupt? Noch 22 Minuten, bis sich die Muskeln zu regen beginnen.

Die meisten Gründe, welche die Menschheit heute für den Schutz von nichtmenschlichem Leben und für die Bewahrung der Natur gefunden hat, stützen sich auf eine oder mehrere von drei Säulen. Es gibt einmal die Nützlichkeitsargumente. Sie verlangen, Tiere und Pflanzen zu schonen, weil sie in irgendeinem Sinn eine Ressource für uns darstellen. Etwa weil die »Dienstleistungen« von Ökosystemen, die Wasser und Luft reinigen, Bestäuber für Sonnenblumen und Raps bereitstellen und bisher unbekannte Medikamente bergen, von technischen Anlagen nur zu einem unbezahlbar hohen Preis oder auch gar nicht ersetzt werden könnten. Amerikanische Forscher um den Ökonomen Robert Costanza haben Ende der 1990er Jahre errechnet, dass die Biosphäre den Menschen jährlich Güter im Wert von 50

Billionen Dollar liefert – allein 3,8 Billionen davon für »ästhetische, spirituelle oder wissenschaftliche Wohltaten«.

Freilich haben die Wissenschaftler nicht einkalkuliert, dass dieser Zahl unser aller Tod gegenüberstünde, wenn die Biosphäre ihre Lieferungen einstellte. Und was ist der Preis des Lebens, wenn nicht unendlich hoch? Aber auch Forscher, die den Gesamtwert mit unendlich ansetzen, versuchen doch, den Wert bestimmter Ökosystem-Dienstleistungen zu berechnen – die Summe nämlich, die man aufbringen müsste, um einen bestimmten begrenzten Teil der Biosphäre zu ersetzen. Auch hier erzielen die Juwelen der Natur nicht den Preis künstlicher Kleinodien. Den Gegenwert eines Braunkehlchens – eines raren Singvogels in Brach- und Wiesengebieten – veranschlagten Wissenschaftler vor ein paar Jahren mit etwa 150 Euro.

Die zweite Säule der Umweltethik ist die ökologische Variante des eben beschriebenen Nützlichkeitsarguments. Sie ist seit dem ersten Bericht des Club of Rome von 1972 mit wissenschaftlicher Autorität und prophetischer Düsternis aufgeladen: Weil alle Natursysteme unabsehbar komplex seien, handle es sich um einen gefährlichen Fehler, diese Komplexität zu stören. Jede Beeinträchtigung der Natur ist in einer solchen Betrachtungsweise eine potenzielle Gefahr für das Ganze der Erde und somit auch für unser eigenes Überleben. Viele angehende Biologen sind von dieser System-Komplexität durchdrungen. Sie sind vom Wunsch erfüllt, sie zu schützen, ohne weiter zu fragen, was dieses Gewebe eigentlich seinem Charakter nach ist.

Demgegenüber steht die Idee vom intrinsischen oder »Eigenwert« der Natur. Hier liegt das eigentliche Schlachtfeld der Umweltethik. Ihr Dilemma besteht darin, dass jeder, der für einen solchen Eigenwert plädiert, die herrschende wissenschaftliche Diskussion verlassen und Lebewesen und Ökosysteme als heilig erklären muss. Denn nach den Regeln einer rationalen Philosophie kann es keinen Eigenwert anderer Lebewesen geben, weil Werte nur der bewusste Mensch bestimmen kann. Allenfalls hätte man sich auf solche Wesen zu beschränken, die den absoluten intrinsischen Wert ihres Daseins selbst erleben – also wir Menschen und gegebenenfalls höhere Säugetiere. Aber das löst natürlich nicht das Embryonendilemma.

Wir stecken also schwer in der Klemme: Entweder bewerten wir Tiere und Pflanzen getreu dem Schema unserer kapitalistischen Wirtschaft nach dem Wert – dem Nutzwert – ihrer Funktion. Dann aber ist die Natur immer der Verlierer, denn ein einziger schützenswerter Singvogel in einem Brachgelände wird kaum je den finanziellen Nutzen von ein paar hundert verlorenen Arbeitsplätzen aufwiegen können, die hier möglicherweise in einem Industriegebiet entstehen könnten. Oder aber wir folgen unserer Intuition, dass an der Natur etwas schützenswert ist, was ihren Wesen im Kern selbst angehört – ein Eigenwert. Weil aber in der die letzten Jahrzehnte herrschenden Naturlehre nichts, aber auch gar nichts auf diesen Eigenwert hindeutete, verlassen wir mit einem solchen Argument den Boden, auf dem eine politische Debatte noch möglich ist, und müssen uns als Träumer und Spinner beschimpfen lassen.

Es fehlt ein Argument, das der Bedeutung – der physiologischen und der symbolischen Bedeutung – der anderen Wesen in unserer gemeinsamen Welt gerecht werden kann. Etwas, das zeigt, dass unsere Humanität und deren Emphase von Freiheit letztlich untrennbar mit der Anwesenheit von anderem ungestörten, wilden Leben verbunden ist. Etwas, das nicht die Trennung zwischen der tierischen und der humanen Sphäre in unserer eigenen Natur zementiert, sondern das die Wege nachzeichnet, auf denen sich Humanität überhaupt erst aus den Bedürfnissen des Organischen entwickelt. Nur dann werden wir eine Ethik finden können, die beiden Bereichen, der humanen Sphäre sozialer Handlungen und der Würde der anderen Geschöpfe, gerecht wird.

9.42 Uhr. Anne schiebt den Vortrieb Mikrometer um Mikrometer weiter und blickt dabei gebannt auf die Oszillographen. Der Professor hat den Lautsprecher zugeschaltet. Vielfaches Rauschen, dann wieder das Knattern der Impulse. Die Stimme der »Lingua franca«. Jetzt sind schon sechs Monitore von einem ordentlichen Muster erfüllt. Dann plötzlich nichts mehr. Nur noch Geflimmer. »Was ist jetzt los?«, fragt der Professor. »Ich weiß nicht«, presst Anne hervor. Sie dreht hin und her. Rauschen. Dann kurz ein geordnetes Bild, wieder ein Flackern, nichts. Wo befinden wir uns da eigentlich im Gehirn? Sind wir überhaupt im Sehzentrum? Leben die Zellen noch? Der Professor schiebt ihre Hand vom Rändelrad des Vortriebs weg. Anne zuckt zurück und verhakt sich im Kabel der Elektrode, die aus der Halterung reißt. Rauschen und Knistern. Der Professor schreit sie an, nestelt an der Konstruktion. Beide schwitzen und versuchen im Handgewirr, den Vortrieb wieder zu richten. Die Justierung ist jetzt wertlos. Jede Minute verliert das Curare seine Wirkung. Der Professor brüllt, Anne schreit zurück, dann stürmt sie aus dem Labor und wirft die Tür hinter sich zu. Der Professor schiebt die Elektrode wieder ins Hirn, wackelt vor und zurück, bis ein paar Monitore Konstanz zeigen. Es macht einen dumpfen Schlag, als der rechte Hinterlauf des Kaninchens gegen den Operationstisch knallt. Dann wieder und wieder. »Schnell!« Ich rühre den Zahnzement an. Das Pulver ist nicht vollständig benetzt, Klumpen bilden sich, der Professor klatscht einen vollen

Spatel auf die Wunde mit dem Stecker. Das Tier zuckt. Ich muss den Kopf nach unten drücken, während er das Loch zukleistert. Anne ist wieder hereingekommen und schaut nachdenklich zu.

Fast alle abendländischen Wertesysteme haben einen gemeinsamen Schwachpunkt. Sie verschwenden kaum einen Gedanken daran, wie der, für den die Werte gelten sollen, wirklich beschaffen ist. Moral, wie wir sie kennen, hat eine Tendenz, das Wesen des Handelnden zu missachten. Für die ethischen Vorstellungen, die in den letzten 2000 Jahren in Europa gewachsen sind, ist der Mensch in erster Linie ein vernünftiges, kein körperliches Geschöpf. Die Dimension der Natur kommt kaum vor. Dieses Erbe hat die Denkgebäude der meisten unserer Philosophen geprägt – beginnend mit dem klassischen Zeitalter der griechischen Antike, wo die Idee einer reinen Rationalität ihren ersten großen Durchbruch feierte.

Der Philosoph Platon etwa träumte von einer Welt, in der die ewige Wahrheit regiert. Für ihn waren die lebenden Gestalten, deren Haut das Sonnenlicht erwärmt, nichts als Schatten, Trugbilder, die unsere Sinne verwirrten. Sie entsprachen dem zitternden Tanz von Phantomen, wie es ein Gefangener in einer Höhle erlebt, wenn er die Gestalten draußen im Tageslicht durch ein winziges Loch auf seiner Höhlenwand nur als schwachen Abglanz wahrnimmt. Diese Sichtweise prägte zutiefst unseren Standpunkt. Die wahre Welt ist draußen, ist jenseits – und den schwachen Leib, in den wir hienieden eingesperrt sind, gilt es, zu erziehen, zu verbessern, mit strenger Logik zu bevormunden.

Noch der von Neurosen und Phobien gepeinigte preußische Denker Immanuel Kant entwarf in seiner Königsberger Stube Moral mit der ehernen Strenge eines militärischen Marschbefehls. Wie ein solcher sah Kants »Pflichtethik« nicht vor, dass es dem, der nach ihren Regeln lebte, auch gut dabei ging. Und noch Jürgen Habermas erwies sich in den 1980er Jahren als ein Erbe dieser abstrakten Prinzipien, als er mit der Diskursethik eines der jüngsten Systeme moralischer Entscheidungen entwarf. Habermas hatte die Idee, Werte aus der Debatte eines Komitees »idealer Gesprächsteilnehmer« hervorgehen zu lassen, die der Philosoph sich rein rational, vollkommen entkörperlicht dachte.

Aber wir sind Wesen, deren Fleisch schwach ist und deren Glückseligkeit in dieser Schwäche besteht. Wir brauchen heute eine Ethik für unvernünftige Subjekte. Es reicht nicht, Pflichten zu definieren, solange diese Pflichten einem abstrakten Modell folgen und jeden, der sich ihnen unterwirft, ebenso zu zerstören vermögen wie alles, gegenüber dem sie gelten. Das Ziel wahrhaft lebensförderlicher Werte sollte nicht Gehorsam sein, sondern Heilung.

Der Primatenforscher Frans de Waal hat in einer Reihe aufsehenerregender Bücher geschildert, dass die Moral nicht vom Himmel fällt. Schon Schimpansen und Bonobos haben ihre Regeln, die sie befolgen, die ihnen bisweilen Qualen bereiten und die sie manchmal umgehen. Sie folgen den Gesetzen ihrer Gemeinschaft. Aber auch Affen sind keine Automaten, sondern erleben die Autorität ihrer »Moral« als Gefühle. Diese Gefühle teilen sich auch einem menschlichen Beobachter mit, wenn er nur aufmerksam schaut. Die Affen haben einen Entscheidungsspielraum – aber natürlich geht es in ihren Entscheidungen nicht um etwas Abstraktes, sondern um den sozialen Zusammenhalt ihrer Gemeinschaft. Die Wurzel der Ethik ist pragmatisch. De Waal zieht aus seinen Studien den Schluss: Die menschliche Moral ist »fest in den sozialen Emotionen unserer Vorfahren verankert«[47].

Ein solcher Standpunkt, den ich teile, bedeutet jedoch nicht, dass auch Moral ein darwinistischer Instinkt sei. Er heißt nur, dass wir wie manche Tiere das Gute und das Schlechte, das Handlungen für das Leben in der Gemeinschaft bedeuten können, als Werte erleben – prinzipiell nicht anders, als wir auch das Gute oder Schlechte aller Einflüsse auf die Schöpferische Ökologie unseres Körpers als Werte erfahren. Auch in der Moral ist unsere verkörperte Existenz der Maßstab. Das hat nichts mit Reduktionismus zu tun: Zu dieser Existenz gehören Leib und Seele, Materie und Kultur gleichermaßen.

Philosophen verzichten bis heute gern darauf, uns als das anzusehen, was wir sind: ein Tier, eine Primatenspezies mit ihren entsprechenden sozialen Bedürfnissen. Noch immer ist unser Bild von uns nicht realistisch. Noch immer ignorieren wir einen Teil unserer selbst – den Teil nämlich, auf dem alles ruht. Und dass unsere Vorstellung über uns und den Zusammenhang, in dem wir stehen, an der Wirklichkeit vorbeigeht, zeigt sich schon ganz praktisch: Wir haben, anders als Affengemeinschaften in ihrem jahrhunderttausendealten Urwaldbiotop, keine Regeln mehr, die diesen Planeten auf Dauer bewohnbar halten.

Wenn Werte möglichst wenig verletzen sollen, dürfen sie nicht das Wesen dessen verkennen, für das sie gelten. Sie müssen berücksichtigen, wer und was es ist. Diese Einsicht hatte es freilich gerade in den letzten Jahrzehnten besonders schwer. Sie muss heute noch in überfüllten Proseminaren gegen einen philosophischen Glaubenssatz ankämpfen: gegen das Dogma vom »Naturalistischen Fehlschluss«. Unter keinen Umständen sei vom Sein aufs Sollen zu schließen!, lautet die Formel, die der Philosoph Bertrand Russell zu Beginn des 20. Jahrhunderts aufstellte. Im Klartext heißt das: Wie auch immer ein Wesen lebt, darf auf keinen Fall die Analyse beeinträchtigen, wie dieses Wesen denn nun am besten zu leben habe. Dieses nämlich herauszufinden ist keine Sache gelebter Wirklichkeit, sondern eine geistige Sortierungsaufgabe.

Dieser Vorbehalt gilt natürlich vor allem für uns Menschen. Die Warnung vor dem Fehlschluss soll davor bewahren, skandalöse Zustände durch den Hinweis reinzuwaschen, dass diese schon immer so gewesen, gottgegeben seien – wie etwa die Sklavenhaltung in der Antike oder die Unterdrückung der Frau. Das Verdikt vom Naturalistischen Fehlschluss ermächtigt den Menschen, selbst zu denken und das, was gut ist, in der Gemeinschaft mit anderen Denkenden auszuhandeln. Aber es weist der Natur – dem, was wird, ohne dass wir ihm den Weg vorschreiben – einen Stellenwert am Rand zu, der ihrer tragenden Rolle nicht gerecht wird. Denn es ignoriert, dass wir einen Körper haben, der unseren Bedürfnissen einen Rahmen gibt und jedem von uns ein eigenes Wesen verleiht. Russell übrigens, der lautere Denker, der in Aufsätzen und Vorträgen gegen jede Beseeltheit der Welt zu Felde zog, kultivierte zugleich eine lange geheim gehaltene persönliche Verbindung zu einem indischen Mystiker und Medium.

Das Dogma vom Naturalistischen Fehlschluss ist der letzte Versuch, die Welt als einen Ort der reinen, rationalen Geister zu gestalten. Doch jeder Körper ist Sein und Sollen zugleich. Das zeigt die Schöpferische Ökologie. Wie wir gesehen haben, besteht das Prinzip der Körperlichkeit geradezu aus dem Wechselspiel zwischen Sein und Sollen, aus der Kreisbewegung zwischen den Organen des Leibes, deren Ziel, also ihr Sollen, darin besteht, dass sie auch künftig sein können, und deren Sein ganz in diesem Sollen aufgeht, das allein den Stoff ordnet und strukturiert. Der Vorwurf eines Fehlschlusses träfe allein dann, wenn beurteilendes Subjekt und beurteiltes Objekt tatsächlich vollkommen verschieden wären. Die Warnung soll die souveräne rationale Selbstherrschaft davor bewahren, von der lehmigen Schwere der Dinge beschmutzt zu werden. Aber es gibt gar keine Rationalität ohne diesen Lehm. Er ist der Mutterboden der Gefühle. Sobald der Akteur nicht mehr vollständig vom Stoff getrennt ist, sobald der Handelnde in der Tiefe handelnder Stoff ist, wird das, was Philosophen als Fehlschluss belächeln, im Gegenteil geradezu eine Notwendigkeit. Dann ist Sein immer zugleich auch ein Sollen.

Auch diese überraschende Verbindung ist nichts anderes als ein Aspekt des Quantensprungs der biologischen Wissenschaft, der den Abgrund zwischen Beobachter und Gegenstand auf die dichteste Intimität zusammenschnellen lässt. Wir sind Welt, die sich betrachtet. Über Wert kann man nicht sprechen, wenn man nicht über Seele spricht. Die Ethik eines vollkommen rationalen Akteurs wäre ein Computerprogramm.

♣

10.04 Uhr. »*Catgut* bitte.« Der Professor presst es, ohne aufzuschauen, zwischen schmalen Lippen hervor. Wir nähen mit Naturdarm wie im Klinik-OP. Die zusammengezogenen Hautwülste bilden einen schorfigen Kamm auf dem nackten Schädel. Meine Finger tun mir weh vom Halten der Klammern und davon, dass ich dazu auch noch den vibrierenden Kaninchenkopf auf den Liegeplatz pressen muss. Der Stecker steht in seinem Plastikblau aus der verschmierten Baustelle hervor wie ein deplatzierter Legostein. Der rechte Hinterlauf des Kaninchens zuckt mit dem Stakkato einer blutigen Maschine, so, wie nichts Lebendes zucken darf. Dann ziehen wir mit einem Ruck den Schlauch aus dem Schlund des Tiers. Atmet es? Oder sind alle Qualen vergeblich gewesen? Das Kaninchen reißt den Kopf empor und lässt ihn wieder fallen. Schaum steht zwischen seinen Schnurrhaaren. »Sie übernehmen die Narkosewache«, sagt der Professor zu mir und geht hinaus. Anne räumt stumm die Instrumente zusammen. Wir legen das Tier in eine Kiste mit Holzstreu. Sein Atem geht nun schwach, aber regelmäßig. Die Augen sind halb geöffnet, ihre Blicke fließen ohne Widerstand zwischen uns hindurch.

Dann bin ich mit dem Tier allein. Ich habe mir ein Buch mitgebracht, K.R. Eisslers psychoanalytische Biographie Goethes. Ich habe die Lektüre mit dem festen Vorsatz begonnen, kein Wort davon zu glauben, wie der Biograph dem Dichter Schritt für Schritt seine unbewussten Handlungsmotive nachweist. Auch ich halte mich immer noch für den Meister meiner selbst, den Meister meines Leibes. Aber Eisslers Indizien sind zu gut. Ich lese weiter, wider meinen Willen, und vergesse das Tier lange Zeit.

Als ich aufsehe, fällt mein Blick in seine schwarzen Augen. Das Kaninchen hat sich aufgesetzt. Seine Nüstern zucken, wieder ganz in Hasenmanier. Es scheint aus weiter Ferne zurückgekehrt und vollkommen zu ignorieren, dass es nun für immer verändert ist, für immer gezeichnet. Auf seinem Kopf steht der blutige Kamm, aber sonst ist es ganz in seiner Art wiedergegeben. Ich schütte etwas Trockenfutter in einen flachen Napf in seiner Kiste, dann gehe ich nach Hause. Auf meinem Weg nach draußen durch den Kellerausgang fällt mir ein, dass wir versäumt haben, dem Tier einen Namen zu geben.

Eine ökologische Moral

Auf welches Sollen lässt uns das Sein der Organismen nun schließen? Wie lautet die ethische Leitfrage, die kein atmendes Wesen vernachlässigt, die zugleich für uns und für die anderen gilt? Was soll sein, damit ein verkörpertes Subjekt sich im Wechselspiel mit anderen zu entfalten vermag? Gelingt es uns, eine positive Skizze von dem zu zeichnen, was uns, dem poetischen Tier, unbedingt ein Wert sein sollte?

Lauschen wir auf den Körper. Er setzt sich spürbar, sichtbar ein Ziel, ganz im Gegensatz zur langjährigen Überzeugung der konventionellen Biologie, für die alles Streben der Wesen nur Anschein ist, nur das Als-ob eines Automaten. Leben will weiterleben, will mehr vom Leben, will sich ausdehnen, schwellen und blühen, will sich fortpflanzen und wiedererstehen in tausendfacher Weise. Leben will Subjekt sein in emphatischer Form. Das ist seine eine Seite: das Verlangen nach Autonomie. Die andere ist Bedürfnis nach dem, was es nicht ist: nach dem Stoff, an dem es erst seine Identität entwickeln kann. Sie ist Bedürfnis nach den anderen Wesen, an denen es sich selbst erkennt, Sehnsucht nach denen, die es lieben kann, um zu wachsen. Wenn mich der Andere erst hervorbringt, dann ist auch er bereits Wert für mich. Und tatsächlich ist alle Autonomie dem Anderen geschuldet, ist jedes Subjekt in Wahrheit Intersubjekt – ein Muster in einem unabsehbaren Gewebe aus Bezügen, Begierden, Abstoßungen und Abhängigkeiten.

Wir stoßen somit auch hier wieder auf eine Paradoxie. Wie vom Selbst eines Wesens, wenn wir in seine Tiefe vorstoßen, kein fester Punkt mehr bleibt, so ist auch das eigene Wohl weitgehend dem Anderen geschuldet. Wir brauchen den gnädigen Blick der fremden schwarzen Augen, wenn wir uns selbst kennenlernen wollen. Der wahre Ort aller Werte ist darum das Netz. Gelingendes Leben ist Leben, das die Beziehungen in diesem Geflecht vervielfältigt, das keine von ihnen abschneidet, vorhandene verstärkt und neue webt. Wir sind nichts ohne die Natur. Denn wir stehen ihr nicht gegenüber. Wir sind eine Falte ihres unendlichen Gewebes. Wir sind ihre Imagination – nicht sie unsere.

Wir müssen uns, die sprechenden Subjekte, aus unserer symbiotischen Verflechtung mit den anderen Wesen neu verstehen. Wir müssen die Sprache als Teil eines größeren Sinnzusammenhangs begreifen und sie nicht länger als die Damaszenerklinge betrachten, die unsere Welt von der des übrigen Lebens unwiderruflich scheidet. Im Gegenteil. Sprache ist das, was uns mit der stummen Bedeutungswelt zusammenschweißt, denn sie stellt den Sinn ins helle Licht, den der pulsierende Körper bloß in stummer Ekstase zeigt.

Vergessen wir nicht: Es war Orpheus, der Sänger, der die Bäume erschauernd zum Lauschen verführte. Die »orphische Stimme«, jene dichterische Ausdrucksweise der griechischen Mythologie, die den Phänomenen selbst eine Sprache verleiht und den Sprechenden so zu einem Teil der ihn umgebenden Welt macht (siehe Kapitel 9), sie findet ihr Echo immer noch in unseren Worten. Viele Dichter – in Deutschland allen voran Goethe und Rilke – haben versucht, diesem Raum der Bedeutungen, die zugleich innen und außen sind, die beides sind, Körper und Sinn, eine Stimme zu schenken. »Man suche nur nichts hinter den Phänomenen«, notierte der Geheimrat Goethe, »sie selbst sind die Lehre.«[48] Sein poetisches Ziel sei, »das zu werden, was ihn umgebe«[49], hielt der amerikanische Lyriker Wallace Stevens, der hauptberuflich eine Versicherung leitete, vor einem halben Jahrhundert fest.

Dieser Verflechtung ist bereits eine Moral zu eigen. Zu sprechen, Symbole neu zu erschaffen – in Silben, in Sätzen, in Tönen, in Bildern, in Gesten –, das ist unsere Version von schöpferischer Natur. Sie ist die humane Weise, Ausdruck zu finden, aber darin nicht etwas, was uns von den anderen Lebewesen prinzipiell unterscheidet, sondern im Gegenteil die Verlängerung ihrer natürlichen Autonomie, ihrer natürlichen Freiheit und nichts ohne sie. Was wir darum brauchen, ist eine poetische Moral.

Das sprechende Subjekt spricht immer schon für etwas Anderes, und das Andere spricht durch es. Es ist Teil eines Netzes. Die Ethik, die wir nötig haben, muss darum zwei Kriterien genügen: Sie muss einerseits berücksichtigen, wie biologische Subjektivität entsteht und dass die Grundlage allen Strebens der unversehrte Leib ist. Sie muss aber zugleich respektieren, dass die Grundlage der Gerechtigkeit das Netz ist, nicht der Einzelne. Das »Rhizom«, das Wurzelgeflecht, mit dem der französische Philosoph Gilles Deleuze unsere Verwobenheit in den Sitten und Gepflogenheiten der Kultur bezeichnete, das unser Bewusstsein übersteigt und uns so unbemerkt zu dem macht, was wir sind, es erstreckt sich in der Tiefe noch viel weiter, als der Denker angenommen hatte. Das Rhizom ist unsere Verwurzelung in den Körpern der Anderen, unsere Geburt in ihren Gesten. Denken wir an die Pflanzen und ihre Symbiose mit den Pilzen, die sich als unterirdisches Fasergeflecht durch den Boden zieht und die Individuen vermischt und vereinigt. Aber nicht die Sprache bahnt den Haarwurzeln dieses unterirdischen Geflechts zuerst den Weg, wie Deleuze es glaubte und wie es die meisten Geisteswissenschaftler immer noch annehmen, weshalb für sie Wert überhaupt nur in der Sprache zwischen Subjekten verhandelbar ist. Solcher Wert verlangt, wie in dem berühmt gewordenen Modell von Habermas, den »rationalen Diskurs«. Doch dessen Bilder und Symbole, die Kraftfelder der Sprache, sind nicht unser Beginn. Am Anfang stand nicht das Wort, sondern der leidende, lustvolle Körper, dessen Präsenz der Welt ein unwiderrufliches Netz aus Wert und Bedeutung überwarf. Sprache, dieser Stolz der humanwissenschaftlichen Fakultäten, bringt die Früchte einer tieferen Verwobenheit bloß zur Reife, so wie die Haarschöpfe der Wurzeln im Waldboden nicht ohne die unsichtbaren Pilzfäden der Mykorrhiza gedeihen.

Aus diesen Überlegungen lässt sich in ansteigender Intensität ein Gerüst »biozentrischer« Werte und ihrer Begründungen aufstellen:

1. Wir müssen Natur als ein reales Sollen bewahren, das Subjekte empfinden und das sie zum Ausdruck bringen.
2. Wir müssen Natur als Sichtbarkeit von Seele, als Referenz von Gefühl, als Gestalt unserer eigenen Psyche schützen. Ohne Natur verlieren wir die Liebe.
3. Wir müssen Natur bewahren, weil wir sonst sprachlos sind. Wir brauchen Tiere und Pflanzen als Teil unserer selbst, sowohl in körperlich-physiologischer Hinsicht als auch in seelisch-psychologischer Hinsicht.
4. Wir müssen Natur bewahren, weil sie uns Möglichkeiten der Existenz zeigt: dem Prinzip der Fülle zu folgen, ein Maximum an Möglichkeiten zu wünschen, stetige Entwicklung zu suchen, intensivsten Ausdruck zu wollen, ohne Rückhalt zu verschwenden, Schweigen zu respektieren, in der Tätigkeit energisch, in der Ruhe hingegeben zu sein, jeden Sommer mit einem Winter, jeden Tag mit einer Nacht abwechseln zu lassen.
5. Wir müssen Natur bewahren, weil sie der Ort des absoluten Anderen ist. Sie ist der Stoff, der mich nährt, der Spiegel, der mich erschafft. Diese Absolutheit, die manche Philosophen Antlitz genannt haben, ist die Absolutheit des Seins. Denn das Antlitz des realen Anderen ist die einzige Pforte zum absoluten Anderen. Wir müssen die Tiere und Pflanzen bewahren, damit sie Zeugnis ablegen können.

Kurzum: Wir müssen Natur bewahren, weil wir sie selbst sind, und wir müssen Natur bewahren, weil sie alles ist, was wir nicht sind.

Lassen sich aus diesen prinzipiellen Gedanken Handlungsregeln ableiten, die auch für uns gelten können? Oder muss die Idee von verkörperten Werten gerade in der praktischen Anwendung Fragment bleiben? Das tiefste Kennzeichen einer Ethik des Lebendigen ist freilich gerade ihre Unvollständigkeit. Die Biosphäre, zu der auch wir gehören, ist zutiefst von Wert getränkt, aber sie sperrt sich gegen jede endgültige Lösung. Die Moral des Körpers ist so zerbrechlich, wie seine Leistung gefährdet ist, aus den Atomen des Stoffes ein Etwas zu schaffen, das sich gegen die Gezeiten der Energie und der Materie eine Weile in Geschlossenheit erhält. Die Werte des Lebendigen sind paradox, denn bereits der Lebensprozess ist dialektisch. Leben ist eine Ehe zwischen Notwendigkeit und Freiheit – oft ein Kampf, bisweilen eine Vereinigung. An den Fäden eines einzelnen Lebens hängen immer die ganze Welt und ihre unzähligen Interessen.

Wir müssen diesen widersprüchlichen Status des Körpers verstehen und erkennen, dass gerade er unsere Menschlichkeit bestimmt. Die Biologie hat dem Leib aber genau diese Fähigkeit über Jahrhunderte aberkannt. Sie hat unsere Gesellschaft ermutigt, ihn maßlos zu unterschätzen – ihn geradezu totzuschweigen. Die Wissenschaft der lebenden Wesen mit ihrem jahrhundertelangen Beharren auf der Neutralität organischer Vorgänge ließ den »nackten Körper«, das »nackte Leben« (Giorgio Agamben) zum Spielball politischer Interessen werden. Der Mensch wurde zum »bloßen« Tier, weil das Tier als nackt gelten konnte, als »rein biologisches« Sein. Erst diese Abstinenz hat die moderne Biopolitik totalitärer Staaten ermöglicht. Die Wissenschaft vom Leben hat sich allzu lange mit der Macht verschworen, nicht mit der Wahrheit. Sie hat der Herrschaft in die Hände gearbeitet, indem sie den Mythos des unbeschriebenen Körpers erfand, der sich beliebig züchten, zurichten, klonen und töten lässt. Die Naturwissenschaft ist an den beispiellosen humanitären Katastrophen der letzten 150 Jahre nicht unschuldig, im Gegenteil.

Doch das Leben ist niemals nackt. Es ist niemals sprachlos. Nicht einmal das allereinfachste. Jeder Leib ist bereits Sprache. Er ist Existenz in den Koordinaten des Sinns. Denn die Werte, die eine Schöpferische Ökologie ans Licht holt, sind vor allem an jenen ersten geknüpft: dass Leben niemals neutraler Vorgang sei. Der Leib ist mehr als die biologischen Kräfte, weil diese das Universum des Sinns aus sich gebären. Der Leib ist so Nabel der Sprache, der Sprachlichkeit überhaupt, und er ist darum auch Fluchtpunkt unserer politischen Existenz. Nur indem wir den Leib als nicht nackt erkennen, indem wir seine Gestalt und sein Wollen vernehmen, indem wir bezeugen, dass er das Wagnis der Freiheit im Fleisch ist, können wir zur Gerechtigkeit kommen. Eine solche Position ist keine kulturelle Entscheidung. Sie ist Weisheit: zu akzeptieren, das zu sein, was man unwiderruflich ist.

Der große Psychologe Erich Fromm, der wie wenige seiner Kollegen versucht hat, die Idee seelischer Gesundheit aus einem ganzheitlichen Menschenbild zu entwerfen, sieht das Ziel unserer Entwicklung in der »Einheit zwischen Autonomie und Bezogenheit«. Auch das Glück des Gemüts ist für Fromm das Ergebnis einer Balance, einer Verhandlung – ganz so wie das Glück des lebenden Körpers, der Akt des Lebens selbst, im Verhandeln zwischen Stoff und Identität besteht. Den richtigen Werten zu folgen ist dann freilich gleichbedeutend mit Gesundheit an Leib und Seele. »Gesund sein heißt, mit der Natur des Menschen in Einklang stehen«[50], sagt Fromm.

Gesundheit aber ist etwas, das dem Vorwurf des Naturalistischen Fehlschlusses hohnlacht. Gesundheit ist Sollen, das Sein geworden ist. Gesundheit ist immer schon zugleich ein Wert und ein Zustand. Gesund sein zu können heißt, seine Natur zu erkennen – in all ihren Grenzen und all ihrer Gefährdung. Gesundheit ist die Blüte eines Ökosystems. Darum lässt sich die Antwort auf das Problem des Lebens, auf die Frage: »Wie soll ich leben?«, im Gegensatz zu den 2000 Jahre währenden Bemühungen abendländischer Philosophen nicht gedanklich geben, sondern immer nur in der Tat. Handelnd löst der Körper das Problem des Lebens in jedem Augenblick aufs Neue. Handelnd sucht er den Kompromiss zwischen Subjektseite und Materie, zwischen ich und du.

Gesundheit ist somit ein ökologischer Begriff. Das heißt auch: Es gibt nicht die Gesundheit. Viele Tugendlehren, die von der Wirklichkeit des Körpers ausgehen, sahen und sehen das fälschlicherweise anders. Sie setzten ein erreichbares Ziel, eine allgemeine Richtschnur, die »Krankes« aussondern hilft. Aber »Gesundheit« ist ein missbräuchlicher Begriff. Verwirrung droht, wenn man unter ihr das Ganze, das Gerettete versteht – und nicht das blühende System, dessen Vielfalt von Bezügen auch Brüche und Risse aufzufangen vermag. Mit einem statischen Begriff von Gesundheit wird freilich die abendländische Wahnvorstellung von Rationalität und Beherrschung nur in ein anderes Register verschoben. Mit ihm lässt sich leicht die Idee der Auslese des Besten und Kräftigsten unterfüttern.

Solche Biologismen sitzen jedoch selbst einer Täuschung darüber auf, was die Substanz des Körpers ist. Sie geben sich der Illusion hin, das Selbst könne jemals etwas Festes sein, jemals gesichert. Sie betrachten Krankheit folglich als Eindringen eines Feindes in die Bastion des eigenen Selbst – und Gesundheit als dessen hermetische, jedem Eroberungsversuch widerstehende Sicherung. Dabei ist Gesundheit vielmehr die Balance zwischen selbst und fremd, die elastisch Störungen aufzunehmen vermag wie ein gesundes Ökosystem, das sich angesichts von inneren Schwankungen und äußerer Einflüsse zwar wandelt, aber dennoch in veränderter Form immer wieder neu hervorbringt.

So muss letztlich auch der Begriff der Gesundheit im Rahmen der Schöpferischen Ökologie neu gefasst werden. Vielleicht sollten wir lieber das Wort »Heilung« benutzen. Es bezeichnet eher einen Prozess – den ständigen Prozess, mit dem sich das Leben gegen alle Widrigkeiten neu gebärt. Schon das Immunsystem ist ja keine Chinesische Mauer, wie wir im 12. Kapitel gesehen haben, sondern ein Dialog des Körpers mit sich selbst und mit den Ausläufern der Außenwelt, die ihn durchziehen. In der symbiotischen Ökologie des Körpers gibt es keine »Erreger«, sondern nur den Verlust der Balance. Gesundheit – Heilung – ist somit das Maßhalten zwischen zu viel und zu wenig Autonomie. Sie ist die Möglichkeit zu fortgesetzter Autopoiese: die Chance, schöpferisch sich selbst zu erschaffen und dabei – weil es nur so möglich ist – sich mit der Welt zu verweben. Sie ist Freude, aber keine Trunkenheit, Trauer, aber keine Verzweiflung. Diese Idee des Gleichgewichts kommt der Vorstellung nahe, die der griechische Philosoph Aristoteles vom tugendhaften Verhalten hatte. Der Nachfolger Platon sah im Gegensatz zu seinem Lehrer nicht den Gehorsam gegenüber einem himmlischen Ideal als das moralische Optimum, sondern die Balance zwischen dem guten Vorsatz und den Erfordernissen der Situation. Für Aristoteles war Gerechtigkeit immer das Ergebnis einer Verhandlung, war das Gute stets der realen Gegenwart geschuldet.

In einem symbiotischen Bild vom Lebewesen ist Gesundheit der Zustand, in dem das ökologische Geflecht der Bedürfnisse und Bedeutungen den höchsten Grad an Vielfalt entwickelt. Umgekehrt ließe sich Ethik als angewandte Ökologie verstehen: als Heilkunst. Ihre Werte folgen den Zielen des Lebens selbst. Ihre Verwirklichung richtet sich freilich nach der Art der Verbindungen – ganz wie ein Gen in der Embryonalentwicklung auf den Konsens der eintreffenden Signale aller anderen Gene reagiert, ganz so wie eine Nervenzelle ihr Verhalten mit dem Ensemble der übrigen Billionen von Neuronen abstimmt oder wie die Wuchsform einer Pflanze im steinigen Hang das Produkt aller Einflüsse der anderen Pflanzen, der Insekten, der Vögel, der Bodenlebewesen, der Bakterien, des Regens, der Temperatur, der Tageszeit und unzählbarer weiterer Faktoren darstellt: ihre Faser und Flüssigkeit gewordene gemeinsame Geschichte.

Gesundheit – Heilung – zu ermöglichen heißt, die Ökologie weiter schöpferisch sein zu lassen. Dazu gehört auch die Erschütterung. Denn Leben ist nicht das universelle Gute schlechthin. Leben ist Sehnsucht, Kampf, Triumph und Versagung. Dadurch, dass Lebewesen sich zu ihrer Erhaltung von der Materie absetzen müssen, kommen sie mit sich selbst in Konflikt, weil sie doch auch Materie sind. Das Destruktive wohnt der Bejahung inne, es ist sogar ihre eigentliche Kehrseite. »Ich« bin sowohl Subjekt als auch Welt, daher ist immer eine Entscheidung nötig. Was dem Ich dient, mag der Welt genommen werden. Unter den Gesetzen der Körperlichkeit beeinträchtige ich anderes Leben, damit ich meines erhalten kann. Um sich zu ernähren, muss ein Lebewesen ein zweites verletzen oder vernichten. Um seinen Platz zu behaupten, richtet es sich gegen die Anderen – das tut selbst die Pflanze. Jeder Versuch, die eigene Existenz zu vollziehen, überkreuzt sich mit fremden Interessen und muss diese oder sich selbst missachten. Damit etwas sei, muss ein Anderes vergehen. Welches? Wie sieht der Kompromiss aus? Hier liegt die Urfrage der Ethik. Wenn dies die Welt ist, dann keimt hier die Ungewissheit. Das ethische Problem entsteht am Fluchtpunkt von Freiheit und Zwang, den das Leben aufwirft. Wert impliziert Schuld in der Verletzung dieses Werts: gegen sich selbst oder gegen den Anderen, der in dieser Selbst-Struktur schon immer vorhanden ist. Um das zu verhindern, streben alle Tugendlehren des Abendlandes moralische Eindeutigkeit an. Das Problem moralischer Eindeutigkeit ist aber gerade, dass sich ein Handelnder, wenn er alles richtig machen will, vollständig aus seiner Verwachsenheit mit dem Rest der Schöpfung abzulösen versucht. Dann schlägt er ihr Wunden.

Die humanen Werte, für die ich hier aus der Sicht der Schöpferischen Ökologie plädieren möchte, sind also einerseits unverrückbar wie die Schwere der Körper selbst. Andererseits bilden sie ein Ziel, das stets aufs Neue innerhalb jeder Situation ausgehandelt werden muss wie der Zusammenhalt der lebenden Gewebe, der von Augenblick zu Augenblick erreichbar, aber doch auf lange Sicht gefährdet ist. Die Chicagoer Philosophin Martha Nussbaum hat ein Manual für diese Art von Verhandlungen verfasst. Sie hat eine Liste der Eigenschaften aufgestellt, die den Menschen ausmachen und die ihm folglich nicht verwehrt werden dürfen – weil sie die Werte darstellen, die seine leibseelische Gesundheit tragen. Nussbaum zählt Sterblichkeit, Körperhaftigkeit, kognitive Fähigkeiten, frühkindliche Entwicklung, praktische Vernunft, Zugehörigkeit zu anderen Menschen, Bezug zu anderen Spezies und zur Natur, Humor (Lachen!), Spiel und Autonomie dazu.

Deutlich wird, dass bereits zwischen diesen Eigenschaften Widersprüche bestehen, die sich nicht einfach auflösen lassen. Aber vielleicht ist überhaupt die wichtigste ethische Erkenntnis, dass solche Widersprüche unvermeidlich sind, denn sie sind der Charakter des Lebens selbst. Die wirklich tiefen Konflikte entstehen erst, wenn ein Akteur einen der auseinanderstrebenden Pole mit Gewalt unterdrücken will. Etwa wenn er die vollkommene Freiheit verlangt, ohne die Notwendigkeit der Bezogenheit zu akzeptieren. Das Problem mit den klassischen Pflichtethiken wie der von Kant ist gerade das: Sie verlangen Unterwerfung um jeden Preis und provozieren so erst die Tragödie. Das griechische Drama mit seinen von einer Pflicht besessenen Helden wie Antigone, die unter allen Bedingungen ihren Bruder ordnungsgemäß beerdigen will, zeugt davon. Nicht anders das bürgerliche Trauerspiel der Neuzeit mit seinen verbohrten Mohrs und Galottis. Aber die Tragik des Lebens wird erst dann zur Tragödie, wenn sich der Widerspruch um jeden Preis auflösen soll. Einen Weg zu finden heißt somit auch immer, Verzicht zu üben. Die perfekte Entscheidung ist eine Illusion. Jeder Schritt voran heißt, irgendwo anders eine Brücke abzubrechen. Alles Werden ist Scheiden an anderer Stelle, ist Schwinden, beschleunigt. Jede Falte des Gewebes, die unvorhergesehen im Licht aufblitzt, wirft einen Schatten, der anderes unwiderruflich in der Dunkelheit versinken lässt.

Schönheit ist Heilung

In der Schöpferischen Ökologie, die dem Lebendigen seine Form und seine Geschichte verleiht, bestehen niemals allein körperliche Bezüge. Alle Bezüge betreffen immer die Subjektivität. Sie tragen Bedeutung – Gefühl. Das aber heißt: Die Gesundheit – das Gedeihen, die Heilung – eines Ökosystems hat eine ebenso seelische wie körperliche Dimension. Das ist vielleicht die wichtigste Botschaft angesichts der Umweltzerstörung. Wir zerstören Seele. Es liegt nahe, dass die Gesundheit einer Landschaft ihre Schönheit ist. Die schöne Natur ist fast immer die – mehr oder weniger – heile Natur, und oft sprechen Ökosysteme umso stärker unseren Sinn für Ästhetik an, je ursprünglicher sie sind und je vielfältiger ihre Verflechtungen sich entwickelt haben.

Die artenarme Agrarsteppe Mitteleuropas lässt uns kalt, der südliche Trockenhang mit seinen Rosenbüschen und flatternden Bläulingen versetzt uns hingegen in Entzücken. Regenwald und Korallenriff faszinieren die Menschen, die endlosen Fichtensteppen der Forste weniger. Vielleicht könnten Ökologen, die im Dienst ihrer Landschaftspflegebehörde die Qualität bestimmter Biotope einschätzen müssen, auf langwierige Beprobungen und abstrakte Bewertungsraster verzichten, wenn sie ihren Augen mehr trauten. Wenn sie akzeptierten, dass in der Welt der Wesen das Schöne oft das Vielfältige ist und das Vielfältige das Gute – vom Standpunkt der ökologischen Stabilität, aber auch aus der Perspektive der größtmöglichen Fülle gesehen, die das Ziel des Lebens mindestens seit dem Urknall ist.

Wir finden also im Ausdruck der Körper die Expressivität des Ethischen. Wert spricht zu uns, und jede Handlung wider ihn verbietet sich von selbst, wenn man nur Augen hat zu sehen. Freilich zeigt der so verkörperte Wert sich uns nicht im strahlenden Triumph immerwährenden Erfolgs, sondern umhüllt von der Melancholie der Sterblichkeit. Er ist Hoffnung auf Heilung. Er bleibt Verheißung, die sich dem Maß unterworfen hat.

7. März, 9.04 Uhr. Das Kaninchen ist tot. Es ist nachts in seinem Karton gestorben. Wir wissen nicht, warum. Der Professor setzt für den nächsten Tag einen neuen Operationstermin an. Wir haben ja noch das andere Tier.

15 AUSBLICK: EINE SYMBOLISCHE PHYSIK?

Gott ist nicht konkret, aber er ist die Grundlage der konkreten Wirklichkeit.

Alfred North Whitehead, »Wissenschaft und moderne Welt«

Bis zu dieser Stelle lassen sich meine Gedanken aus der Schöpferischen Ökologie begründen. Sie zeigt, wie sehr das Symbolische im Lebendigen zu Hause ist – denn symbolisches Erleben ist ja nur ein anderes Wort für gefühltes Erleben. Inwieweit aber ist diese subjektive Welt bereits in der Struktur der Materie angelegt? Welche Physik macht eine solche Biologie möglich? Der Leser mag mir noch für ein paar letzte Seiten folgen, wenn ich ihn auf eine kurze Reise hinab in die Tiefen der Materie mitnehme. Ich gebe zu: Es wird spekulativ. Doch ein paar Gründe lassen mich der Versuchung nachgeben, meinen Gedanken noch ein Stück weiter zu folgen. Der wichtigste von ihnen: Ich bin noch nicht zufrieden. Letztlich ist eine Beschreibung der Welt, die nicht die ganze Welt betrifft, immer unvollständig. Genau das ist das Problem bei der Aufteilung der gegenwärtigen Wissenschaft in die unterschiedlichen Disziplinen. Es gibt die Welt der Psychologen und die der Sozialwissenschaftler, die der Philosophen und der Völkerkundler ... Wenn einer von ihnen aber etwa einen familiären Konflikt beschreiben soll, dann verstehen sie sich ebenso wenig wie die Erbauer des Turms von Babel. Die Wirklichkeit jedoch ist ungeteilt. Sie hat viele Schichten, die sich nicht voneinander ablösen lassen. Wir bewegen uns immer in allen ihren Dimensionen. Wir selbst sind ja bereits die Verbindung zwischen Physik, Biologie und Subjektivität. Und darum werden wir uns selbst nicht verstehen, wenn wir nicht die Verbindungen zwischen all diesen Bereichen verstehen.

Das heißt konkret: Wenn Subjektivität ein biologisches Phänomen ist, die Biologie aber eine Erscheinungsform der Physik, muss ein Bild denkbar sein, in dem alle Elemente enthalten sind und Subjektivität somit zu einem physikalischen Phänomen wird. Ich meine wirkliche Subjektivität, ohne sie auf so etwas wie eine Illusion zu reduzieren, die von einer »in Wahrheit« viel einfacheren Grundebene hervorgebracht wird. Dass ein solches ganzheitliches Bild im Prinzip möglich sein sollte, heißt nicht, dass wir dieses Bild bereits zeichnen können. Es heißt nicht einmal, dass eine solche Zeichnung jemals in Gänze realisiert sein wird. Das ist unwahrscheinlich. Erinnern wir uns: Eine Simulation der Welt, die alle ihre Einzelheiten perfekt darstellt, ist die Welt.

Gleichwohl sollte etwas anderes erreichbar sein als die gegenwärtige Situation, wo sich eine Reihe von Beschreibungen geradezu ausschließen. Wir leben ironischerweise zurzeit in einer Vielzahl einander widersprechender Welten auf einmal. Wir sehen uns durch die Brille des Behaviorismus als konditionierbare Automaten und in der Alltagspsychologie als fühlende Subjekte, obwohl die herrschende Doktrin des wissenschaftlichen Materialismus genau diese Aufteilung der Wirklichkeit in isolierte Bereiche ja am strengsten ablehnt. Beschreibungen der Welt, in denen alle Aspekte vorhanden sind, gibt es bis heute nur im Bereich der Kunst – als Werke, die alle Aspekte eines Gegenstands auszudrücken vermögen, doch das um den Preis der Präzision. Aber natürlich sind alle denkbaren Ebenen in uns und den anderen Organismen vorhanden. Sie enthalten gleichsam als Werke des Lebens Materie, biologische Subjektivität und das Absolute der Innerlichkeit.

Doch welches wissenschaftliche Bild der Welt erlaubt uns, über die Trennung von real und virtuell hinauszugehen? Anders gefragt: Wenn uns die neue Biologie die innige Nähe des Symbolischen mit den Dingen nahelegt, gibt es dann eine grundsätzlichere Beschreibung, also eine Physik des Symbolischen, die Sinnprozesse und Lebensprozesse – materielle Prozesse überhaupt – in ein gemeinsames System zu bringen vermag? Was ich suche, wäre in letzter Instanz eine Einheit zwischen den Dingen und dem, was sie bedeuten. Eine solche Verbindung müsste begründen können, dass alle symbolischen Kräfte zugleich reale Kräfte sind. Sie müsste nachweisen, dass es symbolische Kräfte sind, die Körper bewegen können, weil erlebte Bedeutung die »Lingua franca« ist, in der Körper sprechen. Liegt das Symbolische, das Lebewesen bewegt, bereits in der Gestalt der Materie verborgen?

Der Versuch, so etwas zu beschreiben, müsste vermutlich die »Quantensprünge« der Lebenswissenschaften und die der Physik gleichermaßen berücksichtigen und ineinander überleiten. Wir brauchen eine Beschreibung, die symbolische und materielle Bezüge verknüpft und damit zugleich in der Lage ist, eine Begründung für die beiden rätselhaften Qualitäten der Quantenmechanik und der Biologie zu geben: nämlich zum einen für die Nichtlokalität (den Umstand, dass ein weit entferntes Ereignis ein anderes ganz woanders beeinflussen kann), zum anderen für die Subjektivität (den Umstand, dass es Gebilde gibt, die eine ganze Masse von Stoff zu einem gemeinsamen abgestimmten – nicht lokalen – Verhalten bringen können). Um eine Physik des Symbolischen zu finden, müsste man herausfinden, wie diese beiden Dimensionen miteinander verwandt sind.

Mein Vorschlag auf den folgenden Seiten ist natürlich nicht ohne Vorgänger – wenn diese auch nicht zahlreich sind. In der Tat hat es in der Geistesgeschichte des 20. Jahrhunderts ein paar Vorstöße gegeben, Bedeutung zu einem Teil der Physik zu machen – und umgekehrt natürlich auch die Physik als ein Element einer universellen Bedeutungswissenschaft einzugliedern. Dazu zählen insbesondere die organische Philosophie des Briten Alfred North Whitehead, die Gedanken des amerikanischen Logikers Charles Sanders Peirce, die Theorien des französischen Denkers Maurice Merleau-Ponty und der zur herrschenden physikalischen Doktrin komplementäre Entwurf einer Kosmologie, an dem der britische Physiker David Bohm sein Leben lang gearbeitet hat.

Daneben gab es eine ganze Reihe von mehr oder weniger naiven Versuchen, das Geheimnis des Lebendigen als einen unmittelbaren Effekt der Quantenphysik zu beschreiben. Solche Visionen boomten geradezu in der »Dekade des Gehirns«, den 1990er Jahren. Sie stürzten sich meist auf den Umstand, dass sich, je weiter man ins Reich des Allerkleinsten vorstößt, immer weniger ein objektives Bild der ganzen Realität zeichnen lässt. Dabei spielte weniger die Nichtlokalität als die sogenannte Unbestimmtheit eine Rolle. Ab einer bestimmten Auflösung beginnen manche Größen eines Partikels zu verschwimmen, während ein Forscher dessen andere Eigenschaften misst. Manche Größen befinden sich, bevor der Forscher sich für sie interessiert, in einer Art Nebel und werden durch die Messung erst festgelegt. Ein berühmtes Beispiel ist das Licht. Hier entscheidet der Aufbau eines physikalischen Versuchs darüber, ob ein Strahl als Welle oder als Strom von Teilchen auftritt. Doch das Licht ist kein Einzelfall. Alle atomaren Partikel und Kräfte unterwerfen sich der Unbestimmtheit der Quantenmechanik. In Wahrheit stellt dieses Rätsel die richtige Beschreibung der Welt auf einer mikroskopischen Ebene dar – das ist zumindest der Stand der augenblicklichen Wissenschaft.

Einige Forscher (etwa der britische Hirnphysiologe Sir John Eccles oder der Mathematiker und Physiker Roger Penrose) haben darum versucht, all jene Phänomene des Lebens, die offenbar nicht den Ursache-Wirkung-Gesetzen der Materie gehorchen (also Subjektivität und »Geist«), aus der Unbestimmtheit der Quantenwelt zu erklären. Sie erschien ihnen als die Schnittstelle, wo etwas Nichtphysisches ein physikalisches System beeinflussen kann, indem es einen Quantenzustand festlegt und so die Unbestimmtheit zur Bestimmtheit werden lässt. Wenn in den tiefsten Tiefen der Materie eine gewisse Unbestimmtheit herrscht, kann dann »das Bewusstsein« diese Unbestimmtheit nicht ausnutzen und zu seinen Gunsten wenden? »Geist« spielt in einer solchenAuffassung, grob vereinfacht ausgedrückt, gewissermaßen die Rolle des Forschers, der mit seinem Versuch in den Lichtstrahl eingreift und ihn je nachdem als Welle oder als Teilchenstrom erscheinen lässt.

Aber kann das schon des Rätsels Lösung sein? Denn auf diese Weise die Flexibilität der Quantenmechanik auszunutzen ergibt gerade nicht das, was wir suchen: eine einheitliche Beschreibung einer einzigen Welt. Was wir stattdessen erhalten, ist erneut zweigeteilt: hier die Materie, dort der »Geist«, ein Forscher-Homunkulus, der mit ihr in Wechselwirkung tritt. Doch eine Voraussetzung der Schöpferischen Ökologie besteht darin, dass alles, was wir als Geist beschreiben, vollkommen der Materie angehört – freilich ohne dabei auf die Eigenschaften der »bloßen« Materie zusammenzuschrumpfen.

Angesichts dieser rätselhaften Identität zweier so unterschiedlicher Dimensionen ist es vielleicht weniger die Unbestimmtheit, die einen Zugang zu den Gesetzen der Organismen gewähren kann, als die andere seltsame Eigenschaft der Quantenwelt: die Nichtlokalität. Physiker sprechen auch von »Verschränkung«. In der Quantensphäre sind Ereignisse miteinander verbunden, obwohl sie räumlich und zeitlich weit voneinander getrennt sein können. Zwischen ihnen herrscht kein Ursache-Wirkung-Verhältnis, sondern eine seltsame Beziehung von Parallelität.

Im Experiment stellt sich das so dar: Wird ein Teilchen durch Partikelbeschuss in zwei kleinere Hälften auseinandergerissen, so »wissen« beide Geschwister später, was aus der jeweils anderen Hälfte geworden ist. Sie verhalten sich »komplementär«. Wenn mit einem von beiden ein weiteres Experiment angestellt wird, verändert sich das andere Partikel entsprechend. Beide reagieren so, als spannte sich ein unsichtbares Band vom einen zum anderen – als bestünde zwischen ihnen eine »spukhafte Fernwirkung«, wie Albert Einstein etwas abfällig bemerkte. Das heißt: Legt man während des Versuchs die Eigenschaften eines der beiden »Geschwister« der Teilchen durch einen Eingriff – etwa eine Messung des Impulses – nachträglich fest, so zeigt das andere immer die korrespondierenden Qualitäten. Beide Fragmente verhalten sich nach wie vor so, als wären sie noch ungetrennt und wie vorher zu einem größeren Teilchen verschränkt – egal, wie weit entfernt sie voneinander sind und wie lange der Eingriff zurückliegt. Ihr Verhalten ist »kohärent« und »nichtlokal« – sie sind Teil eines gemeinsamen Quantensystems.

Dieses merkwürdige Experiment beschäftigte die Phantasie unzähliger Forscher. Seine Bedeutung ist aber in meinen Augen noch immer nicht weit genug in unser Weltbild eingedrungen. Die Quantenverschränkung heißt nämlich nichts anderes, als dass es unterhalb der »makrophysikalischen« Ebene unserer Alltagswelt real eine andere Schicht gibt, in der alle Ereignisse miteinander zusammenhängen. Schließlich sind alle Gegenstände aus Elementarteilchen aufgebaut und somit – »makroskopische« – Quantensysteme. Doch wir tun weiter so, als gälten deren beunruhigende und erregende Eigenschaften nur für den Teilchenzoo schräger Physiker und nicht für unsere Realität. Dabei ist es einfach falsch anzunehmen, dass die Quantenwelt erst unterhalb unserer normalen Wirklichkeit beginnt. In Wahrheit ist er gerade umgekehrt: Die normale Physik ist ein Sonderfall der allgemeinen Quantenmechanik.

Versuchen wir es also auf dem umgekehrten Weg. Nehmen wir das, was uns am direktesten zugänglich ist: unser eigenes Dasein, unsere eigene Erfahrung der Existenz. Inwieweit trägt unser Erleben – unsere eigene Erfahrung, nicht ein theoretisches Modell von ihr – Züge der Quantenmechanik? Hier werden wir auf Anhieb fündig. Wenn wir Lebewesen betrachten, stehen wir sofort einer Reihe von Phänomenen gegenüber, die sich uns auf frappierende Weise ebenfalls als Verschränkung präsentieren. Offensichtlich ist das Verhalten der Atome und Moleküle einer Zelle von genau der Kohärenz geprägt, die uns an Quantensystemen so fasziniert. Biomoleküle hängen über Raum und Zeit hinweg zusammen. Diese Gleichförmigkeit macht möglicherweise den ganzen Organismus zu einem kohärenten System. Im Lebewesen mit seinen Netzwerken, die sich überlagern und so Identität hervorbringen, ist alles miteinander verbunden und alles miteinander in Resonanz. Forscher wie die britische Biophysikerin Mae-Wan Ho und der Prager Botaniker Anton Markoš stellten daher die Vermutung auf, dass man Lebewesen vielleicht am besten als ein einziges »makroskopisches Quantensystem« beschreiben könnte, in dem alle Partikel miteinander in kohärenter Beziehung stehen.

Der Körper wäre damit eine in Raum und Zeit verkörperte Lösung der Wellenfunktion – jener Gleichung, mit der Physiker ein Quantensystem mathematisch beschreiben. Wir sehen: Auch in dieser Betrachtungsweise benutzt eine biologische Erklärung die Möglichkeiten der Quantenmechanik – aber anders als bei der Interaktion zwischen »Geist« und Elementarpartikel wird nicht ein letztlich mechanisches System über eine Schnittstelle ferngesteuert. Vielmehr ist ein Organismus ein Quantensystem, das seine spürbare »Quantenhaftigkeit« – den über Raum und Zeit homogenen Zusammenhang seiner Teilchen – in die Ebene gerettet hat, wo wir dieses Phänomen direkt erleben können. Ein Lebewesen wäre damit so etwas wie die Explikation einer eigentlich immer schon präsenten Wirklichkeit. Ein Organismus wäre weniger ein Widerspruch gegen die Physik als vielmehr die sicht- und spürbare Erscheinungsform ihrer tiefsten Realität. Er wäre in Fleisch und Blut und gefühlter Erfahrung eben das, was wir theoretisch-mathematisch kaum zu verstehen vermögen. Unter diesen Aspekten könnte dem Körper in der Tat mit den Gesetzen einer Physik vor dem Quantensprung nicht beizukommen sein.

Eine solche Beschreibungsebene könnte immerhin die Kohärenz, die magische Tendenz zum Zusammenhalt der Organismen, verstehen helfen. Aber erklärt ein solcher Versuch auch, dass ein Organismus notwendig Innerlichkeit, einen eigenen Standpunkt hervorbringen muss? Kann die Beobachtung der Kohärenz auch erklären, warum biologische Systeme nicht nur diesen eigensinnigen Zusammenhalt entwickeln, sondern warum sie diesen als Bedeutung erfahren? Immer noch bleibt die Frage: Auf welchem Weg ist die Innerlichkeit der Organismen – die »Tagseite«, von der Fechner sprach – mit dem Äußeren, dem Schweren der Materie verwandt?

Das weitgehende Problem, das wir erklären müssen, lautet dann: Inwieweit kann Materie symbolisch sein? Doch das Phänomen der Nichtlokalität liefert auch hier wichtige Anhaltspunkte. In der quantenmechanischen Idee der Kohärenz – der Verbindung zweier Ereignisse über Raum und Zeit hinweg – liegt in meinen Augen nicht nur eine Parallele zur quasikristallinen Struktur der Organismen. Hier zeigt sich auch die vielleicht entscheidende Verbindungsstelle ins Reich der Bedeutungen. Denken wir noch einmal an den im Labor in zwei Fragmente zerschossenen Partikel. Der Zustand des einen ist nicht Ursache für den des anderen, sondern verhält sich wie sein Spiegelbild. Wenn man den einen Bruchteil kennt, weiß man, wie der andere aussieht.

Ein Bild ist aber immer ein Symbol. Der japanische Philosoph Yutaka Tanaka ist tatsächlich der Meinung, dass sich die »seltsamen« Phänomene der Quantenmechanik – ihre Nichtlokalität, ihre Kohärenz, ihre Unbestimmtheit – am besten verstehen lassen, wenn man sie als symbolische Beziehung auffasst. »Zwei miteinander verschränkte Teilchen sind jeweils das Symbol des anderen – wie die zwei Seiten einer Münze«[51], sagt er. Beide sind unausweichlich miteinander verbunden, beide weisen unwiderruflich aufeinander hin – so, als würde ein Kontrolllämpchen anzeigen, ob in einem Raum die Beleuchtung eingeschaltet ist.

Auch die – unter Fachkollegen durchaus umstrittenen – Überlegungen einer Reihe von Physikern gehen in eine ähnliche Richtung. Sie versuchen, den bizarren Charakter von Quantenfernwirkung und -kohärenz dadurch zu begreifen, dass sie annehmen, alle Ereignisse, die miteinander verknüpft sind, lägen in einem gemeinsamen Feld. Ähnlich wie sich – um es mit einem Beispiel zu vereinfachen – kleine

Metallspäne in einem Magnetfeld in die gleiche Richtung orientieren, und zwar alle gleichzeitig, »spukhaft« von allein und ohne einander zu berühren, wäre auch das Schicksal zweier einst verbundener Teilchen durch ein und dasselbe Feld miteinander verknüpft. Auch diese »Quantenfeldtheorie« erlaubt eine symbolische Lesart der Verschränkung zweier Ereignisse. Denn die Wirkung eines Felds lässt sich als seine Bedeutung interpretieren – seine Bedeutung für all das, was in seinen Einzugsbereich eintritt.

Wie auch immer die künftige Beschreibung dieser Zusammenhänge aussehen mag: Offenbar ist die Kette aus Ursache und Wirkung im Hier und Jetzt nicht deren einzige denkbare Beziehung – nicht einmal (oder gerade nicht!) zwischen den einfachsten Bauteilen der Materie. Auch diese erweisen sich von dem Satz geprägt, der Körper und Ökosysteme charakterisiert: dass alles mit allem zusammenhängt.

Lassen wir uns also für eine kurze Weile auf diese Hypothese ein. Nehmen wir an: Quantenereignisse haben im Prinzip dieselbe Struktur wie symbolische Bezüge. Die Beziehungen zwischen Ereignissen in einem Quantensystem entsprechen den Beziehungen zwischen einer Sache und ihrer Bedeutung. Auch die Kennzeichen einer Symbolbeziehung – ein Wort und das, was es heißt, der Speichelfluss und die erwartete Mahlzeit, auf welche dieser hinweist – sind ja Nichtlokalität, Nichtzeitlichkeit, also eine intime Verbundenheit über Raum und Zeit hinweg. Was wäre sonst so innig miteinander verwandt – und gleichzeitig so vollkommen voneinander entfernt – wie ein Etwas und das, was es symbolisiert?

Mit diesem Vergleich meine ich, dass ein Organismus in seinen Bestrebungen, die über die Zustände einer Maschine hinausgehen, Eigenschaften der Materie aufdeckt, die wir an ihr sonst nur erkennen können, wenn wir sie bis an die Grenzbereiche des gerade noch Verstehbaren ausforschen. Ich meine nicht, dass die Betrachtungsweise, die ich hier vorgeschlagen habe, irgendeine Form von »Reduktion« ermöglichen kann und somit nur die bessere Physik wäre, die den noch herrschenden Ansatz ersetzen müsste. Vielmehr ändert sich in dem von mir gezeichneten Bild alles auf einmal: Die Schöpferische Ökologie stellt für die Lebenswissenschaft neue Regeln auf, und diese ebnen der modernen Physik den Einzug in das Reich des Organischen. Gemeinsam zeigen uns diese Änderungen, dass der Kosmos, in dem wir leben, nicht der ist, für den ihn die Wissenschaft bislang hielt.

Es scheint, dass sowohl Quantenereignisse als auch Symbolbezüge jeweils Unterklassen einer noch tiefer als diese liegenden Verbundenheit sein könnten. Diese für uns unverständliche Matrix wäre der Leib der Welt, den wir offenbar nur in seinen Wirkungen, nicht in seinem Grundstoff kennenlernen können. Aber diese Matrix – gewissermaßen der Ozean des Seins – ließe sich dann eher nach dem Maßstab der

Bedeutungen verstehen und weniger als in viele einzelne, nur mechanisch-kausal miteinander verbundene Ereignisse aufgetrennt. Die Tendenz zur »Widerspiegelung« (Rubinstein), von der wir schon gesprochen haben, wäre der eigentliche Grundcharakter. Vielleicht wird die Wissenschaft entsprechend einmal einen umgekehrten Reduktionismus propagieren und feststellen, dass auch Ursache-Wirkung-Ketten letztlich Symbole sind.

Wie sollen wir das verstehen? Vielleicht hilft auch hier eine Analogie. Denken wir an Verkehrszeichen – Symbole, die das Verhalten von Rad- und Autofahrern regeln sollen. Hier gibt es strenge Zeichen, ein Stoppschild etwa, und weniger strenge, zum Beispiel das Warnzeichen vor einer scharfen Kurve. Beide Arten von Tafeln werden vom Verkehrsteilnehmer interpretiert – aber nur das Stoppschild wird streng befolgt. Es ist somit denkbar, dass die Ursache-Wirkung-Verhältnisse der physikalischen Alltagswelt zwar letztlich auf der Quantenwelt mit ihren Beziehungen von Komplementarität und Widerspiegelung beruhen, aber einen Grenzfall darstellen, in dem ihr eigentlicher Charakter nicht mehr zum Ausdruck kommt – Ursache-Wirkung ist sozusagen ein »strenger« Befehl, dem sich kaum ausweichen lässt, wie etwa einer rote Ampel. Aus solchen »strengen« Relationen bestünde dann das »oberflächliche« System der gewöhnlichen Newton'schen Physik.

Organismen hingegen entlarven die Welt als in viel tieferem Maße symbolisch, als es diese »oberflächliche« Physik zugelassen hat. Ein solcher Standpunkt gäbe uns auch das Recht, Ökosysteme mit wissenschaftlicher Objektivität in den Worten eines Gedichts zu beschreiben – oder, wie Messiaen, als Musik – und nicht nur als kybernetisches Muster aus biologischen Prozessen. Eine tiefere symbolische Identität könnte plausibel machen, warum alle Sprachen der Natur einander ähnlich sind und die schwierigste noch mit der einfachsten verwandt ist. Das wäre tatsächlich der Weltinnenraum, von dem Rilke sprach.

Organismen sind in einer solchen Sichtweise von der Tiefenschicht des Seins nicht weiter entfernt als die einfachen Elemente der Materie, sondern sie sind ihr näher. Genau das könnte der Fehler sein, den die reduktionistische Naturwissenschaft während zwei Jahrhunderten gemacht hat, solange sie annahm, voneinander isolierte Partikel seien die »Elementarteilchen« des Ganzen. Aber gerade Organismen sind vielleicht jene Instanzen, in denen beide Umstände zugleich gegeben sind: einerseits die nichtlokale Bezogenheit der Ereignisse und Partikel – ihr Zusammenhalt in einem Körper, in einer Zelle et cetera, also ihre Existenz in einem »makroskopischen Quantensystem«; andererseits ihre ständige symbolische Bedeutung – jedes Ereignis hat einen Wert im und für den fortgesetzten Zusammenhalt der einzelnen einander überlappenden Körpersysteme. Organismen sind dann sozusagen Seismographen, welche die subjektive Potenz der Materie ans Licht bringen. Nicht die partikularen, sondern die symbolischen Bezüge sind die früheren. Konsequenterweise müsste man sagen: Erst im Leben gelingt es der Materie, sich selbst zu erfahren. Dann gilt aber für uns: Wir sind immer schon auf der Innenseite der Welt.

Wagen wir also an dieser Stelle, die Einsichten der Schöpferischen Ökologie zu einem ehrfürchtigen Blick auf den Kosmos auszuweiten. Wir waren auf weiten Reisen. Wie sieht die Heimkehr aus? Am Anfang hatte ich beschrieben, wie die Wissenschaftler zunehmend einsehen, dass ihre Grundannahme, allein die Kausalität regiere das Universum, revidiert werden muss und dass sie noch ein anderes Prinzip anzuerkennen beginnen, damit sie die Wirklichkeit richtig verstehen – das der Innerlichkeit oder des Fühlens. Unser letzter Ausflug in diesem Kapitel führt zu der Vermutung, dass dieses Prinzip nicht auf das Reich der Lebewesen beschränkt ist, sondern dass es als versteckte Fähigkeit aller Materie zu eigen ist. In einem solchen Bild aber sind Wert und Bedeutung zentrale Säulen der Wirklichkeit – nicht nur der biologischen, auch der physikalischen. Lebewesen – und damit natürlich auch wir selbst – bringen damit kein fremdes Prinzip in die Welt. Im Gegenteil: Lebewesen enthüllen eine ihrer tiefsten Konstanten. Das poetische Tier stößt ein Fenster auf – hinaus zur Wirklichkeit.

Was hat das über den Stoff zu sagen, aus dem diese Welt gemacht ist? Ist ihre Substanz weniger »tote Materie« als vielmehr Körper, ein Körper, der aber, um sich selbst zu erfahren, auf die unzähligen Lebenswege der einzelnen Wesen angewiesen ist? An diesem Punkt komme ich ans Ende der Reise. Wo liegt die Antwort? Ich vermag sie nicht zu geben, aber doch zu sehen: in den Augen der Landschaft, die mich anblickt, in der Form der Empfindungen, die dort immer wieder aufs Neue Gestalt werden. Außerhalb ihrer gibt es keine Wirklichkeit, die sich als endgültig ansehen ließe – keine »Substanz«, um die es »inWahrheit« geht.

All das heißt, dass am Anfang kein *logos* war – kein abstraktes Wort. Die Wirklichkeit ist ebensowenig »eigentlich Geist«, wie sie »bloß Materie« ist. Vielleicht müsste es daher besser heißen, »am Anfang war Gefühl« – gewiss jedoch das Potenzial dazu. Gab sich dieses in der Geburt des Kosmos dem Schicksal der Materie anheim, im blinden Vertrauen, im Begehren nach Sein – bis in unsere Sehnsucht hinein, die so immer wieder ganz zum Anfang zurückführt? Verlieren wir uns noch ein letztes Mal im Sternenhimmel, der im Auge der Kröte aufgegangen ist. Schauen wir. Gefühl ist nichts »rein Geistiges«. O nein, im Gegenteil. Gefühl ist Lust und Tragik der Materie.

Berlin, Lacaze (Tarn) und Paris, April bis November 2006

DANKSAGUNG

Mit diesem Buch durfte ich zum ersten Mal 2007 einem größeren Publikum beschreiben, warum nichts wirklicher ist als Schönheit und die Erfahrung von Schönheit – das deutlichste Signal, dass diese Welt lebendig ist und wir mit ihr.

Ich hatte vor dem Erscheinen des Buchs viele Jahre an diesem Gedanken gearbeitet, zuerst eher akademisch, dann immer mehr als jemand, dessen eigene Lebendigkeit sich in Worten ihren Weg in die Welt sucht, unbewusst der Einsicht des amerikanischen Dichters Gary Snyder folgend, dass Poesie unser direktester Kontakt in die Wildnis ist.

»Alles fühlt« ist zur Grundlage weiterer Gedanken geworden, die alle um die Frage kreisen, wie sich verstehen lässt – und wie ich den anderen Menschen verständlich machen kann –, dass sich »Natur, Lebendigkeit und Schönheit nicht entflechten lassen«, wie es die amerikanische Philosophin Sandra Lubarsky ausdrückt, und dass diese Verkettung sowohl das Herz unserer eigenen Existenz ausmacht als auch das Schicksal unserer Art auf diesem Planeten bestimmen wird.

Diese Leidenschaft, die mich seither nicht mehr losgelassen hat, hat sich in einer Reihe weiterer Bücher niedergeschlagen, die alle Erkundungen des mit »Alles fühlt« gesteckten Terrains sind. Sie alle entwickeln Aspekte einer »Biopoetik«, einer Idee der Welt als eines schöpferischen und empfindsamen Prozesses lebendiger, in Haut und Fleisch verkörperter Erfahrung, einer Idee, dass die Naturgeschichte ein Prozess der Freiheit und des Ausdrucks und der Selbsterfahrung ist, der vor allem den Regeln der schöpferischen Wildheit folgt, und weniger denen der Sparsamkeit und Effizienz. Wer die Welt lesen möchte, kann dies nicht mit dem Verstand allein tun, sondern muss sich von ihrer Energie anstecken lassen, nicht anders als ein Musikstück ansteckt, ein neugieriges kleines Kind, der Flug eines Hirschkäfers in der Dämmerung.

Ich bin sehr dankbar, dass Johannes Heimrath, Lara Mallien und Matthias Fersterer von thinkOya »Alles fühlt« auf eine neue Reise schicken und mit einer neuen Auflage den Lesern wieder zugänglich machen. Für die erste, dafür, dass sich vor ein paar Jahren die Tür geöffnet hat und das Buch, von dem ich lange geträumt hatte, Wirklichkeit wurde, war ursächlich meine Kollegin und Freundin Ines Possemeyer verantwortlich, die damals die entscheidenden Weichen stellte. Dafür gilt ihr mein tiefer Dank.

Für den Rest möchte ich Freunden, Mitdenkenden und Mitfühlenden danken, deren Fragen und Antworten den meinen heute ihr Echo geben, und deren Dasein und Mitsein, Mitsuchen, Mitsagen und Mitlachen für meine Beziehung zur Welt maßgeblich ist. Das sind in bunter Reihenfolge vor allen Rainer Hagencord, Natalie Knapp, Hildegard Kurt, Luciano Marcello, Heike Löschmann, Wolfgang Sachs und Melania Cavelli, David Bollier, David Abram, Roberta Bergamaschi, Kalevi Kull und Annelie Keil. Durch sie erfahre ich immer wieder, dass Leben ist, was Leben herstellt.

Rio nell' Elba, im August 2014

GLOSSAR

AUTOKATALYSE Grundlegendes Prinzip der Selbstorganisation, nach dem die Lebensvorgänge in einer Zelle ablaufen und das die Entstehung von komplexen biochemischen Reaktionen erst ermöglicht. Die Autokatalyse beruht darauf, dass fast alle Stoffe im Zellinneren die Herstellung von anderen lebenswichtigen Stoffen zu beschleunigen vermögen. Diese wiederum ermöglichen die Synthese weiterer Substanzen. Sind genügend viele verschiedene Stoffe versammelt, stützen sich alle Reaktionen gegenseitig und hören von allein nicht mehr auf. Ein Netzwerk entsteht, das sich selbst trägt und beständig neu erschafft (► Autopoiese).

AUTONOMIE In der Schöpferischen Ökologie wichtiges Merkmal von Lebewesen von der einfachen Zelle an. Zellen haben das Ziel, sich selbst hervorzubringen und zu erhalten (► Autokatalyse, ► Autopoiese). Sie handeln daher von einem eigenen Standpunkt aus und nicht nach einem maschinenartigen Reiz-Reaktion-Schema. Die Autonomie der Lebewesen ist allerdings immer durch deren Angewiesenheit auf Materie und Energie begrenzt.

AUTOPOIESE Selbsterzeugung von Organismen. Von den Biologen Humberto Maturana und Francisco Varela geschaffener Begriff, um das Phänomen des Lebens zu erklären. Die Aktivität eines Organismus besteht darin, genau jene Stoffe und Bauteile zu erzeugen, die nötig sind, um mehr dieser Stoffe und Bauteile zu erzeugen. Autopoiese beruht auf dem Prinzip der Autokatalyse.

BIOSEMIOTIK Junger Zweig der Biologie, der Organismen nicht primär unter den Gesichtspunkten von Ursache und Wirkung betrachtet, sondern als Wesen, die Bedeutungen hervorbringen und die Welt in Form von Zeichen wahrnehmen. In der biosemiotischen Sichtweise beruht der Stoffwechsel darauf, dass bestimmte Moleküle als Zeichen bzw. Signale wirken, die eine Reaktion hervorrufen. Auch der »Code« der DNA ist ein Zeichensystem, das vom Stoffwechsel interpretiert wird. Bedeutende Vordenker der Biosemiotik sind die Deutschbalten Jakob und Thure von Uexküll, der Este Kalevi Kull, die Dänen Claus Emmeche und Jesper Hoffmeyer.

CONDITIO VITÆ Allen Lebewesen gemeinsame Situation, die dadurch charakterisiert ist, dass sie alle einen Körper haben, der von denselben biologischen Gesetzen bestimmt wird. Die Conditio vitæ bewirkt, dass wir bestimmte Grundgegebenheiten der Existenz intuitiv erfühlen können, weil es uns aufgrund unserer körperlichen Konstitution nicht anders geht: etwa die Todesangst (der drohende Zusammenbruch der Autopoiese), Hunger, Erschöpfung, Glück, Sympathie.

FREIHEIT Grundlegende Dimension der Organismen (► Autonomie). Aufgrund der Überlegungen der Schöpferischen Ökologie ist Freiheit nicht länger das Privileg des Menschen, sondern eine fundamentale Dimension allen Lebens. Die Evolution ließe sich somit auch als die Entfaltung einer Naturgeschichte der Freiheit lesen.

INNERLICHKEIT Erfahrungsdimension von Lebewesen. Organismen sind aufgrund ihrer ständigen Selbsterschaffung (► Autopoiese) von äußeren Einwirkungen betroffen, weil diese in der Lage sind, das fragile Gleichgewicht der Selbstherstellung zu fördern oder zu stören. Als Gegenreaktion entsteht eine Beharrungskraft auf der eigenen Identität – auf einem »Innenstandpunkt«.

INTELLIGENT DESIGN Vornehmlich in den USA erfolgreiche Denkrichtung, die nicht akzeptiert, dass bestimmte hochkomplizierte Merkmale von Lebewesen (etwa das Auge der Wirbeltiere) allein durch natürliche Evolution entstanden sind. Intelligent Design (auch Kreationismus genannt) geht davon aus, dass ein Schöpfer solche Strukturen geschaffen hat sozusagen als ein mit gewaltiger Intelligenz und totalem Überblick begabter Geningenieur.

KAUSALITÄT Hier im Sinn der mechanischen Kausalität. Fundamentales Prinzip der Natur, das besagt, dass in der Natur jedes Ereignis eine natürliche Ursache haben muss, die ihm in der Zeit vorangegangen ist, und dass sich alle komplexen Ereignisse in ihre atomaren ersten Ursachen auflösen lassen müssen.

KERN-SELBST (CORE-SELF) Begriff aus der Affektiven Neurowissenschaft, der neurobiologischen Erforschung der Gefühle und ihrer Bedeutung für das Bewusstsein. Das Kern-Selbst bezeichnet eine Form der Erfahrung vor jeder Aufteilung in verschiedene konkrete Gefühle, so etwas wie die reine Empfindung, als ein Individuum, als »Ich« am Leben und von etwas betroffen zu sein.

KOGNITION In der Neurowissenschaft, der Robotik, der Künstliche-Intelligenz-Forschung, der Psychologie und der theoretischen Biologie gebräuchlicher Begriff, der unterschiedlich weit gefasst ist. Im weitesten Sinn ist »Informationsverarbeitung durch lebende bzw. intelligente künstliche Systeme« gemeint. Im Sinn der ► Schöpferischen Ökologie meint Kognition den Umgang mit einer als bedeutungsvoll empfundenen Umwelt. In diesem Sinn ist Kognition immer verkörpert: Sie ist eine Einheit von Innerlichkeit, Handeln und Ausdruck.

LEBENSKRAFT Auch *Vis vitalis*. Spezielle Kraft, welche die organische Materie auszeichnet und die bewirkt, dass sich die Atome im Organismus nach anderen Gesetzen verhalten als in der bloßen Materie. Die Idee der Lebenskraft und der dazugehörigen Philosophie des Vitalismus lässt sich bis zu Aristoteles zurückverfolgen. Im 20. Jahrhundert erneuerte der deutsche Biologe Hans Driesch das Konzept. Das Problem der Lebenskraft in Drieschs Sinn ist, dass sie Organismen weiterhin als Maschinen betrachtet, die von einer naturwissenschaftlich nicht fassbaren Kraft geschaffen werden, und so die Zweiteilung des abendländischen Weltbilds in sichtbare, aber letztlich tote Materie und unsichtbare, aber einzige bedeutsame Kraft weiter zementiert.

LINGUA FRANCA Sprache der Empfindungen, die überall im Körper, in allen seinen Kommunikationssystemen und für alle Lebewesen gleich ist. Die Lingua franca der Gefühle ist das, worin das Kern-Selbst Gestalt annimmt. Sie gewährt unmittelbare Empfindung vor der Differenzierung in konkrete Kanäle der Sinneswahrnehmung wie Hören oder Sehen. Die Lingua franca ist kein abstrakter Code, sondern der dargestellte Ausdruckswert des Empfindens – in Form von neuronaler Dynamik, der Erregtheiten des Kreislaufs, sprechender Mimik, expressiver Körpergestalten. Für die Lingua franca gibt es kein »Innen« oder »Außen« der Gefühle. Der Gefühlswert ist die Bedeutung des dargestellten Ausdrucks für ein Lebewesen. Rasender Herzschlag bedeutet somit für jedes Wesen verstehbar höchste erregte Not.

MECHANISMUS ► KAUSALITÄT

METABOLISMUS ► STOFFWECHSEL

ORPHISCHE WISSENSCHAFT Von Elizabeth Sewell geprägter Begriff einer Naturwissenschaft, die den Ausdruckscharakter der Lebewesen und ihrer unbelebten Umwelt nicht vernachlässigt, sondern zum Bestandteil ihrer Methode macht. Ihre Arbeitsweise ist »poetische Präzision«. Zu den Vordenkern einer solchen Richtung zählt Sewell Johann Wolfgang von Goethe, Novalis, die englischen Romantiker William Wordsworth und Samuel Taylor Coleridge sowie Rainer Maria Rilke.

QUANTENTHEORIE Von Niels Bohr, Werner Heisenberg, Erwin Schrödinger und anderen zu Anfang des 20. Jahrhunderts begründete Disziplin der Physik, die das bis dahin geltende Weltbild aus der Zeit Isaac Newtons ähnlich wie Einsteins Relativitätstheorie erschütterte. Der Quantentheorie zufolge sind bestimmte mikroskopische Ereignisse »verschränkt«: Sie sind unabhängig von Raum und Zeit miteinander verbunden. Viele Aspekte der Quantentheorie sind nach wie vor nicht wirklich verstanden.

RETIKULATE EVOLUTION Hypothese, nach der sich die Tiergruppen nicht nur auseinander entwickelt haben, sondern sich auch entfernte Stämme immer wieder kreuzten und vermischten, so dass die Äste des Stammbaums der Wesen aufs Neue zusammenwachsen. Die retikulate Evolution könnte erklären, warum viele Tierarten aus voneinander vollkommen unterschiedlichen Entwicklungsstadien hervorgehen, wie etwa die Insekten aus raupen- oder madenartigen Larven.

Robotik Forschungsrichtung, die künstliche Wesen herzustellen und zu erforschen versucht, die sich autonom (► Autonomie) im Raum bewegen und ohne Instruktionen Probleme lösen können.

Schöpferische Ökologie Denkrichtung dieses Buchs, nach der sich Lebewesen nicht als Maschinen, sondern als Subjekte verstehen lassen, Empfindung und nicht Informationsverarbeitung die grundlegende Leistung der Organismen ist und kein Wesen von seiner Umgebung abgegrenzt begriffen werden kann, sondern nur als ein gemeinsamer Ausdrucksprozess. Die Schöpferische Ökologie nimmt an, dass sich Leben eher mit den Mitteln der Kunst als mit denen der Technologie verstehen lässt. Sie geht davon aus, dass die menschliche Kultur nichts der Natur Fremdes, sondern ihre Verwirklichung in unserer Sphäre ist.

Seele In der Schöpferischen Ökologie gebrauche ich den Begriff abweichend von der christlichen Tradition, die darin den unsterblichen Anteil des Menschen sieht, also gerade das, was ihn von der Natur unterscheidet und mit Gott verbindet. Ich verwende »Seele« hier dagegen in der aristotelischen Tradition als Sammelbegriff für die Kräfte, mit denen jedes Lebewesen (vom Einzeller bis zum Menschen) sich selbst als Körper erhält, diese Aktivität als Innerlichkeit erlebt und als Gestalt, Morphologie und Mimik ausdrückt. Seele ist nicht für den Menschen reserviert, sondern, im Gegenteil, der empfindende Aspekt allen Lebens.

Selbstorganisation Zuerst von Immanuel Kant benutzter Begriff, der die grundsätzlich andere Wirkungsweise von Abläufen innerhalb der Organismen beschreibt: Hier bestimmt ein Ganzes das Verhalten seiner Teile, im Gegensatz zur Annahme der mechanischen ► Kausalität, bei der sich ausschließlich die Eigenschaften der Einzelteile auswirken. Seit den 1960er Jahren haben Naturwissenschaftler die Selbstorganisation als grundlegende Kraft aller physikalischen, chemikalischen und biologischen Systeme und ihres Zusammenspiels erkannt.

Stoffwechsel Lebenserhaltende Aktivität von Lebewesen. Energiereiche Stoffe werden als Nahrung aufgenommen (bzw. in der Photosynthese mit Hilfe von Sonnenenergie selbst hergestellt) und in Bestandteile des eigenen Körpers umgewandelt, während Teile des eigenen Körpers an die Umgebung abgegeben werden. Die frei werdende Energie dient zur Aufrechterhaltung der Lebensvorgänge.

Subjektivität Grundlegende Situation eines Lebewesens, das um seinen Fortbestand besorgt ist (Autopoiese). Weil der Lebensprozess eine ständige Neuerschaffung und Reparatur des Organismus erfordert, bildet jedes Wesen einen Standpunkt aus, ein Interesse, dem daran liegt, weiter zu bestehen. Ähnlich wie die ► Freiheit ist die Subjektivität keine dem Menschen vorbehaltene Perspektive, sondern Kennzeichen alles Organischen. Die Subjektivität manifestiert sich nach innen im Kern-Selbst und kommt im Körper zum Ausdruck.

SYMBIOSE Generell ein Vorgang, bei dem zwei oder mehrere Organismen in einer Weise zusammenleben, dass beide von der Gegenwart des jeweils anderen Vorteile haben. So ermöglichen unsere symbiotischen Darmbakterien uns die Verdauung vieler Stoffe, die unsere Körper sonst nicht verarbeiten könnten, und werden dafür vom Darm mit Nahrung versorgt. Parallel dazu ist Symbiose die Art und Weise, wie sich alle Beziehungen der Lebewesen in Ökosystemen verstehen lassen, weil dort alle aufeinander angewiesen sind. In einem symbiotischen Bild verschwimmt der genaue Unterschied zwischen Organismen und Ökosystemen, und die klare Definition eines Individuums löst sich auf.

SYMBOL Zentraler Begriff der ► Schöpferischen Ökologie. Etwas, das eine Bedeutung für einen Akteur (etwa einen Organismus) hat. Die Zeichentheorie unterscheidet einfache Zeichen, Signale und Symbole; in diesem Buch gebrauche ich für alle drei den Begriff Symbol. Lebewesen reagieren auf Symbole, das heißt, sie nehmen aus der Umwelt keine »objektiven Informationen« auf, sondern sie interpretieren alle Einwirkungen im Hinblick auf deren Relevanz für ihr Weiterleben. So ist der Stoff cAMP, den etwa unterernährte Bakterienzellen ausschütten, ein Symbol für Hunger, das auch Nachbarzellen zu entsprechenden Reaktionen stimulieren kann. Eine bestimmte Basenkombination auf der RNA ist ein Symbol für die Herstellung des entsprechenden Proteins, die Rose ist ein Symbol für Zärtlichkeit, der Dorn ein Sinnbild für Schmerz. Wie ein Symbol interpretiert wird, hängt vom Zustand des betreffenden Organismus und vom Kontext ab.

VIS VITALIS ► LEBENSKRAFT

ANMERKUNGEN

1 David Rudrauf, persönliche Mitteilung.

2 Karl Ernst von Baer, zitiert nach Jakob von Uexküll, Kompositionslehre der Natur, Frankfurt a. M., Berlin und Wien 1980, S. 207.

3 Francisco J. Varela, »Patterns of Life. Intertwining Identity and Cognition«, Brain and Cognition, 34/1997, S. 72–87.

4 Bruce Alberts, zitiert nach Elizabeth Fox Keller, Making Sense of Life. Explaining Biological Development with Models, Metaphors and Machines, Cambridge 2002, S. 230.

5 Sean Carroll, Endless Forms Most Beautiful. The New Science of Evo Devo and the Making of the Animal Kingdom, New York 2005.

6 Marc W. Kirschner und John C. Gerhart, The Plausibility of Life, New Haven und London 2005, S. 111.

7 Gerard Odell, zitiert nach Elizabeth Fox Keller, a. a. O., S. 252.

8 Zitiert nach Stanley Breeden, »Ein Schatz ohne Erben«, GEO, 3/1989, S. 166–182.

9 Herman Melville, Moby Dick, Zürich 1977.

10 Anthony Trewavas, zitiert nach Stefan Schmitt, »Grünzeug mit Grips«, Die Zeit, 26. Januar 2005; online verfügbar unter www.zeit.de/zeit-wissen/2005/04/Pflanzenin telligenz.xml.

11 David Rudrauf und Antonio Damasio, »The Biological Basis of Subjectivity. A Hypothesis«, in: Self-Representational Approaches to Consciousness, hrsg. von Uriah Kriegel und Kenneth Williford, Cambridge, MA 2006.

12 David Rudrauf und Antonio Damasio, »A Conjecture Regarding the Biological Mechanism of Subjectivity and Feeling«, Emotion Experience (Journal of Consciousness Studies 12:8–10), 2005, S. 237.

13 Jaak Panksepp, Affective Neuroscience, The Foundations of Human and Animal Emotions, Oxford 2004.

14 Jaak Panksepp, »On the Embodied Nature of Core Emotional Affects«, in: Emotion Experience (Journal of Consciousness Studies 12:8–10), 2005, S. 168.
15 Michel Le van Quyen, persönliche Mitteilung.
16 David Rudrauf und Antonio Damasio, a. a. O., 2005, S. 241.
17 George Lakoff und Mark Johnson, Metaphors We Live by, Chicago 1980, S. 85.
18 George Lakoff und Mark Johnson, Philosophy in the Flesh, New York 1998, S. 50.
19 Jerry A. Fodor, Psychosemantics. The Problem of Meaning in the Philosophy of Mind. Cambridge, MA 1987.
20 Andrew N. Meltzoff, »Imitation and Other Minds. The ›Like-me-Hypothesis‹«, in: Perspectives on Imitation. From Neuroscience to Social Science, hrsg. von S. Hurley und N. Chater, Bd. 2, Cambridge, MA 2005, S. 55–77.
21 Andrew N. Meltzoff, a. a. O.
22 Evan Thompson, »Empathy and Consciousness«, in: Between Ourselves. Second-Person Issues in the Study of Consciousness (Journal of Consciousness Studies 8:5–7), 2001, S. 4.
23 Paul Valéry, Tel Quel I, S. 42; zitiert nach Maurice Merleau-Ponty, »Der Mensch und die Widersetzlichkeit der Dinge«, in: ders.: Das Auge und der Geist. Philosophische Essays. Hamburg 1984, S. 123.
24 Andrew N. Meltzoff, a. a. O.
25 Samuel Taylor Coleridge, Selected Poetry, London, 1996, S. 57.
26 John Clare, zitiert nach David Rothenberg, Why Birds Sing. A Journey into the Mystery of Birdsong, New York 2005, S. 25 ff.
27 Susanne K. Langer, Philosophie auf neuem Wege, Mittenwald 1979, S. 219.
28 Ivy Campbell-Fisher, »Aesthetics and the Logic of Sense«, Journal of General Psychology 43/1950, S. 245–273.
29 Jules Michelet, Das Meer, Frankfurt a. M. 2006, S. 91.
30 Humberto R. Maturana und Francisco J. Varela, Der Baum der Erkenntnis, Die biologischen Wurzeln menschlichen Erkennens, München 1987, S. 129.
31 Bruce H. Weber und David J. Depew, »Natural Selection and Self-Organization, Dynamical Models as Clues to a New Evolutionary Synthesis«, Biology and Philosophy 11/1996, S. 33–65.
32 Stuart Kauffman, Investigations, Oxford 2000.
33 Michael L. Rosenzweig, Species Diversity in Space and Time, Cambridge, MA 1995.
34 Victor Smetáček, Alfred-Wegener-Institut Bremerhaven, persönliche Mitteilung.
35 Albert Camus, »La mer au plus près. Journal de bord«, in: Noces, suivi de L'été, Paris 1959, S. 183.
36 Herman Melville, Moby Dick, S. 291.
37 William Beebe, zitiert nach Richard Ellis, The Empty Ocean, Washington D.C. 2003, S. 8.

38 Farooq Azam, zitiert nach Robert Kunzig, Mapping the Deep. The Extraordinary Story of Ocean Science, New York und London 2000, S. 207.

39 Lynn Margulis und Dorion Sagan, Leben, Berlin und Heidelberg 1999, S. 192.

40 Lynn Margulis und Dorion Sagan, Acquiring Genomes, New York 2002, S. 7.

41 Don I. Williamson, zitiert nach Margulis und Sagan, a. a. O., 2002, S. 172.

42 Lynn Margulis und Dorion Sagan, a. a. O., 2002, S. 172.

43 Ebd., S. 165.

44 François Jacob, zitiert nach Sean Carroll, Endless Forms Most Beautiful. The New Science of Evo Devo and the Making of the Animal Kingdom, New York 2005, S. 289.

45 Lynn Margulis und Dorion Sagan, a. a. O., 2002, S. 202.

46 J. M. Coetzee, Elizabeth Costello, Frankfurt a. M. 2004, S. 125.

47 Frans de Waal, Der Affe in uns, München 2006, S. 259.

48 Johann Wolfgang von Goethe, Maximen und Reflexionen 488, Werke, Bd. 12 (Hamburger Ausgabe), München 1998, S. 432.

49 Wallace Stevens, zitiert nach Jerome McGann, »Introduction«, in: Algernon Charles Swinburne. Major Poems and Selected Prose, hrsg. von Jerome McGann & Charles L. Sligh, London und New Haven, 2004, S. xxvi.

50 Erich Fromm et al., Zen-Buddhismus und Psychoanalyse, Frankfurt a. M. 1972, S. 112.

51 Yutaka Tanaka, The »Individuality« of a Quantum Event. Remarks on Whitehead's Epochal Theory of Time and Bohr's Framework of Complementarity; http://pweb.sophia.ac.jp/process/society/quantum2/tanaka.txt.

LITERATUREMPFEHLUNGEN

Die folgenden Bücher haben mich auf meiner Suche nach einer Schöpferischen Ökologie begleitet und inspiriert. Die Werke sind meist philosophisch und daher nicht immer ganz leicht zu lesen – wer aber weiter in das hier begonnene Denken eintauchen will, findet in ihnen einen guten Anfang.

ABRAM, DAVID: Im Bann der sinnlichen Natur. Die Kunst der Wahrnehmung und die mehr-als-menschliche Welt, Klein Jasedow 2012.

Eindrucksvolles und sehr persönlich geschriebenes Buch, das zeigt, wie sehr wir mit allen unseren Erfahrungen an die Sinne und die uns umgebende Natur gekoppelt sind. Abram macht eine Reise, die von der deutschen Philosophie des frühen 20. Jahrhunderts bis zum Denken indigener amerikanischer Völker reicht. Ein Meilenstein.

BACHELARD, GASTON: Poetik des Raumes, Frankfurt a. M. 1987.

Der französische Wissenschaftstheoretiker ist der große Poet der Natur in uns. Er hat die Schöpferische Ökologie von der Literatur und ihren Sprachbildern her gedacht und damit gezeigt, dass Kunst nicht ohne Körper auskommt. Bachelard ist empfindsam, sinnlich und mit unbestechlicher Präzision begabt. Nicht alle seiner vielen wichtigen Bücher sind ins Deutsche übersetzt.

BÖHME, HARTMUT/BÖHME, GERNOT: Feuer, Wasser, Erde, Luft. Eine Kulturgeschichte der Elemente, München 1996.

Schon immer und quer durch alle Kulturen haben sinnliche Erfahrungen der Materie das Denken der Menschen entscheidend geprägt. Die beiden Brüder Böhme entwerfen Kulturhistorie, aber ihnen gelingt dabei eine eindringliche, alle Kulturen übergreifende Reise zu den Spuren der Natur in uns selbst.

CANETTI, ELIAS: Über Tiere. Mit einem Nachwort von Brigitte Kronauer, München 2002.

Dem wahren Ausmaß unserer Verbundenheit mit dem Herzschlag andersgearteter Wesen lässt sich überhaupt nur dichterisch beikommen. Canetti denkt vieles in einer Tiefe, philosophischen Komplexität, stilistischen Lakonie und abgründigen Schwermut, die sich kaum je wieder erreichen lassen wird. Genauso lesenswert ist das Nachwort von Brigitte Kronauer.

COETZEE, J. M.: Elizabeth Costello. Acht Lehrstücke, Frankfurt a. M. 2004.

Die darin enthaltenen »Lehrstücke« über »Das Leben der Tiere« sind meisterhafte Essays über die Grausamkeit, die wir der Schöpfung zufügen – spannende Story und philosophisches Argument zugleich, präzise, poetisch und ohne jede Larmoyanz.

DARWIN, CHARLES: Der Ausdruck der Gemütsbewegungen bei den Menschen und den Tieren, Frankfurt a. M. 2000.

In seinem am meisten verkannten Werk ist Darwin hochmodern: Er zeigt, dass es keine prinzipielle Barriere zwischen tierischer und menschlicher Seele gibt – weil das Empfinden bis tief hinab ins Reich des Lebendigen reicht.

DEPRAZ, NATHALIE: Lucidité du corps. De l'empirisme transcendantal en phénoménologie, New York und Berlin 2001.

Die französische Philosophin versucht, der Bewusstseinsforschung einen neuen Weg zu öffnen, indem sie anders als die meisten Neurobiologen den lebenden Körper und das Erlebnis des Körpers als Ausgangsposition einer Theorie des Geists wählt. Dabei gelingt es ihr, den deutschen Philosophen Edmund Husserl als Vordenker einer hochaktuellen Körperphilosophie zu entdecken.

DESCOLA, PHILLIPE: Jenseits von Natur und Kultur, Berlin 2013.

Der Völkerkundler Descola hat heute den Lehrstuhl seines legendären Vorgängers Claude Lévi-Strauss am Pariser Collège de France inne. Mit diesem Buch vollzieht Descola eine leise Revolution: Er bricht mit der Auffassung, dass die westliche Trennung der Welt in belebt und unbelebt, Natur und Kultur, das letzte Wort über die Wahrheit der Dinge sei.

FROMM, ERICH/SUZUKI, DAISETZ TAITARO/DE MARTINO, RICHARD: Zen-Buddhismus und Psychoanalyse, Frankfurt a. M. 1972.

Die geistigen Wurzeln des Psychologen Erich Fromm ruhen unter anderem in der ganzheitlichen Biologie. Wie wenige seiner Kollegen und Zeitgenossen und ganz anders als Sigmund Freud sah Fromm nicht die Sprache, sondern die gesunden Bedürfnisse des biologischen Wesens Mensch als Maßstab aller seelischen Heilung an. In diesem Buch zeigt sich, dass eine solche Haltung mit vielen Aspekten einer buddhistischen Weltanschauung verwandt ist.

HAMILTON-PATERSON, JAMES: Seestücke, Stuttgart 1995.

In Wissenschaftsgeschichten, die zwischen genauer Beobachtung und aufblitzender Poesie changieren, entwirft der Brite eine Philosophie der Ozeane, die im gleichen Maß eine Psychologie unserer inneren Abgründe ist. Eines der besten »Nature-Writing«-Bücher des letzten Jahrhunderts.

Helfrich, Silke/Heinrich-Böll-Stiftung (Hrsg.): Commons. Für eine neue Politik jenseits von Markt und Staat. Bielefeld 2012.

Silke Helfrich ist eine der weltweit wichtigsten Fürsprecherinnen eines neuen Denkens der Inklusivität und Verbundenheit, das die alte Opposition zwischen Welt = Materie/Ressource und Mensch = Ingenieur/Verbraucher ablöst. Dieses Buch ist das bislang wichtigste Grundlagenwerk dazu. Ein Manual für die Formen des Austauschs von morgen, wirtschaftlich wie kulturell.

Hyde, Lewis: Die Gabe. Wie Kreativität die Welt bereichert. Frankfurt a. M. 2008.

Das Grundprinzip der Wirklichkeit ist nicht Selbstbehauptung und Effizienz, sondern Verschwendung und kreative Transformation. Der amerikansiche Ostküsten-Intellektuelle liefert ein paar der wichtigsten Stichworte für ein neues Denken jenseits der alten Spaltung in Sachen und Akteure und erklärt auf berückende und berührende Weise, warum wir die Welt nur verstehen, wenn wir akzeptieren, dass alles Wichtige geschenkt sein muss, nicht geleistet.

Hoffmeyer, Jesper: Signs of Meaning in the Universe, Bloomington, IN 1996.

Der Däne hat das Standardwerk der Biosemiotik geschrieben. Biosemiotik ist die Lehre, dass sich alle Lebensprozesse als Interpretation von Bedeutung erklären lassen.

Jonas, Hans: Das Prinzip Leben, Frankfurt a. M. 1994.

Dieses Buch ist in meinen Augen eines der wichtigsten philosophischen Werke des vergangenen Jahrhunderts. Es fiel mir während meines Biologiestudiums in die Hände, als ich geistig vor einer Wand stand, und bot den entscheidenden Ausweg. Der jüdische Denker Jonas, der zu Beginn der Nazizeit Deutschland verlassen hat, schrieb es 1966 als »The Phenomenon of Life« auf Englisch. 1973 zunächst als »Organismus und Freiheit« erschienen, enthält das Werk eine Sicht auf das Leben, die viele Ergebnisse der modernen Biologie vorwegnimmt und in ihrer Radikalität manche ihrer kommenden Entwicklungen auch heute noch erst ahnen lässt. Das Argument für den Wert des Lebens ist Jonas hier übrigens viel besser gelungen als in seinem Buch »Das Prinzip Verantwortung«, mit dem er in den 1980er Jahren in Deutschland breite Aufmerksamkeit erregte und für das er den Friedenspreis des Deutschen Buchhandels erhielt.

Kauffman, Stuart: Investigations, Oxford 2000.

Kauffman ist der zurzeit wichtigste Theoretiker der Selbstorganisation. In diesem Buch beginnt er die Autonomie der Lebewesen zu entdecken.

Knapp, Natalie: Kompass neues Denken. Wie wir uns in einer unübersichtlichen Welt orientieren können, Reinbek 2013.

Knapp ist entschiedene Vertreterin einer Poetik der Beziehungen, des schöpferisch Unfertigen, das allein aus der Unvollkommenheit neue Erfahrungen ermöglicht und stets nur aus Begegnungen hervorgeht. Wichtiges Buch der aktuellen »Berliner Schule« eines Poetischen Materialismus.

KIRSCHNER, MARC W./GERHART, JOHN C.: The Plausibility of Life, New Haven und London 2005.

Die beiden Entwicklungsbiologen tragen eine Fülle von empirischen Beweisen dafür zusammen, dass die Idee der schöpferischen Selbstherstellung die Entwicklung eines Organismus regiert und dass Lebewesen Gene nicht befolgen, sondern interpretieren. Eine Summe neuester Beispiele für die Intelligenz und die Autonomie von Lebewesen.

KRONAUER, BRIGITTE: Die Feder des Hyazintharas. Drei Texte über Tiere, Warmbronn 2006.

Kein deutschsprachiger Autor stellt die schöpferische Rolle der Natur für unsere eigene Seele und unsere eigene Kultur präziser und poetischer dar als Brigitte Kronauer in den drei intensiven Essays dieses kleinen Bands.

KURT, HILDEGART: Wachsen. Über das Geistige in der Nachhaltigkeit, Stuttgart 2010.

Eines der bedeutendsten Bücher, das zur Nachhaltigkeitsdebatte erschienen ist, von einer der wichtigsten zeitgenössischen Ökophilosophinnen. Kurt zeigt, dass technisches Denken allein nicht Lösung, sondern bloß Symptom des gegenwärtigen Dilemmas ist, und dass jeder Wandel vor allem ein schöpferischer, ja poetischer Prozess sein muss, um das Ganze des Menschen zu bewegen.

LAKOFF, GEORGE/JOHNSON, MARK: Philosophy in the Flesh, New York 1999.

Wie wenige andere Kognitionsforscher haben die beiden Amerikaner in den letzten Jahrzehnten gezeigt, dass viele unserer geistigen und kulturellen Kategorien und Konzepte in Wahrheit der Weisheit des Körpers entstammen und nicht dem freien Spiel der Rationalität. Mit diesem Buch weiten Lakoff und Johnson diese Erkenntnis auf die Philosophie aus, der sie ihre Leibvergessenheit vorhalten und die sie hin zu einem verkörperten Denken weiterentwickeln.

LANGER, SUSANNE K.: Philosophie auf neuem Wege, Mittenwald 1979.

– Mind. An Essay on Human Feeling, 3 Bde., Baltimore, MD 1967–1983.

Die deutschstämmige amerikanische Denkerin Susanne Langer ist eine der wichtigsten Philosophinnen des vergangenen Jahrhunderts – wenn sie auch bisher eine Existenz völlig am Rande der Modeströmungen führte und weder vom *linguistic turn* noch von der französischen Semiologie oder dem Poststrukturalismus wahrgenommen wurde. Langer hingegen begann schon in der Mitte des 20. Jahrhunderts einen *biological turn* und wandte sich gegen die Fetischisierung von Sprache und Rationalität. Was ihre Arbeit u. a. herausragend macht, ist, dass sie gleichzeitig mit der Aufmerksamkeit für den Körper eine Hinwendung zur Kunst beinhaltet: Leben lässt sich nur verstehen, wenn man es als Körper und Kunstwerk und beide als Erfahrung vitaler Bedeutung auffasst.

LEOPOLD, ALDO: Am Anfang war die Erde. Sand County Almanach. Plädoyer zur Umweltethik, hrsg. von Horst Stern, München 1992.

Der Forstwissenschaftler Leopold, in Deutschland kaum gelesen, war in den 1940er Jahren einer der Pioniere eines Denkens, in dem zwischen Innen und Außen, der Seele und der Landschaft nicht mehr geschieden wird. Um ganz human zu sein, meint er, müssen wir an der Natur teilhaben; um ganz lebendig zu sein, müssen wir ihre lebendige Schönheit erfahren.

MARGULIS, LYNN/SAGAN, DORION: Acquiring Genomes. A Theory of the Origins of Species, Vorwort von Ernst Mayr, New York 2002.

Zusammenfassung des Kenntnisstands und Präsentation neuester Indizien dafür, wie tief Gemeinsamkeit, Austausch, Widerspiegelung und Kohärenz die Evolution der Organismen prägen.

– Leben. Vom Ursprung zur Vielfalt, Berlin und Heidelberg 1999.

Wie kaum eine zweite Wissenschaftlerin kämpft Lynn Margulis darum, die symbiotische Sicht auf das Leben gegen die herrschende Ideologie vom unbegrenzten Wettkampf zu stärken. Dieses Lehrbuch ist darum einmalig, weil es die einzige Einführung in die wissenschaftliche Biologie aus der Sicht einer Schöpferischen Ökologie darstellt. Sehr empfehlenswert, gerade für wissenschaftliche Laien.

MARKOŠ, ANTON: Readers of the Book of Life. Contextualizing Developmental Evolutionary Biology, Oxford 2002.

Brillante Zusammenfassung der Positionen einer zeitgenössischen ganzheitlichen Biologie und eines der neuen Standardwerke der Biosemiotik.

MATURANA, HUMBERTO R./VARELA, FRANCISCO J.: Der Baum der Erkenntnis. Die biologischen Wurzeln menschlichen Erkennens, München 1987.

Legendäres Werk, in dem die beiden Chilenen die Formulierung der Autopoiese erstmals einer breiten Öffentlichkeit vorstellten. »Der Baum der Erkenntnis« wurde zur Quelle für Heerscharen von systemischen Psychologen und zur wichtigsten Inspiration der Systemtheorie Niklas Luhmanns. Allerdings hat sich Varela später von der im Buch benutzten »Maschinen-Metapher« des Lebendigen distanziert.

MERLEAU-PONTY, MAURICE: Phänomenologie der Wahrnehmung, Berlin 1966.

Auch für Merleau-Ponty, einen der wichtigsten französischen Philosophen des 20. Jahrhunderts (und immer noch als »Existenzialist« verkannt), gibt es eine grundlegende Verbindung zwischen dem Umstand, dass der Mensch sich und seine Wahrnehmung nur verkörpert begreifen kann, nur aus den Bedingungen eines lebenden Wesens – und den Erfahrungsmöglichkeiten der Kunst.

MICHELET, JULES: Das Meer, Frankfurt a. M. 2006.

Das Buch des berühmten französischen Historikers aus dem letzten Jahrhundert ist immer noch der Maßstab für eine Poetik des flüssigen Elements, ist Kulturgeschichte, ökologische Theorie und lyrische Beschreibung in einem. Michelet begriff schon wenige Jahre nach Darwin Weltgeschichte als Teil der Naturgeschichte – und den Menschen als eine Facette des großen Ganzen, nicht aus ihm herausgehoben. Das Meer ist der Inbegriff dieser – rauschhaften und erschreckenden – Erfahrung.

NICHOLSON, SHIERY WEBER: The Love of Nature and the End of the World. The Unspoken Dimensions of Environmental Concern, Boston 2003.

Die praktizierende Psychologin lässt sich von Adornos ästhetischer Theorie und dem Erbe der amerikanischen Romantik inspirieren. Mit dieser Mischung gelingt es Weber Nicholson wie nur wenigen vor ihr zu beweisen, dass alles, was draußen in der Welt geschieht, auch in unserem Herzen stattfindet. Ein Buch, das längst die Übersetzung ins Deutsche verdient hätte.

PORTMANN, ADOLF: Die Tiergestalt, Zürich 1948.

Der Schweizer Biologe und Philosoph, der auch ein heute noch an den Universitäten benutztes Morphologie-Lehrbuch verfasst hat, glaubte in den Blütezeiten des orthodoxen Darwinismus unbeirrt daran, dass die Erscheinung, die ästhetische Seite der Tiere und Pflanzen in den Mittelpunkt ihrer wissenschaftlichen Beschreibung gehört – ja sogar, dass der tiefere Zweck, der die Biosphäre durchzieht, nicht der Sieg, sondern das Sichtbarwerden ist.

SCHMITZ, HERMANN: System der Philosophie. 10 Bde., Bonn 1964–1980.

Lange Zeit war Hermann Schmitz der einzige Philosoph, der das leibliche Spüren und die Erfahrung von Gefühlen als »Atmosphären« thematisierte. Die vielleicht umfassendste Auseinandersetzung mit dem Thema seit Merleau-Ponty.

SHEPARD, PAUL: Thinking Animals. Animals and the Development of Human Intelligence, Athens, Georgia 1998.

Paul Shepard ist einer der wichtigsten philosophischen Vordenker der neuen amerikanischen Nature-Writing-Schule. Kaum einer hat so sehr wie er das Ausmaß verstanden, in dem wir seelisch auf die Gegenwart anderer Wesen angewiesen sind.

SNYDER, GARY: Lektionen der Wildnis, Berlin 2011.

Der Allan-Ginsberg-Vertraute Snyder, hierzulande weniger bekannt als seine Kollegen der Beat Generation, ist einer der bedeutendsten ökologischen Denker der Gegenwart. Das vor allem, weil er die Rolle der Natur nicht als Ressource betrachtet, weder für Körper noch für die Seele, sondern als den Ort, wo sich erweist, dass alle Wirklichkeit eine Erscheiungsweise des Poetischen ist, das allen Wesen gemeinsam gehört.

SPAEMANN, ROBERT/LÖW, REINHARD: Die Frage Wozu. Geschichte und Wiederentdeckung des Teleologischen Denkens, München 1981.

Die moderne Biologie hat es sich zur Aufgabe gemacht, den Zweck als eine Illusion aus dem Reich des Lebendigen zu verbannen und dafür das Sinnlose zu seinem Prinzip zu erheben. Das lernen wir schon in der Schule. Warum eine solche Sicht nicht funktioniert und welche philosophischen Argumente es für die Teleologie, das Prinzip der Zweckhaftigkeit, gibt, zeigen die beiden Philosophen auf unerreichte Weise.

UEXKÜLL, JAKOB VON: Kompositionslehre der Natur. Biologie als undogmatische Naturwissenschaft. Ausgewählte Schriften. Herausgegeben und kommentiert von Thure von Uexküll, Frankfurt a.M., Berlin und Wien 1980.

Dem Denker Jakob von Uexküll, den heute nur noch wenige Biologen kennen und am ehesten als einen Vorläufer der Verhaltensforschung einordnen, steht eine Renaissance bevor. Uexküll schuf als Erster eine Bedeutungslehre der Natur und nahm in ihr viele Einsichten zeitgenössischer Biologen vorweg. Sein Sohn Thure führte das Werk weiter und begründete auf dessen Boden die Lehre der Psychosomatischen Medizin, die annimmt, dass der Körper die Bedeutung seelischer Vorgänge ausdrückt. In diesem Band sind Jakob von Uexkülls wichtigste Aufsätze gesammelt und jeweils von seinem Sohn eingeleitet.

VARELA, FRANCISCO J.: Ethical Know-How. Action, Wisdom, and Cognition, Stanford 1999.

Schmaler Band, der die ethischen Konsequenzen von Varelas Gedanken sehr gut zusammenfasst und eine für alle Leser gangbare Brücke zur spirituellen Welt des großen chilenischen Denkers schlägt: dem Buddhismus.

VARELA, FRANCISCO J./THOMPSON, EVAN/ROSCH, ELEANOR: Der mittlere Weg der Erkenntnis, München 1995.

Eines der wichtigsten Bücher der Schöpferischen Ökologie und eine gute und für alle lesbare Einführung in die biologischen Grundprinzipien des »Enaktivismus« – jener Überzeugung Varelas, dass sich Individuum und Welt nur als Ergebnis einer gegenseitigen Schöpfung lesen lassen.

WAAL, FRANS DE: Der Affe in uns. Warum wir sind, wie wir sind, München 2006.

Der weltweit wichtigste Primatologe erreicht mit diesem Werk zweierlei: Er erteilt den plumpen Vereinfachungsversuchen des Vulgärdarwinismus eine Absage, und er zeigt gleichwohl, wie sehr unsere eigene Emotionalität die eines Affen ist. Aber diese sind eben keine programmierten Maschinen, sondern empfindende Subjekte.

WEBER, ANDREAS: Natur als Bedeutung. Versuch einer semiotischen Theorie des Lebendigen, Würzburg 2003.

In meinem ersten (philosophischen) Buch versuche ich, den Organismus als Subjekt zu begreifen und daraus eine Theorie des Naturschönen zu entwerfen.

– Mehr Matsch. Kinder brauchen Natur, Berlin 2011.

Die Naturvergessenheit multipliziert sich bei unseren Kindern. Was wir achtlos ausklammern, aber noch erinnern, schwindet bei diesen aus dem emotionalen Bewusstsein.

Das Buch versucht zu verstehen, warum die Gegenwart anderen Lebens unerlässlich ist, um selbst lebendig zu werden.

- Minima Animalia. Ein Stundenbuch der Natur, Klein Jasedow 2012.
  Die Seele ist draußen, nicht drinnen: In 99 Miniaturen – Mini-Essays, Poesie in Prosa, Aphorismen – versuche ich das Lebendige von innen heraus zu verstehen und ihm mit dem zu antworten, was es ausmacht: eine poetische Geste.
- Das Quatsch-Matsch-Buch. Das Aktionsbuch, großstadttauglich und baumhausgeprüft, München 2013.
  Nicht unsere mangelnde Fürsorge ist schuld daran, dass Kinder heute kaum noch frei, ungebunden und wild aufwachsen, sondern unsere Vergesslichkeit, dass die Wirklichkeit kein Kontroll- und Konsumzusammenhang ist, sondern das schöpferische Entfalten von Freiheit. Kinder haben einen Instinkt für diese Freiheit – und um diesen wieder zu seinem Recht kommen zu lassen, braucht es heute ein wenig Widerständigkeit. Ein Plädoyer für erzieherische Anarchie – »Occupy Stadtpark!«
- Lebendigkeit. Eine erotische Ökolgie, München 2014.
  Dieses Buch – mein zweiter großer ökologischer Essay nach »Alles fühlt« –beschreibt die ökologische Wirklichkeit als Beziehungssystem und ergründet spiegelbildlich die Liebe als ökologische Praxis. Wir verstehen die Wirklichkeit nur, wenn wir uns von ihr wirklich berühren lassen und unsererseits die Welt berühren: Leben in intensiver Form ist immer eine Praxis der Liebe.

WILSON, EDWARD O.: Biophilia, Cambridge, MA 1984.

Wilson ist einer der bedeutendsten zeitgenössischen Biologen – und ein janusköpfiger Denker. Einerseits hat er die Soziobiologie erfunden und plädiert in seiner »Consilience«-Hypothese dafür, alle Bereiche der menschlichen Kultur auf die Gesetze der Mathematik zu reduzieren. Andererseits hat er die »Biophilie« erfunden – die These, dass eine tiefe Verbundenheit zu anderen Geschöpfen unser biologisches Erbe sei und dass wir ohne Natur verkümmern müssen. Außerdem ist Wilson ein mitreißender Schriftsteller, ganz in der Tradition der amerikanischen, wissenschaftlich aufgeklärten Naturmystiker.

ZAJONC, ARTHUR: Die gemeinsame Geschichte von Licht und Bewusstsein, Reinbek 1994.

Der Physiker wurde einst gemeinsam mit Varela zu den legendären Linisfarne-Konferenzen ganzheitlicher Wissenschaft eingeladen. Sein Buch zeigt an einem physikalischen Beispiel – der Geschichte des Lichts und seiner Erklärungsversuche –, wie sehr innere und äußere Wirklichkeit in Verbindung stehen. Das Buch ist beides zugleich: Kulturgeschichte und Fibel der Quantenoptik.

INDEX

David Abram

IM BANN DER SINNLICHEN NATUR

Die Kunst der Wahrnehmung
und die mehr-als-menschliche Welt

»Erst der Kontakt und das lebendige Miteinander mit dem Nicht-Menschlichen macht uns zu Menschen.«

Mit einem Vorwort von Andreas Weber
320 Seiten; € 29,80 (D) / € 30,80 (A) / Fr. 38.00
ISBN 978-3-927369-45-0

Über Jahrzehntausende erfuhr sich die menschliche Spezies als Teil der Natur. Wie kam es, dass der »aufgeklärte« Mensch sich aus dem Wechselspiel mit der mehr-als-menschlichen Welt herausgenommen hat? Und wie können wir heute wieder eine Beziehung mit der belebten Erde eingehen? Diesen Fragen spürt David Abram in seinem wegweisenden Buch nach, poetisch und brillant. Inspiriert durch die Phänomenologie Maurice Merleau-Pontys und seine langjährigen Reisen als Taschentrickkünstler durch Südostasien, auf denen ihn Begegnungen mit indigenen Schamanen und intensive Naturerfahrungen prägten, entwirft er eine vollständig im Körper verankerte ökologische Philosophie. Der Körper ist für ihn keine mechanistisch-biologische Maschine, sondern das mit allen Sinnen wahrnehmende Selbst. Ein preisgekröntes Buch, das die Ökologie-Bewegung in den USA wesentlich geprägt hat. Wer es gelesen hat, sieht die Welt mit anderen Augen.

thinkoya

thinkOya
Am See 1
17440 Klein Jasedow
Telefon+49 (03 83 74) 7 52 24
Fax+49 (03 83 74) 7 52 22
info@think-oya.de
www.think-oya.de

Andreas Weber

ESSBAR SEIN

Versuch einer biologischen Mystik

»Wenn wir eine Träne weinen, schmecken wir auf der Zunge das Meer, dem das Leben entstammt.«

Erscheint im Oktober 2023
Mit einem Vorwort von Báyò Akómoláfé
ca. 240 Seiten; € 28,00 (D) / € 28,80 (A) / Fr. 36.00
ISBN 978-3-947296-09-5

Der Kern unserer Erdkrise liegt in der verheerende Annahme, dass der Mensch das Maß aller Dinge sei – und der Rest unbelebtes Objekt. Diese Sichtweise wird von aktuellen Denkströmungen infrage gestellt. Der Biologe und Philosoph Andreas Weber geht noch einen Schritt weiter und fordert: Die Welt zu denken genügt nicht. Vielmehr müssen wir uns als ihr *Sein* erfahren – als fühlende, handelnde Materie, so wie sie auch Flüsse und Wolken, Bäume und Vögel, Pilze und Humus sind. Ausgehend vom ökologischen Imperativ »essbar sein« entwickelt der Autor eine biologische Mystik, in der Geist und Stoff keine Gegensätze bilden, sondern einander durchdringende Qualitäten einer Welt, deren innerstes Begehren es ist, Leben zu schenken.

Shelley Sacks und Hildegard Kurt

DIE ROTE BLUME

Ästhetische Praxis in Zeiten des Wandels

»Soziale Plastik ist ein Feld des Wandels. Es gibt nur ein Feld des Wandels, und niemand befindet sich außerhalb. Die ästhetische Praxis bietet Voraussetzungen für ein ›radikales‹ Kultivieren von Zukunftsfähigkeit.«

Mit einem Vorwort von Wolfgang Sachs
224 Seiten; € 24,80 (D) / € 25,50 (A) / Fr. 32.00
ISBN 978-3-927369-77-1

Wie lässt sich unsere gegenwärtige lebenszerstörende in eine lebensfördernde Kultur transformieren? Ausgehend von dieser zentralen Frage, erkunden Shelley Sacks und Hildegard Kurt im Dialog ästhetische Praktiken für ein Zukunft schaffendes Gestalten. Die Autorinnen verstehen den Begriff »Ästhetik« als Gegenteil von »Anästhesie«. In diesem Licht beinhaltet ästhetische Praxis ein verlebendigtes Sein jenseits der allgegenwärtigen Betäubungen, und »Ver-antwort-ung« wird zur Fähigkeit, auf das, was sich in der Welt äußert, zu antworten. Mit aktivem Sehen, imaginativem Arbeiten, bildhaftem Denken oder dem »Erdforum« werden verlebendigende Einsichten, Praktiken und Prozesse vermittelt. Beispiele aus den Transition Towns, der Permakultur, der Commons-Szene oder der mobilen University of the Trees machen erfahrbar, wie äußeres und inneres Arbeiten einander nicht nur ergänzen, sondern geradezu bedingen.

thinkoya

thinkOya
Am See 1
17440 Klein Jasedow
Telefon +49 (03 83 74) 7 52 24
Fax +49 (03 83 74) 7 52 22
info@think-oya.de
www.think-oya.de

Hildegard Kurt

DIE NEUE MUSE

Versuch über die Zukunftsfähigkeit

»Was ist notwendig, um jenseits von Pfadabhängigkeiten und Systemlogiken eine Zukunft mit Zukunft zu erschließen?«

Mit einem Vorwort von Albert Vinzens
192 Seiten; € 24,80 (D) / € 25,50 (A) / Fr. 32.00
ISBN 978-3-947296-00-2

Wie kann das Neue in die Welt? »Neu« bezeichnet hier nicht neue Spielarten des Kapitalismus, neue technische Vereinnahmungen oder neue Dimensionen des Terrors, sondern sozial und ökologisch gerechte Gesellschaften. Ausgehend von dieser zentralen Frage unternimmt Hildegard Kurt in Zeiten der Zukunftsangst den Versuch, das Leitbild Zukunftsfähigkeit aus seiner Verkapselung zu befreien. Wegweisend dabei ist das Bild einer »neuen Muse«, deren Erscheinen Joseph Beuys bereits Anfang der 1980er Jahre angekündigt hatte. Sieben Essays befragen die neue Muse als Muse der Zukunftsfähigkeit, die in einen Raum jenseits logisch-kausaler Linearität einlädt: Indem Phänomene von der Zukunft her wahrgenommen, gedacht und gestaltet werden, können transformatives, zukunftsfähiges Denken und Handeln sich aus einer tiefen, schöpferischen Quelle speisen und kann die verdinglichte Welt neu verlebendigt werden.

thinkoya

thinkOya
Am See 1
17440 Klein Jasedow
Telefon+49 (03 83 74) 7 52 24
Fax+49 (03 83 74) 7 52 22
info@think-oya.de
www.think-oya.de

- **Die Natur hat unantastbare Rechte**
- **Kraftvolles und juristisch wohlfundiertes Plädoyer für die Eigenrechte der Natur**
- **Ein Klassiker des Umweltrechts, endlich neu aufgelegt**

Abstrakte Gebilde wie Wirtschaftsunternehmen genießen als »juristische Personen« Persönlichkeitsrechte. Warum dann nicht auch Bäume, Flüsse, Landschaften? Ausgehend von dieser so naheliegenden wie revolutionären Frage, überlegt der Jurist Christopher Stone, wie Gesellschafts- und Rechtssysteme beschaffen sein müssen, in denen die Eigenrechte der Natur zur Geltung kommen. Sein Essay ist ein kraftvoller, juristisch wohlbegründeter Aufruf an die Menschen, die Rechte der mehr-als-menschlichen Welt anzuerkennen und ihrer Aufgabe der Pfleg- und Anwaltschaft für diese gerecht zu werden. Mit seinem Plädoyer, natürliche Organismen als vor Gericht klagebefugte Träger unveräußerbarer, subjektiver Rechte anzuerkennen, schuf er 1972 einen Meilenstein des Umweltrechts. Auch vierzig Jahre nach Erstveröffentlichung hat dieser Klassiker nichts von seiner Aktualität eingebüßt und erhält in Zeiten verschärften Klimawandels, Ökozids und Artensterbens ganz neue Relevanz.

Haben Bäume Rechte?
Christopher D. Stone

128 Seiten, Broschur
ISBN 978-3-927369-81-8

thinkOya
Am See 1
17440 Klein Jasedow
Telefon +49 (03 83 74) 7 52 24
Fax +49 (03 83 74) 7 52 23
info@think-oya.de
www.think-oya.de

- **Niemand kommt daran vorbei – Ackergifte gehen alle an**
- **Null Toleranz: Kein Gift auf meinem Teller!**
- **Vielfalt statt Monokultur**

In Deutschland werden jährlich 40 000 Tonnen Pestizide ausgebracht. Die schönfärberische Bezeichnung »Pflanzenschutzmittel« verschleiert, worum es sich tatsächlich handelt: Ackergifte. Aktuelle Untersuchungen belegen, dass diese – entgegen den Behauptungen der Politik und Industrie – von Menschen, Tieren und grundwasserführenden Schichten aufgenommen werden. Das geht uns alle an, denn die hochtoxischen Wirkstoffe lassen sich nicht nur im ländlichen Raum, sondern auch in Stadtparks, Supermarktprodukten und in den Stoffkreisläufen von Großstadtbewohnern nachweisen. Ute Scheub enthüllt, welche Lobbys den Einsatz von Gift auf unseren Äckern propagieren, entlarvt die Lügen, die sie uns auftischen, und zeigt Lösungen auf, die zu einer gesunden, vielfältigen und enkeltauglichen Landwirtschaft führen.

www.ackergifte-nein-danke.de

Ackergifte? Nein danke!
Ute Scheub

112 Seiten, Broschur
ISBN 978-3-927369-87-0

thinkOya
Am See 1
17440 Klein Jasedow
Telefon +49 (03 83 74) 7 52 24
Fax +49 (03 83 74) 7 52 23
info@think-oya.de
www.think-oya.de